普通高等教育"十三五"规划教材

土木工程类系列教材

建筑结构设计与 PKPM2010

张晓杰　王中心　周涛　编著

清华大学出版社

北京

内 容 简 介

作者根据长期从事建筑结构 CAD 教学及工程实践的经验体会,结合 PKPM2010 V3.2 版本,在本书编写过程中,采用规范条文、设计方法、软件操作和设计示例四条主线同时推进,设计原理和 PKPM 操作两个层面顺序展开的写作思路,实现了由简至全、由易到难、方法与应用并举、操作与示例同存的写作模式。本书采用了活泼多样的体例形式,内容条理性、层次性十分明显。全书共分 CAD 基本知识、PKPM 系列软件介绍、结构模型中的特殊构件结构建模基本方法及操作、坡屋面与错层结构建模、用 SATWE 软件分析设计上部结构、弹性动力时程分析、施工图绘制及基础设计等 9 章。本书可作为高等院校土木工程专业本科建筑结构 CAD 课程教材及研究生课外读物,也可作为初、中级建筑结构设计人员的设计参考书。

图书在版编目(CIP)数据

建筑结构设计与 PKPM2010/张晓杰,王中心,周涛编著.—北京:清华大学出版社,2018(2024.1重印)
(普通高等教育"十三五"规划教材 土木工程类系列教材)
ISBN 978-7-302-50088-9

Ⅰ.①建… Ⅱ.①张… ②王… ③周… Ⅲ.①建筑结构－结构设计－计算机辅助设计－应用软件
Ⅳ.①TU318-39

中国版本图书馆 CIP 数据核字(2018)第 097802 号

责任编辑:秦　娜
封面设计:陈国熙
责任校对:刘玉霞
责任印制:宋　林

出版发行:清华大学出版社
　　　网　　　址:https://www.tup.com.cn,https://www.wqxuetang.com
　　　地　　　址:北京清华大学学研大厦 A 座　　　　　邮　　编:100084
　　　社 总 机:010-83470000　　　　　　　　　　　邮　　购:010-62786544
　　　投稿与读者服务:010-62776969,c-service@tup.tsinghua.edu.cn
　　　质量反馈:010-62772015,zhiliang@tup.tsinghua.edu.cn
印 装 者:北京嘉实印刷有限公司
经　　销:全国新华书店
开　　本:185mm×260mm　　印　张:21.75　　　　　字　　数:525 千字
版　　次:2018 年 8 月第 1 版　　　　　　　　　　　印　　次:2024 年 1 月第 7 次印刷
定　　价:65.00 元

产品编号:077175-02

PKPM 软件是目前国内应用最广、用户最多、功能最强大的建筑结构 CAD 系统之一，PKPM2010 V3.2 是 PKPM 于 2017 年推出的执行所有新编设计规范的版本。

本书依照 PKPM 软件操作顺序，通过一个贯穿全书的坡屋面多层框架结构设计示例，对钢筋混凝土框架结构 CAD 的基本方法和相关概念进行了详细论述，并把相关设计规范条文应用融入设计方法、软件操作和设计示例中，使读者不仅能更加直观地了解 PKPM 的操作，同时也能更好、更快地掌握结构设计的基本方法和原理。

在建模操作相关章节，简述了用 Spas+PMSAP 创建复杂大空间组合结构设计模型的方法，详细论述了以建筑条件图作为衬图的轴网、构件及荷载输入方法；讨论了建立网格时的力学关系与结构模型的协调性问题、标准层划分原则；叙述了短柱、短肢墙、框支墙、剪力墙、深梁、深受弯梁、浅梁、连梁、设缝连梁等诸多构件类型的概念及应用；讲解了这些构件的甄别及相应的建模策略、主次梁设置及相应的设计方法；讲解了框架结构地框梁结构方案、地下柱墩结构方案、普通简支基础梁结构方案的优缺点；叙述了上部结构嵌固部位的强柱根、弱柱根设计概念；叙述了虚梁、虚板、虚柱及刚性杆的应用；讲解了基于房间属性的活荷载布置策略及方法；叙述了板及梁上荷载统计与输入，普通风荷载、特殊风荷载及板上局部荷载的建模处理的方法，楼梯与主体结构关系处理，错层和结构下沉、坡屋面结构设计方法等诸多概念，以及与 SATWE 专项多模型包络和用户自定义多模型包络设计相应的建模概念及方法。

在结构分析软件相关章节，论述了结构分析模型的选择原则，介绍了 SATWE 及弹性动力时程分析等软件的基本功能，叙述了软件主要设计参数的基本含义及选取方法，并讲解了如何通过 SATWE 输出结果对所设计的结构进行评价，判断结构各项指标是否满足规范要求。介绍了进行结构弹性动力时程分析以及如何把分析结果导入 SATWE 的方法，重点描述了 SATWE 专项多模型包络设计及用户自定义包络设计的基本概念及操作方法，并介绍了设计优化的基本概念。

在绘制建筑结构施工图相关章节，介绍了"砼结构施工图绘制"和"AutoCAD 版砼施工图 PAAD"两个施工图绘制软件的操作，叙述了图纸的基本组成及表达深度，在讲解了梁柱板施工图的不同表达方式之后，重点叙述了利用软件绘制施工图、平法施工图的表达方式及绘图操作。

在基础设计相关章节，讲解了 JCCAD 用于独立基础设计时，如何创建基础模型、附加荷载处理、基础分析与计算及平法图纸绘制的基本方法和软件操作，讲解了柱下独立基础平法施工图的表达方式及绘制方法。

本书第 1~5 章、第 7 章、第 8 章由张晓杰编写，第 6 章由周涛、张晓杰编写，第 9 章由王中心编写。张晓杰对全书进行最后统稿及修改。山东省城镇建筑设计院的辛崇东院长对本书的写作提出了十分宝贵的建议和帮助,在此表示深深的谢意。

限于作者水平,书中难免有不妥之处,恳请读者批评指正。

编　者

2018 年 2 月

目　录

第 1 章

建筑结构 CAD 基本知识

了解建筑结构 CAD 的三个基本内容；

掌握结构分析结果的评价方法；

了解人为错误和软件 BUG 的甄别方法；

理解 CAD 软件的选用原则。

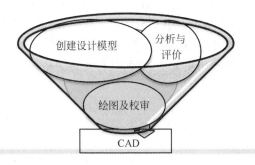

建筑结构CAD包括创建设计模型，分析计算并对分析结果进行评价，绘制施工图纸及图纸校审三个主要内容。

建筑结构CAD过程中的建模、分析与评价、绘图与校审是既彼此独立又存在密切关联的三个过程。

学习CAD的三个层面：

入门层面：熟悉建筑结构CAD软件各个模块的功能及关系，会使用常用模块进行建模、分析、绘图。

见习工程师层面：了解规范重要条文，熟悉常遇结构的设计方法，掌握软件的操作方法及技巧，能绘制基本合格的施工图纸。

工程师层面：熟悉设计规范条目，有应对较复杂结构设计的知识和经验，能正确进行分析、设计结果评价并绘制合格的建筑施工图纸。

熟知设计规范，用力学和工程思维处理复杂的工程问题

学习建模、分析的基本方法，熟悉常用图纸表达方式，了解各类图纸表达深度

掌握CAD软件各模块间的衔接关系，学习CAD软件操作

1.1 建筑结构设计与 PKPM2010

自 20 世纪 80 年代至今，经过近 40 年的发展，CAD 为结构设计方式方法带来了深刻变革。CAD 软件功能越来越完善，CAD 技术已经发展到了前所未有的新高度。

1.1.1　建筑结构 CAD 的概念与发展现状

掌握和了解建筑结构 CAD 的基本方法,掌握 CAD 方面的从业技能,会用 CAD 设计思维进行工作和学习,已经是时代对当代学子提出的最基本的要求。

1. 什么是建筑结构 CAD

CAD 是计算机辅助设计的英文缩写。建筑结构 CAD 是设计师借助 CAD 软件,在计算机上进行建模、分析、绘图的过程,是计算机机器特点和设计师人文特征高度和谐统一的过程。单独利用计算机进行图形绘制与编辑或单独利用计算机进行数值分析计算都仅仅是 CAD 的一个部分。在 CAD 过程中,设计人员的专业技能、人文特征始终占据主导地位,同样一款 CAD 软件,同样一个设计样本对象,不同的设计师会设计出不同技术经济指标、不同文化及美学特征的产品。

2. 建筑结构 CAD 软件的发展历程

建筑结构 CAD 从 20 世纪 80 年代至今,已经经历了从萌芽、发展到普及的过程。在 CAD 发展过程中,国内的 CAD 研发工作者研发了许多实用有效的 CAD 软件,出现在用户视野的有清华 TUS、STRAT、MTTCAD、TBSA、TB、ABD、HOUSE、BICAD、TArch、GSCAD、PKPM、YJK、Revit 等,在此对曾经为我国 CAD 发展做出贡献的各种软件的研发人员致以崇高敬意。多少年的沧桑浮沉,有的软件已经消弭于历史之中,有的软件生命力依旧旺盛。

1.1.2　建筑结构 CAD 的基本内容

CAD 的普遍应用促进了建筑业的快速发展,也改变了现代的教育方式,了解和掌握 CAD 技术是从业者必须具备的一门技能。

1. 建筑结构 CAD 的三个基本内容

创建设计模型,对设计模型进行分析并对分析结果进行评价,绘制施工图纸及图纸校审是建筑结构 CAD 的三个基本内容。

2. 建筑结构 CAD 的两层循环

建筑结构 CAD 包括创建设计模型,对设计模型进行分析并对分析结果进行评价,绘制施工图纸及图纸校审等三个基本内容。创建设计模型、对设计模型进行分析,与评价、绘图和校审间既彼此独立又存在密切关联,它们之间的关系如图 1-1 所示。

从图 1-1 可以看到,建筑结构 CAD 过程由两层循环过程组成。首先进行的工作是创建结构设计模型,选用合适的结构分析软件或模块进行结构分析设计,之后再对分析设计结果进行评价,依据评价结果决定是回到结构建模软件修改模型,还是向下进行图纸绘制工作。这个过程构成了 CAD 的第一层循环。

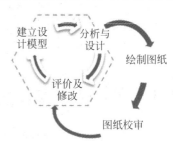

图 1-1　CAD 各关键环节间的关系

当第二层循环的施工图绘制工作结束后,还要对图纸进行校审,进一步研判结构模型是否需要修改,如要修改结构模型,则从第二层循环退回到第一层循环,如果图纸校审通过,则整个 CAD 设计过程宣告完毕。

1.1.3　CAD 的意义和作用

与施工项目管理、概预算电算化一样,CAD 是建筑行业计算机应用的一个重要方面。CAD 技术提高了设计的效率和质量,缩短了设计周期,给设计方法、设计理念、设计思维带来了变革,使得设计师可以借助计算机和 CAD 软件设计出功能更加复杂、形式更加多样的建筑产品。

对初学者而言,通过学习 CAD 软件的基本操作,可以初步具备利用计算机进行结构设计的操作能力;通过学习 CAD 的基本方法,可以初步具备处理复杂工程设计问题的创新能力;通过学习 CAD 计算分析结果的评价和图纸校审的基本技巧,可以初步具备综合运用专业知识进行设计评价的思辨能力。同样还需要指出的是,学习 CAD 可以使我们掌握图纸的合理表达方式和表达深度,提高对工程图的读识能力,这对于土木工程专业的学生也是十分重要的。

1.1.4　建筑结构设计与 PKPM

在建筑结构 CAD 领域,国内目前拥有用户居于首位的是大型建筑工程综合 CAD 系统 PKPM。

1. PKPM 与建筑结构设计

PKPM2010 V3.2 是 PKPM 推出的 2017 版本,通过 PKPM2010,用户可以完成所有结构类型任意结构形式的建筑结构建模、分析与设计和施工图绘制。

由于 CAD 技术的不断成熟及普及,当今的建筑结构设计与传统的手工设计相比,从设计思维到设计手段,从分析手段到评价方式都发生了深刻的变革。目前,在设计企业层面上,能通过设计网络管理平台或 CAD 软件本身的工程数据库实现 CAD 设计数据的共享、交流、审核工作。

2. PKPM 与 BIM

随着 BIM 技术、建筑装配化产业化的进一步发展,CAD 设计活动适应时代的变革,参与到整个建筑生命周期中。由于建筑结构设计在项目建设及使用过程中处于龙头地位,且结构设计要进行大量复杂的结构计算分析、方案优选及评价,目前通常是首先通过专门的 CAD 设计软件创建设计模型并完成设计,之后通过 CAD 软件的数据转化菜单,实现 CAD 模型与其他 BIM 软件间的 BIM 数据转换及互传。PKPM2010 拥有 BIM 数据转换接口。

1.2　建筑结构 CAD 的基本环节要求

我们已经知道结构设计阶段包括创建设计模型、对设计模型进行分析、对分析结果进行评价、绘制施工图纸及图纸校审等五个基本环节,下面进行详细论述。

1.2.1 建筑结构 CAD 的基本过程及内容

要成为一个优秀的设计师,不仅需要渊博的专业知识,熟练掌握 CAD 软件的操作技巧,还需要进行大量的设计实践。只有进行大量的练习,才能在学习中掌握 CAD 方法。

1. 熟悉建筑结构设计所需的规范、规程和标准

在进行建筑结构设计时,应掌握和了解的基本规范、规程如表 1-1 所示,这些都是结构设计的依据。

表 1-1　建筑结构设计需要学习参考的规范、规程

类别	常用的设计规范及资料名称	后 文 简 称
制图标准类	《建筑制图统一标准》(GB 50104—2010)	《制图标准》
	《建筑结构制图标准》(GB 50105—2010)	
设计规范类	《工程建设标准强制性条文》(2013 年版)	《强条》
	《建筑结构可靠度设计统一标准》(GB 50068—2001)	《可靠度标准》
	《建筑结构荷载规范》(GB 50009—2012)	《荷载规范》
	《混凝土结构设计规范》(GB 50010—2010)	《混凝土规范》
	《建筑工程抗震设防分类标准》(GB 50223—2008)	《抗震设防分类标准》
	《建筑抗震设计规范》(GB 50011—2010)	《抗震规范》
	《高层建筑混凝土结构技术规程》(JGJ 3—2010)	《高层规范》
	《建筑地基基础设计规范》(GB 50007—2011)	《地基基础规范》
	《砌体结构设计规范》(GB 50003—2011)	《砌体规范》
	《钢结构设计规范》(GB 50017—2014)	《钢结构规范》
行业标准类	混凝土结构施工图平面整体表示方法制图规则和构造详图(现浇混凝土框架、剪力墙、梁、板)(16G101-1)	《16G101 图集》
	混凝土结构施工图平面整体表示方法制图规则和构造详图(现浇混凝土板式楼梯)(16G101-2)	
	混凝土结构施工图平面整体表示方法制图规则和构造详图(独立基础、条形基础、筏形基础及桩基承台)(16G101-3)	
	混凝土结构施工钢筋排布规则与构造详图(混凝土框架、剪力墙、梁、板)(12G901-1)	《12G901 图集》
	混凝土结构施工钢筋排布规则与构造详图(楼梯)(12G901-2)	
	混凝土结构施工钢筋排布规则与构造详图(基础)(12G901-3)	
验收规范类	《建筑地基基础工程施工质量验收规范》(GB 50202—2009)	《验收规程》
	《混凝土结构工程施工质量验收规范》(GB 50204—2015)	
	《砌体工程施工质量验收规范》(GB 50203—2011)	
地方法规	山东省关于进一步加强房屋建筑和市政工程抗震设防工作的意见	鲁政办发(2016)21 号
	甘肃省人民政府关于进一步加强全省建设工程抗震设防工作的通知	甘建设(2013)664 号

2. 收集并详尽了解与结构设计有关的设计条件

在进行一个建筑结构具体的设计之前,首先要收集如图 1-2 所示的必要设计条件,并对各设计条件进行统筹,确定结构的设计方案。

业主的设计要求及报批文件、规划

建筑条件、建筑节能、人防

自然条件：地质、水文、气候、环境

水电暖、空调、燃气、消防、设备条件

施工条件、材料供应

设计软件

法规和业主对对象工程在BIM方面的具体要求

建筑装配化方面的要求，建筑新材料的要求

图 1-2　结构设计的必要设计条件

建筑条件包括建筑的总平面图、建筑平面图、建筑立面图、建筑剖面图、屋面平面图等，它们是确定结构方案、结构总信息、结构层的划分、结构层高、结构标高、结构构件布置方式等信息的重要依据。建筑节点详图对结构构件的选型与布置也有至关重要的影响。建筑节能设计、消防设计和人防设计要求也是选定结构材料、确定结构设计参数的重要依据。

设备条件包括给水、排水、暖通、空调、设备、工艺等方面的方案图纸、设备参数等，它们影响着结构构件的截面尺寸、结构构件的布置、荷载的统计等。如采用地暖的建筑物，现浇楼板要预留位置以便布置地暖管道及保温隔热层；设有电梯的建筑，要考虑电梯设备、机房控制设备的放置及其产生的相应载荷；有大型机械设备的楼层，要考虑机器设备的隔振，设计设备基础，统计设备载荷，考虑其他结构的预埋件及开洞等。

水文地质资料包括建设场地的土层分布、地耐力、常年地下水位、水质、冻土深度、气候及环境条件等，它们对基础设计、建筑材料选择、结构载荷、结构首层层高、风荷载、地震荷载、筏板抗浮设计、地下室外墙水压力载荷都有影响；温度变化剧烈的建筑物需要计算温度载荷等。

在建筑装配化产业化背景下，要了解业主对对象工程建造过程中，使用诸如 PK 叠合板、轻质内墙条板、膜壳密肋楼盖、模盒空腔楼板、装配化梁柱构件等新材料和新构件的使用要求；了解业主对对象工程 BIM 设计方面的具体要求。

另外，某些复杂的建筑物，在进行结构设计时要预先考虑施工企业采用的施工方案、材料供应等。施工工艺、混凝土模板类型、施工机械、工期要求、施工时的气候环境等，不仅影响建筑的造价构成，也影响建筑物的质量。

3. 进行结构选型，建立结构设计模型

选择一个合理的结构方案是设计取得成功的前提，结构方案选择包括选定可行的结构形式和结构体系。结构形式要结合工程实际情况，考虑结构规范、建筑、设备、节能、施工技术等多方面因素，结构体系要传力简捷、受力明确、能简不繁、能齐不乱。从结构选型到结构方案的确立,往往需要不断地调整完善,调整应在概念设计的基础上,运用力学和工程思维,从宏观和整体上对方案予以完善。结构方案对结构最后的经济技术指标有决定性影响,结构方案优化是目前从事建筑结构设计优化企业的一个主要优化项。结构方案选型优化需要用到比较高深的定性结构力学知识、结构设计理论知识和丰富的设计经验。

在结构设计过程中,选定结构方案与结构构件布置也可以同步进行。结构设计模型是结构实体模型与CAD软件力学分析模型的中间过渡媒介,设计师是这个媒介的创造者,设计师应该了解结构设计模型应有的特征。设计模型是实体结构的一个虚拟映射,是在力学和工程学原则指导下对实体结构的抽象。完整的设计模型经由CAD分析设计模块的自动加工,可转化为用于力学分析的力学模型,在某些情况下,可能需要与分析设计模块配合,创建多个设计模型。

之所以说设计模型是实体结构一个映射,是因为设计模型不必照搬实体结构的一切细节,但是必须反映实体结构的力学和工程特征。好的结构设计模型首先应与建筑等设计条件完美协调,并要正确体现实体结构的主要力学特征,符合实体结构的工程学要求。一个优秀的设计师还要学会在实体结构、结构模型、力学模型、软件功能之间做出变通,通过一些合理的替代构件模拟实际结构,从而完成设计分析,得到准确、经济、安全的设计结果,并绘制出正确的设计图纸。

4.对设计模型进行分析与设计

建立了结构设计模型之后,即可通过CAD软件的分析设计模块对结构进行分析设计。目前CAD软件的分析设计过程是由计算机自动完成的,但是,在进行分析设计之前,设计人员需要依据所建结构模型的具体情况,确定采用哪种结构分析方法和分析策略,之后按照对应的结构设计规范规定和设计软件的功能,确定模型的分析参数并进行分析设计。

5.对结构分析结果进行评价

对结构分析结果进行评价是结构设计的一个重要环节,通过评价分析结果,判断设计模型的结构方案、结构体系、构件选用及布置是否存在问题,我们可以把模型存在的问题划分为三种类型,其处理方法如图1-3所示。建模、分析、评价与修改是结构CAD设计过程中的第一层循环,结构越复杂,则设计结果评价分析和模型调整修改过程就越明显。

评价分析结果的主要目的有两个:一是评价结构方案的合理性,二是依据评价计算分析结果的可信度。对计算结果可信度的评估实际是评判出现超常结果的原因,此内容

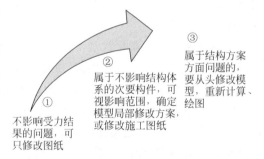

① 不影响受力结果的问题,可只修改图纸

② 属于不影响结构体系的次要构件,可视影响范围,确定模型局部修改方案,或修改施工图纸

③ 属于结构方案方面问题的,要从头修改模型,重新计算、绘图

图1-3　模型存在的问题类型及修改方法

将在后面详细论述。本节先讨论依据分析结果评价结构方案合理性的一般性方法,对结构分析结果进行评价的作用如图1-4所示。设计人员评价结构方案的合理性主要体现在如下几个方面。

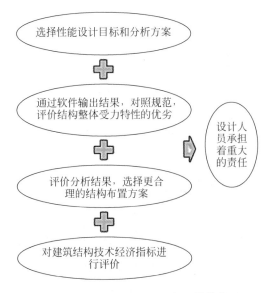

图 1-4　对结构分析结果进行评价的作用

1）评价结构分析得到的结构整体特性参数是否满足规范规定

此项判断的主要依据是设计规范的具体条文。以混凝土结构为例,结构的周期比、层刚比、位移比、剪重比、刚重比等,还有水平力与整体坐标夹角、自振周期、地震有效质量系数等,这些计算结果都是反映结构整体特性的控制性参数,须满足相应规范条文的规定,如不满足,通常需要对结构方案和构件布置进行较大调整。

2）考察结构分析得出的构件特性参数是否满足规范规定

此项判断的主要依据是设计规范的具体条文。以混凝土结构为例,梁板的挠度、裂缝宽度、基础沉降量、柱的轴压比、构件配筋率等,须满足相应规范条款的限值规定。如不满足,则应从调整混凝土标号、钢筋等级、构件传力途径、构件截面尺寸、构件布置密度等方面着手调整设计模型。

3）依据结构构件内力分布,评价结构方案及结构构件布置是否合理

此项主要对软件计算输出的内力指标、配筋指标、柱轴压比等分布情况进行定性分析,考察结构内力变化及分布是否合理,检查构件内力值是否异常,判断是否需要对构件布置或结构方案进行调整。此时,对称性、相似性是可利用的方法。尽管我们要设计的建筑结构千姿百态、变化无穷,但是对计算分析结果的评价还是有规律可循。随着设计经验的增加,每个设计人员都会总结出一套适合自己的行之有效的方法。

4）依据分析设计结果,评价结构设计技术经济指标的优劣

有经验的设计人员可以运用“配筋率”“单位建筑面积用钢量”“概算造价指标”等判断出建筑物的造价水平。此项判断是结构设计中的一个重要方面,是体现设计水平的重要标志。但在此需要说明的是,“经济配筋率”指标不是评价结构设计的经济技术指标的充要条件。如截面为 350×700 的梁,某支座截面配筋 8 Φ 25,配筋率 1.6%,超过经济配筋率;另一种方案是做截面为 500×1000 的梁,某支座截面配筋 12 Φ 25,配筋率 1.2%,属于经济配筋率,但是后者显然并不经济。

用“概算造价指标”评价设计结果的经济技术指标是比较科学的方法,但是在某些情况

下,评价设计的技术经济指标时还需要结合设计者的经验。

综上所述,对分析结果的评价通常采用定性和定量相结合的方法,如图 1-5 所示。当然,如果在设计过程中,能用优化设计软件对结构进行优化设计则是一种更好的选择。

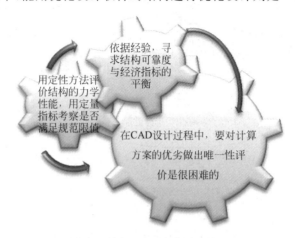

图 1-5　评价分析结果采用的方法

6．绘制施工图纸

经过建模、分析、评价与修改这个往复过程之后,即可进入施工图绘制阶段,通过 CAD 软件进行建筑结构设计时,施工图的绘制可由计算机自动完成。

7．图纸校审修改及审查,计算书建档

图纸校审与修改在建筑结构设计过程中占据十分重要地位,绘制图纸之后,必须对其进行校审和修改。图纸校审修改的主要内容如下:

1)消除设计模型与实际结构间的差异

由于结构设计模型与真实的实体结构有一定差异,而这个差异会体现在施工图纸上,设计人员要通过校审、修改、补画图纸来消除这些差异。准确性高的设计图纸,其可施工性也高。

2)提高施工图纸的可施工性

此部分内容包括减少钢筋规格数,对某些配筋进行拉通、归并处理,进一步对比设计规范和构造要求,对施工图纸进行必要的修改,以便使施工图纸具有更高的可施工性。某些情况下,图纸的可施工性对设计的经济技术指标也有影响。

3)补画详图及节点大样图

CAD 软件自动绘制施工图之后,结构设计人员还要仔细考虑次要构件(大多是在创建结构模型时,未考虑的混凝土结构的线脚、填充墙、檐口、压顶、空调板、构造柱、过梁等)及其构造措施,是否与主结构构件、建筑及设备等有冲突,并在施工图纸上补画必要的索引和详图。有经验的设计人员,在主体结构设计初期就会对这些次要因素进行综合的统一考虑。

4)进一步检查是否有违背设计规范的情况

尽管在分析设计阶段,我们已经依照规范条款和设计经验对分析结果进行了评价,并对

结构设计模型进行了充分的修改,但是由于前期的分析评价大多只能定性地进行,有时难免犯经验主义错误。在施工图纸校审期间,同时要检查是否有违背设计规范要求的情况,如有则应视问题轻重区别处理。

5)建立设计文档

经过设计人员自查和专业总工的图纸审核之后,还要进行计算书建档,设计计算书是可供设计、审核、审查的归档技术文件,是建筑结构设计成果的一部分。以 PKPM 为例,CAD 设计的设计计算书一般包括 PMCAD 输出的各层平面简图、各层荷载简图、SATWE 输出的结构分析与设计信息文件(WMASS. OUT、WZQ. OUT、WDISP. OUT 等)、各层内力及配筋图等。

6)图纸审查

将建档后的计算书与修改无误的设计图纸一起,呈交有审图资质的审图机构进行最后的审查,设计人员需要依据审图机构的审查质询和修改建议,对图纸进行最后修改,并对审图提出的问题进行答复。图纸审查合格后,设计过程才算基本完成,最后打印晒制蓝图,加盖设计资质章,技术人员签字后送交委托方,一个结构设计就基本完成了。

8. 图纸变更

在建筑结构施工过程中,往往会由于种种不可预料的原因导致原来的设计图纸不能满足现场情况,此时设计人员需要依据现场情况,对设计图纸出具图纸变更。图纸变更时结构方面的调整,要尽量考虑已经施工的部分,应尽量减小变更影响范围和程度,必要时需同时对已经施工部分进行加固改造。

9. 兼顾 BIM 和建筑装配化、产业化方面的要求

有 BIM 设计要求的对象工程,需要选定有与其他 BIM 软件进行数据转换接口的建筑结构 CAD 软件进行建筑结构设计。通过建筑结构 CAD 软件转化生成的 BIM 模型,到其他 BIM 软件(如 PKPM-BIM、广联达、Revit)进行后续与 BIM 相关的其他工作。

使用装配化构件时,需要通过 CAD 软件或软件生成的设计结果文件,进行诸如构件归并、分类方面的后续设计,并进行相应的节点、连接件设计。

1.2.2　计算分析结果出现异常错误的原因及类型甄别

在前面我们叙述了建筑结构 CAD 设计的基本内容,并对结构设计结果进行评价的基本方法进行了讨论,这些内容可以涵盖 CAD 设计的大多数情况。但是应该指出的是,这些方法是以设计过程中没有人为错误和软件错误为前提的。作为一个高脑力消耗的技术过程,CAD 设计中难免还会出现一些小小的疏漏和错误,导致 CAD 分析结果出现异常。因此我们还要对计算分析结果进行评价,通过评价判断在此前的设计活动中,是否犯了一些低级错误。

1. 异常结果的分类及判断方法

结构分析结果出现的问题可以分为三类:①所建模型的构件定义及输入等都没有问题,但是分析计算结果不符合规范要求或者经济技术指标不好;②所建模型方案存在专业逻辑上的错误,如同一跨梁的不同梁段截面宽度不同;③不论设计方案还是模型的逻辑关系都正确,但是由于软件缺陷导致分析结果异常。

在上面的三个类别问题中,后两种会导致结构分析出现异常结果。导致结构分析结果异常的原因有:

（1）结构建模过程中向计算机输入了错误的模型数据;

（2）使用的结构分析程序不适合所设计的结构;

（3）不排除极其特别情况下,结构分析程序的 BUG 导致计算错误,造成分析结果的不准确。

判断结构分析结果是否有异常的方法:①检查结构模型或计算简图、构件位置、构件断面、荷载数值及位置、荷载类型及个数、支座设置等是否正确;②考察结构分析得到的内力图、挠度图、变形图等是否有异常,是否超出了结构分析前做出的内力预期;③考察配筋结果是否与其他类似结构或构件有很大的差异;④使用另一种结构分析软件做对比分析。

2．导致结果异常的原因

在 CAD 过程中,错误输入必将造成错误后果(rubbish in cause to rubbish out)。在多数情况下,计算机输出错误结果的主因是错误的输入。错误的输入往往具有隐蔽性,不易被发现,危害很大。产生错误输入的原因是多种多样的,有人为疏忽造成的,有对软件功能领会出现偏差造成的,有设计人员专业过失造成的。对于 CAD 初学者而言,进行建模练习时态度不认真导致结构病态,对规范条款领会不深入而定义了错误的分析参数,也会导致分析结果异常。

大多数 CAD 软件为了减少产生错误结果的概率,通常会在程序中设定一些查错功能,但这些功能只能检查那些具有普遍性的错误。在结构设计中,CAD 软件不可能知道设计人员输入的一根梁到底应该是悬臂梁还是简支梁,所以如果输入了错误的节点连接信息,而使计算机把一根悬臂梁当成了简支梁,则必然会产生模型输入错误。错误的输入通常有以下几种:

1) 不正确的结构总控信息

结构的总控信息包括结构标准层划分、结构标高、结构层高、底层柱柱底标高、杯形基础的杯口深度、结构抗震等级、地震烈度、地震作用方向、场地类型、风荷载参数等。由于这些结构总控信息对结构设计起全局控制作用,如果有误势必会扩散到整个建筑结构。比如标准层划分不正确,会从根本上影响结构体系的正确性。结构标高、结构层高的错误,会影响计算简图的正确性,并最终扩散到施工图上。结构抗震等级、地震烈度、地震作用方向、场地类型、风荷载参数会影响结构的总体分析结果。这些总控参数很重要,必须依据规范条款仔细斟酌后确定。

要避免和改正这些错误,首先要正确理解和使用设计规范,其次在填写分析设计参数时,要正确理解软件的技术条件,认真斟酌参数的选项值。

2) 力学模型错误

一个 CAD 软件的建模程序不仅要帮助用户完成结构构件的布置,还要为后面的结构分析软件提供结构分析数据。用户不能简单地把结构建模模块看成是一个数据漏斗,它也是一个数据加工中心,要为后面的结构分析软件提供可靠的力学模型,所以在结构建模过程中,用户必须考虑后续的结构分析软件的要求,了解计算分析软件的力学特征及其所依据的力学机理,在此基础上,进行构件数据的输入。这类错误通常是对结构体系、结构构件、结构分析方法概念不清或者对 CAD 软件的功能理解不深造成的。这类错误大致有如下几种情况:

（1）把非结构构件当成结构构件输入模型中;

（2）错误的节点关系导致构件支座或边界错误;

（3）构件力学关系定义错误;

（4）错误地定义了荷载传递方向;

（5）连续板按照单板进行分析计算,且边界定义错误。

在结构模型输入时,如果有两个靠得很近的网点,且某根梁和某根柱的端点分别设置在两个网点上,则这根梁和这根柱之间就不会形成力学意义上的结点,如图 1-6 所示。由于建模软件显示时对柱做了填充,就会造成两者相接的假象。这种错误可以称为“数理不合”,这里的“数”指的是 CAD 软件描述结构物信息的数值模型,“理”为图形化显示的结构物理模型。

3）钢筋混凝土结构模型,不输入填充墙

从框架结构的施工顺序可以知道,框架填充墙不是框架结构体系的组成部分。目前大多数 CAD 软件都是把填充墙按照结构体系的荷载来处理,如果在框架结构中输入了填充墙,就会导致结构分析程序把填充墙当成是结构构件,这样就可能会导致楼板传力路径不清的问题。当然,在部分框架结构中,也有一些砌体墙会成为结构构件,这些砌体墙的施工顺序和构造处理与填充墙是不同的。

4）结构方案及结构体系上的不足

由于结构构件不是孤立地存在于一个结构之中,所以如果结构分析结果显示一个构件的承载力不够或断面尺寸过大,并不能简单地认为就是这个构件本身的问题。当结构方案存在缺陷或结构体形有问题时,也可能造成部分构件承载力不够或显得断面过大。

假设有一个框剪结构,其竖向构件的某个方向抗侧移刚度较小,在水平力作用下结构水平侧移较大,此时与剪力墙同向连接的连梁会承受很大的剪力,结构分析结果可能显示该梁抗剪能力不够,如图 1-7 所示。此时如果调整竖向构件的布置使结构的侧向位移变小,或把此梁改为浅梁或减小梁的线刚度,使得梁构件承受的内力发生改变,该梁的问题可能会自然消失。

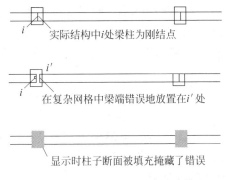

图 1-6　梁构件间的间隙导致的错误

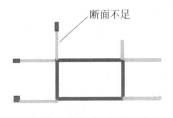

图 1-7　剪力墙与梁连接

在高层建筑结构中,为了节省混凝土用量,减小结构自重,柱子断面可能会在某个楼层处变小,这样会引起结构竖向刚度的突变,导致突变楼层处梁柱内力的突然增加,按常规尺寸布置的楼面梁可能会出现承载力不足,此时可以考虑减小柱子断面的变化值,而不应片面地增加梁的断面尺寸。

5)输入了错误的荷载数据

这类错误会造成局部构件内力的异常或大部分构件内力的失真。用户在交互输入荷载过程中,可能会犯下面一些错误:

(1)重复输入或者漏失某部分荷载。

(2)恒荷载中包括了构件的自重而计算机又自动重复计算了该构件的自重。

(3)由于不了解CAD的特征而输入了其他构件传递来的荷载,而计算机在结构计算时,又自动导算了这些内力,导致荷载重复考虑(如由楼板传递到梁上的内力、上层柱传递到下层柱的内力等)。

(4)输入了错误的风荷载、地震参数,这类错误会影响结构的整体分析结果。

(5)软件要求输入的是荷载标准值,而输入时乘上了荷载分项系数,错误地输入了荷载设计值,导致分项系数乘积重复累计。

6)输入次序

在荷载的输入过程中,应该依照个人的喜好,按一定的次序、一定的规律输入,不可漫无目的地随意输入。养成良好科学的荷载输入习惯,是避免荷载错漏的有效方法之一。可以参考下面的次序:

(1)先恒荷载后活荷载。

(2)先板后梁再柱墙;先主梁后次梁。

(3)先横轴再纵轴;先左后右,先下后上。

(4)对于复杂的结构,也可事先在草纸上标出荷载的输入草图。

(5)最后对输入的荷载进行校对。

7)构件尺寸错误

输入结构模型时的尺寸错误通常有如下几种:

(1)同一跨梁不同梁段的高度或宽度不同。

(2)断面类型错误。

(3)传力路径中,上级构件尺寸大,下级构件尺寸小。

由于结构模型大多是以结构平面图的形式逐层显示在屏幕上,所以这种错误具有很大的隐蔽性,不易排查。有经验的设计人员在进行梁的布置之前,一般会通盘考虑结构所用的梁断面类型,先行建立梁的断面类型表,之后按表分门别类地输入。

8)构件定位错误

同一楼层内的构件定位错误比较容易检查,如果在构件输入时注意随时复查,一般可以避免此类错误的发生。

在楼层之间有时会发生构件定位错误,例如上层结构的墙偏出下层梁,上层的柱子断面大于下层的柱子,上层的柱子偏出下层的柱子等,在设计过程中要加以注意。对于有复杂网格的建筑结构,由于复杂的网线导致网点会很密且分布杂乱,进行构件布置时要特别注意避免发生此类错误。这种错误会明显地改变梁的内力图形状,也会导致楼板形状异常。

有一些定位错误不会导致受力变化,但会影响后期图纸的钢筋配置。如卫生间现浇板未按降板布置,使板顶比应该设计的标高高了 40mm,但是该板的支座仍为其周边的楼面梁,则对计算分析结果不会产生任何影响,此类错误可在图纸校审阶段,通过修改板的标高及盖筋进行改正。

9）构件遗漏和传力关系不明确

以一个规则框架结构设计为例,如建模时遗漏了一个较小级别的荷载,主要影响该梁的配筋,其他影响不大,属于局部错误;如遗漏了一段梁或一根柱子,则改变了结构的形态,其影响很严重,属于全局性的错误,如图 1-8 所示。

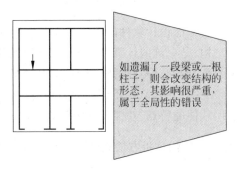

如遗漏了一段梁或一根柱子,则会改变结构的形态,其影响很严重,属于全局性的错误

在后面我们将学习的 PKPM 软件中,在梁柱布置不合理的情况下,可能会出现一些异形板块平面。这里的异形板块是指锯齿形、凹字形、重叠形、回字形等内力传递关系不明确、不合理、无法进行合理布筋的板型。在程序围板运算结束后,必须对围板结果进行异样检查。如果发现异样板块,应该修改结构布置。

图 1-8　框架结构模型中遗漏一段梁

3. 选择了不合适的软件

在通常情况下,每个软件都会有其适用范围,不能用不适合于设计的软件进行工程设计和分析。例如不能用平面框架设计程序设计框剪结构,不能用框剪设计软件设计底层框架结构。每一个 CAD 软件并不是一个单纯的结构分析程序,在 CAD 软件中还包括对规范规定的处理、对特定设计经验的运用,超范围使用软件会导致设计错误。

在排除了上述情况之后,如果结构内力分布仍然不理想,那就需要考虑结构选型是否合理,结构布置是否存在体系上的不足,对结构进行大的修改。

4. CAD 软件的缺陷

CAD 软件的开发需要经过市场调研、立项、开发、调试测试、发行等阶段,软件发行后还要根据需要不断升级。一个 CAD 软件在开发升级过程中,往往 80% 的技术投入是为了解决不到 20% 的罕遇工程问题,但是仍不能穷尽所有的小概率问题,所以软件在某种特殊工程情况下,难免会存在缺陷或错误。

当对结构分析结果的可信度产生怀疑时,应首先排除人为错误,之后通过选择另一个 CAD 分析软件进行校核分析。当确信是 CAD 软件的缺陷导致分析结果失准后,应及时咨询软件开发人员。

1.2.3　CAD 软件的选用原则

在结构设计过程中,选用结构设计软件应从软件的适用范围、结构分析方法、研发单位及应用情况、是否符合现行规范等几个方面考虑,具体的选用原则如下。

1. 满足设计规范原则

《工程结构可靠度设计统一标准》(GB 50153—2008)规定:"结构设计时应对结构的不同极限状态进行计算和验算"。选用的 CAD 软件,应以符合国家现行规范的原则为前提。应了解拟选用的 CAD 软件考虑了哪些规范的哪些条目,哪些规范公式程序未考虑。

2. 设计范围及设计类型适用原则

要考虑设计软件的适用范围是多层还是高层,是框架还是厂房排架,是混凝土结构还是钢结构,是单纯的计算还是带有 CAD 绘图等。真正的 CAD 软件,必须承担一定的设计专家角色,能针对不同的情况,自动激活软件内嵌的设计规范,辅助设计人员进行结构设计。由于一个 CAD 软件不可能涵盖所有的结构设计规范,因此 CAD 软件的用户手册中会明确说明软件的特点、功能及解题能力范围。

3. 结构分析方法先进及分析单元精度高原则

在实际设计过程中,不同的结构可用不同的结构分析方法,选用不同的结构分析方案。通常情况下,结构分析有二维平面结构分析方案或三维空间结构分析方案两种。杆系结构单元是三维空间刚接杆单元还是铰接二力杆单元,实体结构单元是薄壁柱单元还是三维壳单元,不同的单元适用不同的结构,也有不同的计算精度。空间铰接为二力杆系适用于网架,三维杆单元适用于三维框架结构,三维壳单元适用于分析板和墙。总之软件的选用应从力学概念和工程经验加以分析判断。

4. 绘图准确,图纸编辑修改工作量小

选择软件时还应考虑其绘制的施工图纸能否符合行业内习惯的图纸表达方式,以及其构造处理是否详细合理,所绘制的施工图纸是否满足设计与审查的需求,能否给设计人员一种完整、清晰、归档的图形效果。

5. 人机交互界面方便,流程清晰原则

选用 CAD 软件还要考虑其人机交互能力。要十分注意软件前处理的包装、界面的易操作性和易编辑效果。设计软件的后处理功能,有无多种工况的最不利组合,有无多种性能设计方案可供选择和多个计算分析方案包络设计能力,有无混凝土截面的配筋、钢结构应力验算、柱子的轴压比,有无计算结果的图形输出和归档文件,有无与规范条文直接关联的设计校审功能等。

6. 其他

选用 CAD 软件还要考虑其他一些方面。如注意设计软件的应用平台,其运行的操作系统是否熟悉,选用的软件是否符合自己使用的机型。注意设计软件的版本号,宜选择最新的版本号。应考察设计软件的开发单位(或公司)的综合能力、素质修养、软件的鉴定时间、批准单位、应用年限、成熟程度,还应了解其对设计软件的维护和升级能力。

1.3　建筑结构 CAD 的工作与思维方式

在利用 CAD 软件进行建筑结构设计过程中,计算机可以替代人进行设计信息存储、整理、检索工作,计算工作和绘图工作,所以利用 CAD 软件设计同传统的手工设计相比,不论在思维方式上还是设计操作上都有着根本的区别。

1.3.1　建筑结构 CAD 与传统手工设计之间的区别

在 CAD 技术与应用日臻成熟和大众化的今天,讨论 CAD 与传统手工设计间的区别似乎是个过时的话题。但是对初涉 CAD 领域的见习工程师和在校学生,还是十分必要的。

1. 思维方式和工作方式

由于 CAD 软件能帮助我们进行自动计算和绘图,使我们免去了从荷载传导到结构内力计算、从内力组合到构件配筋设计过程中烦琐的计算工作,也使我们不需用绘图工具手工绘制图线和标注文字。CAD 软件不仅提高了设计效率和质量,提高了设计人员设计复杂结构的能力,也改变着人们的设计思维和工作方式。

以一榀平面框架设计为例,传统的手工设计工作大致包括以下内容:首先要根据轴线位置、柱的偏心、梁的跨度以及构件断面,绘出框架计算简图,而后手工统计作用在框架简图上的荷载并在确定荷载分布后,进行各单项内力分析,再进行荷载组合和内力组合,绘制梁柱的内力包络图,并且需手工进行配筋计算、选筋、布筋,进行构件断面归并,最后绘制施工图。有手工设计经验的人都知道,在这个过程中需要进行大量烦琐的计算工作。

利用 CAD 软件进行框架设计时,设计者只要向计算机输入框架的定位网线,布置梁柱构件,确定材料类型,布置荷载即可,CAD 软件会替代设计人员进行分析计算和设计,直至绘出施工图纸。

在 CAD 设计过程中,计算机软件能替代人进行烦琐的计算工作,因此,人的主要工作变为依据设计规范,优选结构方案、创建设计模型、评价分析计算结果、图纸校审和修改。人的思维重点是怎样合理使用软件并把复杂的结构实体变为能得到正确分析结果的设计模型;怎样正确运用规范条文设定合理的设计参数;怎样分析评价设计计算结果的可靠性和正确性,并针对可能出现的错误或者疑点选择适当的校核方法进行评判,对设计进行修正。

总之,与传统设计相比,设计人员更像一个构想者、甄别者和评判者。设计人员对规范的理解要更深入、更系统、更完整,设计人员的创造性才能得到更大发挥,设计的建筑结构才会更合理、更安全、更经济。

2. 学习方式和生活方式

在 CAD 设计过程中,尽管计算机和 CAD 软件可以替代人做许多烦琐重复的工作,但是,不管科学技术怎样进步,人机关系始终都不会改变。设计过程中,人是主导,计算机是辅助。责任由人负,荣誉由人享。通过 CAD 软件这个高科技媒介,使得设计人员能够较早地接触到行业最新的科技成果,这就要求设计人员及时更新自己的知识。

另外由于设计效率的提高,结构复杂度增加以及工作方式的改变,也带来了学习方式和生活方式的改变。CAD 设计的设计周期比传统的手工设计周期明显缩短,人均设计产品数量明显提高,设计人员的脑力劳动强度远大于以往的传统设计方法,所承担的技术责任和社会责任也越发重大。

1.3.2　建筑结构 CAD 与设计经验、设计规范的关系

我们把建筑结构 CAD 的学习及应用分为以下五个层面。

1. 入门层面

熟悉建筑结构 CAD 软件各个模块的功能及关系,会操作 CAD 常用模块进行建模、分析、绘图。严格地说,入门层次尚不具备从事建筑结构设计的能力。

2. 见习工程师层面

了解设计规范重要条文,熟悉常遇建筑结构的设计处理方法,掌握各常用模块的操作方法及技巧,了解软件分析结果评价的基本方法和基本内容,并能发现较明显的设计缺陷,掌握施工图纸的表达方式及表达深度,能绘制基本合格的施工图纸。

3. 工程师层面

了解或掌握设计规范大多数条文,有应对较复杂结构设计的知识,有一定设计经验积累,能创建比较复杂的建筑结构模型,能正确进行分析设计结果评价并能快速独立地进行模型修改调整,能绘制准确清晰合格的建筑施工图纸。

4. 技术专家层面

在多种类型建筑结构设计方面具有丰富的设计经验,具有设计复杂结构的能力;对领域内设计规范、技术规程、设计理论、设计方法十分熟悉,了解本专业 CAD 软件的各种特点,并能熟练使用;具有图纸审核的能力。

5. 领域专家层面

对领域内设计规范、技术规程、设计理论、设计方法融会贯通。了解领域内建筑结构的现状,引导领域内建筑结构的发展趋势;领军超大型复杂工程结构的设计;无须参与具体的设计过程,只需听取简要汇报或了解设计结果摘要介绍,就能指出团队和助手设计的复杂建筑结构的不足,并能给出具体可操作的指导意见。

1.4　本章小结

在本章,我们主要介绍了建筑结构 CAD 的基本概念、意义、主要工作环节,讲解了计算分析结果出现异常错误的原因及类型甄别,下一章我们将介绍 PKPM2010 软件的基本组成及主要操作流程。

思考与练习

　　1. 建筑结构 CAD 的五个基本内容是什么？

　　2. 对结构分析结果进行评价的目的是什么？计算分析结果出现异常错误的原因及类型有哪些？

　　3. CAD 软件的选用原则是什么？

　　4. CAD 设计与传统手工设计之间的区别有哪些？

第 2 章

PKPM 软件的组成及界面

学习目标

了解 PKPM 软件的基本功能；

了解 PKPM 软件的基本组成；

了解 PKPM 软件的自主图形平台 CFG；

了解 PKPM 软件设计常遇建筑结构的基本流程。

PKPM软件是由中国建筑科学研究院研发的集建筑、结构、设备、工程量统计、概预算及节能设计等于一体的大型建筑工程综合CAD系统。

PKPM软件是中国软件行业协会推荐的优秀软件产品，目前国内用户已有12000余家，占建筑CAD软件应用市场90%以上份额。

PKPM软件具备几乎覆盖所有结构类型的设计能力，有先进的结构分析软件包，容纳了国内最流行的各种计算方法。全部结构计算模块均按2010系列设计规范编制，全面反映了新规范对荷载效应组合、设计表达式、抗震设计新概念的各项要求。

PKPM软件是结构工程师设计中必不可少的工具，学习掌握PKPM软件也是基本的从业要求之一。

2.1　PKPM 研发历史及 PKPM 的基本组成

　　PKPM 目前版本为 PKPM2010 V3.X 版,与 PKPM2010 V2.X 版本相比,PKPM2010 V3.X 的程序界面发生了较大改变,部分功能得到较大提升。由于在教学中所用软件版本可能不同,在本书中我们讲解结构设计方法时,将主要依托 PKPM2010 V3.X 版本。

2.1.1　PKPM 软件的历史与特点

　　PKPM 作为国内拥有用户最多、应用最广泛的建筑结构 CAD 软件,为我国近 40 年来建筑结构的技术革新与发展做出了巨大的贡献。

1. PKPM 软件的功能特点

　　PKPM 为中国建筑科学研究院建研科技股份公司研发的,用于建筑结构计算机辅助设计的大型建筑工程综合 CAD 系统。用 PKPM 能进行几乎所有不同类型不同形式的建筑结构设计,通过 PKPM,用户可以完成建筑结构建模、分析设计与施工图绘制的全过程。PKPM 软件是目前国内建筑结构设计中使用历史最长、设计建筑结构最多、拥有用户最多的建筑结构 CAD 软件。

2. PKPM 系列软件的历史

　　早在 20 世纪末,以陈岱林教授为领军人的中国建筑科学研究院建筑结构研究所,就开发研制了国内最早的混凝土框架设计软件 PK(最早的 PK 运行在一款叫 PC1500 的袖珍电脑上,设计人员从 PC1500 按键上输入框架计算数据,PC1500 有一个能打印类似现在机打发票一样的内置打印机,软件计算结果通过打印机打印出来,设计人员根据计算结果绘制框架施工图),之后又不断推出结构平面设计 CAD 软件 PMCAD 等其他模块,PKPM 软件名称也由此诞生。随着三维结构分析软件 TAT(采用薄壁柱模型模拟剪力墙,现已不用)、基础工程计算机辅助设计软件 JCCAD 等的研发成功,PKPM 逐渐发展为一个集成化建筑结构 CAD 软件。20 世纪 90 年代末期,PKPM 又有结构空间有限元分析设计软件 SATWE、钢结构计算机辅助设计软件 STS、复杂空间结构分析与设计软件 PMSAP,以及其他软件模块陆续推出,使得 PKPM 软件逐渐成为建筑结构 CAD 的领军软件。

3. PKPM 软件的各种版本沿革

　　PKPM 结构软件大致经历了 PKPM 早期版本、PKPM2005、PKPM2008、PKPM2010 等版本。

　　(1) PKPM2010 V2.X,加密锁为黑色。针对《荷载规范》《抗震规范》修订版及软件部分功能进行了升级。

　　(2) PKPM2010 V3.X,支持 32 位/64 位 Windows 操作系统,在模块分组的基础上,系统采用了以计算分析软件为核心的集成设计路线,对软件模块功能进行了重组,不断跟随设计规范的改版改进软件功能,增加了多性能、多目标、多模型包络设计能力和调平法方案设计能力,增加了对新结构形式的设计能力,正式发布了诸如"AutoCAD 版砼结构施工图"等新模块以及 BIM 数据转换等新数据接口,使软件性能得到了极大提升。

4. PKPM2010 V3.X 软件的组成模块

PKPM2010 V3.X 软件与结构设计有关的模块主要有"结构""钢结构""砌体结构""鉴定加固"几个部分,每个部分有若干软件模块。在 PKPM 结构的各个模块中,既彼此相对独立又相互联系,在 CAD 设计过程中,接力运行各子模块,即能完成整个 CAD 设计过程。

2.1.2 PKPM 软件的多版本安装

根据用户类型的不同,PKPM 分为单机版和网络版两种,单机版是通过单机软件锁验明用户合法性并仅授权用户在本机上运行的 PKPM 版本;网络版是通过 PKPM 服务器上的网络锁验明用户合法性,并可以在局域网内其他安装了 PKPM 客户端软件的计算机上运行的 PKPM 版本。

由于单机版和网络版的软件解锁原理不同,故单机版和网络版有不同的安装方式。下面简要介绍 PKPM 单机版的安装与运行。

1. PKPM 单机版的安装

安装 PKPM 时,需运行 PKPM 光盘的安装向导程序。运行安装向导程序之后,依据安装向导的提示可以很方便地安装好软件部分。软件安装完毕后,再在计算机上插入软件锁,待系统安装软件锁驱动后,安装相应软件即可。

PKPM 软件安装过程中,安装向导会自动向系统注册表添加 PKPM 主键标记,并向系统驱动文件夹添加 USB 锁驱动程序。如果某台计算机从来没有安装过 PKPM 软件,不能采用从其他计算机上复制 PKPM 程序文件的方式取得软件使用权。

2. PKPM 单机版的更新

当在已经安装了同一 PKPM 版本的计算机上重新安装 PKPM 时,需先通过 PKPM 的安装向导程序,删除早先安装的版本,再重新安装 PKPM。

如果没能正确卸载原来安装的 PKPM 版本,导致新的 PMPM 不能正常运行,则可以在 PKPM 安装目录下找到"…\CFG\REGPKPM.exe"或"…\CFG\REGPKPM V3.1.exe",如图 2-1 所示把原有 CFG 路径清空,再选择不同的安装目录安装 PKPM,不同版本的 PKPM 千万不能安装在同一个目录下。多版本安装完成以后,PKPM 还会在桌面生成一个"多版本PKPM"快捷方式,单击此快捷方式,可以选择运行PKPM V3.X 或其他版本的 PKPM。

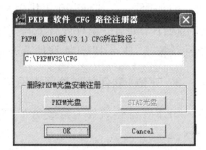

图 2-1　清除原有注册信息残留

目前 V3.X 版支持多版本安装,亦即如果一台计算机安装了 V2.X 版,可以再选择不同的安装目录(CFG 也要安装到不同目录)安装 V3.X 版。如绝大多数软件一样,多版本安装通常需要先安装低版本,再安装高版本。

3．运行 PKPM 软件

安装好不同的 PKPM 版本，只需要单击不同版本的桌面快捷图标，即可运行需要的版本。由于 PKPM 在设计一个建筑结构过程中会生成大量数据文件，所以不能通过双击数据文件的方式来打开运行 PKPM 软件。

PKPM 支持多线程运行，即在同一台计算机上可以同时运行同一版本，利用此功能我们可以进行不同结构方案间的对比分析和参照。初学者尤其要注意，不要同时运行几个PKPM 来打开同一个工程，这样会因为系统对打开工程文件进行保护，导致所做工作不能正确保存而致使工程文件毁坏。

2.1.3　PKPM 的主界面

安装好 PKPM 后，双击桌面的 PKPM 快捷方式，即可进入 PKPM 主界面。在PKPM2010 V2.1 版本的主界面中，按建筑、结构、钢结构、特种结构、砌体结构、鉴定加固、设备等专业划分了不同的模块组，用户可以根据需要选择相应的程序模块来完成不同的设计任务，如图 2-2 所示。

图 2-2　PKPM2010 V2.1 主界面

设计人员根据对象工程的特点，选择合适的模块组后，按设计流程顺序执行相应软件模块来完成设计工作。

PKPM2010 V3.2 软件继续沿用 PKPM2010 V2.1 版本的软件架构，在将软件分为"结构""砌体""钢结构""鉴定加固"等几个模块组的基础上，把原来 PKPM2010 V2.1 的"建筑"和"设备"部分划分到其他专业软件。PKPM2010 V3.2 版本主界面如图 2-3 所示。

图 2-3 PKPM2010 V3.2 主界面

PKPM2010 V3.2 中的"结构"模块组,以结构分析与设计软件为核心划分为三条主线,不再区分 SATWE-8 和 SATWE、PMSAP-8 和 PMSAP,设计高层建筑结构时需要执行《高层规范》《抗震规范》《混凝土规范》,而设计多层建筑结构时只需执行《抗震规范》和《混凝土规范》,这些执行规范条文的区别,将体现在参数定义中,设计时由设计人员根据情况自行选择。

若选择"SATWE 核心的集成设计"设计主线,根据设计进度,通过右上角的下拉菜单,在"结构建模"等各个模块之间切换,即进入相应的设计模块界面。

2.1.4 PKPM 的图形平台

图形平台是 CAD 系统实现图形功能所必须具备的,软件通过图形平台把用户输入的模型数据以图形方式显示在计算机屏幕上,从而实现人机交互;施工图绘制阶段,用户通过图形工具对施工图纸进行编辑加工。

1. 什么是图形平台

图形平台与图形工具两者之间联系十分密切,所以有时我们也把图形平台和图形工具统称为图形平台。图形平台是指 CAD 等工程建设软件系统中,提供图形生成、存储、显示、图形计算、编辑操作等基本功能的底层函数或程序库,图形平台也是连接 CAD 应用软件、操作系统、计算机硬件间的纽带程序。图形平台不仅具有设备管理、文本图像图形管理、视窗视区管理、图形要素管理等许多功能,还应有接口标准文件规范,规范图形的技术标准、存储格式、显示方式、编辑加工、图形库函数接口等内容。图形平台不仅是软件使用者的好帮手,也是 CAD 程序开发团队共用的软件库。

CAD 系统的图形平台通常有两类，一类是依附于其他图形软件的非自主图形平台，另一类是自主图形平台。

1）自主图形平台

自主图形平台是 CAD 软件自主开发的图形平台。图形平台通常是在 Windows API 函数或软件开发所用的高级语言编程程序库基础上，自主编程完成的由基本图元绘制、图元编辑、图元几何运算、图元物理和逻辑存储管理等基本函数组成的函数库或组件库。有的自主图形平台还开发了具有一定人机交互功能的软件模块，形成了类似 AutoCAD 一样的交互绘图界面。

2）非自主图形平台

非自主图形平台是利用其他高级绘图软件作为平台工具，利用高级绘图软件提供的二次开发和编程接口，实现的 CAD 软件图形平台。使用这类图形平台的 CAD 软件一般都有类似于其依托的高级绘图软件的用户界面，如利用 AutoCAD 开发的 CAD 软件，大多有与 AutoCAD 类似的用户界面。

购买或使用非自主图形平台的 CAD 软件用户，需要了解购买这类 CAD 软件时，是否还需要额外购买提供非自主图形平台功能的其他图形软件，以免违反国家关于知识产权方面的法律、法规。

PMPM 目前有利用其自主图形平台开发的模块，如"结构建模""砼结构施工图绘制"模块；也有利用 AutoCAD 作为图形平台开发的软件模块，如"AutoCAD 版砼施工图绘制"模块。

2. PKPM 软件的自主图形平台

PKPM 系列软件拥有 PKPM 研发团队自主研发的图形平台 TCAD。由于 PKPM 安装后有一个 CFG 子文件夹，PKPM 的图形平台程序大多放置于此，故习惯上用户把 PKPM 的图形平台称为 CFG。CFG 的图形文件后缀为"T"，行业内通常称之为 T 文件。T 文件是 PKPM 软件利用自主图形平台 CFG 绘制的图纸文件。类似大家习惯了 AutoCAD 的 DWG 文件一样，使用 PKPM 软件，必须知道 T 文件的含义。

T 文件具有向下兼容性，即低版本 CFG 生成的 T 文件，可以用高版本的 CFG 打开，反之则不能。

3. PKPM 可以实现 T 文件与 DWG 文件互转

在 PKPM2010 V2.X 的主界面和 PMCAD 等软件主界面都有一个图形编辑转换、打印菜单，单击该菜单进入图形编辑转换界面，可以单击相应的菜单或按钮，实现 T 文件与 DWG 文件的相互转换，如图 2-4 所示。

图 2-4 PKPM2010 V2.X 中 T 文件与 DWG 文件互转

PKPM2010V2.X 版本打开 DWG 文件提示图形非法时,则表明该 DWG 版本较高,需要把高版本 DWG 文件通过 AutoCAD 转存成较低版本。DWG 的部分图块不能正常转化时,需先行对这些 DWG 图块进行分解操作。

PKPM2010 V3.2 在其"砼结构施工图"模块及"工具集"模块有 T 文件和 DWG 文件相互转换的菜单,通过它们,我们可以方便地实现 T 文件与 DWG 文件的互转,如图 2-5 所示。

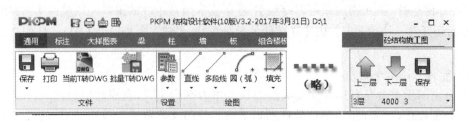

图 2-5　PKPM2010 V3.2 中 T 文件与 DWG 文件互转

较之于 PKPM2010 V2.X 版本,PKPM2010 V3.X 的 T 文件和 DWG 文件相互转换时,可以对较高版本的 DWG 文件进行操作。T 文件和 DWG 文件相互转换操作时的具体细节,我们将在后面章节中介绍。

2.1.5　PKPM 的软件模块及集成设计主线

PKPM 按照结构类型,把软件系统分为"结构""砌体""钢结构""鉴定加固"等模块组,用户根据不同的结构类型,选择不同的模块组进行结构设计。

1. PKPM2010 V2.X 的软件模块

PKPM2010 V2.X 版本的常用结构设计模块如图 2-6 所示。从图中我们可以知道,PKPM2010 V2.X 进行多高层混凝土建筑结构设计时,先要通过 PMCAD 子模块进行结构建模和绘制楼板配筋图,SATWE 模块进行结构分析设计,"墙梁柱施工图绘制"模块进行施工图的绘制校审,JCCAD 模块进行基础设计与绘图等。

图 2-6　PKPM 的常用结构设计模块

图 2-6 中 PMCAD、SATWE、JCCAD 等为 PKPM 中常用的软件模块。PMCAD 为建筑结构平面建模及 CAD 设计的缩写。SATWE 为 space analysis of tall-buildings with wall-element 的词头缩写,这是 PKPM 为多高层建筑设计而研制的空间组合结构有限元分析软件。JCCAD 为基础设计 CAD 软件的缩写。

2．PKPM2010 V3.X 的软件模块组成关系

PKPM2010 V3.X 版本软件界面发生了较大变化,软件模块关系也进行了一定调整。系统分为"结构""砌体""钢结构""鉴定加固"四大模块组,每一个模块组由若干软件模块组成不同的设计集成主线,设计时按照结构类型和设计意图,选择合适的设计集成主线后,再根据设计流程,顺序执行各设计集成主线中相应的软件模块,完成整个设计活动。PKPM几大模块组及集成设计主线如图 2-7 所示。

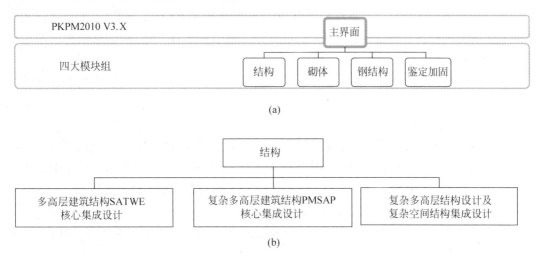

(a)

(b)

图 2-7　PKPM 模块组及集成设计

(a) PKPM2010 的模块组;(b)"结构"模块组集成设计主线

PKPM2010 V3.X 的"结构"模块组,通常用于多高层钢筋混凝土建筑结构设计,该模块组分为四条主线,即"SATWE 核心的集成设计""PMSAP 核心的集成设计""Spas ＋ PMSAP 集成设计""PK 二维设计",分别适用于一般多高层结构设计、复杂多高层结构设计及复杂空间结构设计。设计人员可以根据工程特点,选择不同的模块组进行设计。

2.2　建筑结构的类型及 PKPM 集成设计主线的选择

由于 PKPM 采用集成设计主线策略来引导组织设计流程,所以在进行结构设计之前,设计人员需要依据拟设计工程结构类型的具体情况,确定采用哪种结构分析方法,并据此选择适当的分析设计模块组及集成设计主线。

2.2.1　建筑结构的类型及 PKPM 软件模块的选择

建筑结构的基本类型按建筑材料、承重结构类型、结构楼层数、体系特征等进行划分,这些不同的划分方式都是为了更好地界定结构的类型属性,以便于采取正确的设计策略。

1．按主体结构所用的建筑材料类型分类

按建筑材料类型不同,建筑结构分为混凝土结构、钢结构、砌体结构和木结构等。在进

行建筑结构设计之初，我们就要根据选用的主体结构材料，确定要遵守的设计规范和选用合适的软件模块。

1）混凝土结构

混凝土结构分为普通钢筋混凝土结构及预应力钢筋混凝土结构，混凝土结构是常用的建筑结构，与混凝土结构设计有关的规范有《混凝土规范》《抗震规范》《高层规范》等。

普通混凝土结构常采用"SATWE 核心的集成设计"，使用"结构建模"建立结构模型。

2）钢结构

钢结构也是指以钢材为主制作的结构，钢结构设计规范有《抗震规范》第 8 章、《门式刚架轻型房屋钢结构技术规范》(GB 51022—2015)、《钢结构规范》、《空间网格结构技术规程(2010)》等。

钢结构建模时按其结构类型可以选用 PKPM"钢结构"模块组的不同设计集成进行设计。

3）砌体结构

砌体结构按材料分为砖砌体、砌块砌体和石砌体。砖砌体包括烧结普通砖、非烧结硅酸盐砖和承重黏土空心砖砌体。砌块砌体包括混凝土中型、小型空心砌块和粉煤灰中型实心砌块砌体。砌体结构还分为无筋砌体、配筋砖砌体、配筋混凝土空心砌块砌体、底框结构等。砌体结构设计规范有《砌体规范》《小砌块规程》等。

砌体结构设计建模时选用 PKPM2010 的"砌体"模块组的相应设计集成进行建模、分析与设计。

2．按结构传力体系或竖向承重结构的类型分类

建筑结构按其结构传力体系或竖向承重结构的类型，分为墙承重结构、排架结构、框架-剪力墙结构、框架结构、筒体结构、大跨度空间结构及组合结构等。

1）排架结构

采用柱和屋架构成的排架作为其承重骨架，外墙起围护作用，单层厂房是其典型结构形式。单层混凝土厂房可简化为排架结构，可在 PKPM 主界面选定【PK 二维设计】进行设计，用 PK 进行排架分析、设计及绘图。

2）框架结构、剪力墙结构、框架-剪力墙结构、筒体结构

钢筋混凝土框架结构、剪力墙结构、框架-剪力墙结构、筒体结构是多高层建筑结构中最常用的结构形式，可采用"SATWE 核心的集成设计"进行结构设计。

3）大跨度空间结构及组合结构

该类建筑往往中间没有柱子，而通过网架等空间结构把荷重传到建筑四周的墙、柱上去，如体育馆、游泳馆、大剧场等。对于复杂的组合结构可以采用"Spas＋PMSAP 的设计集成"中"空间结构建模及分析"的 SpasCAD 模块与"结构建模"联合创建结构设计模型。

3．按层数分类

建筑物按层数可分为多层建筑结构（包括单层）、高层建筑结构和超限高层建筑结构三种，其设计过程的技术控制有所不同。

《高层规范》总则 1.0.2 条规定："本规程适用于 10 层及 10 层以上或房屋高度超过 28m 的住宅建筑以及房屋高度大于 24m 的其他高层民用建筑结构。"因此,通常我们把满足《高层规范》规定的建筑结构称为高层建筑结构,不满足上述规定的建筑结构称为多层或单层建筑结构。高层建筑或多层建筑结构都可用"结构建模"创建设计模型后,用 SATWE、PMSAP 等进行分析设计。

超过《高层规范》第 3.3 条规定的最大适用高度和高宽比的钢筋混凝土高层建筑结构,称为"超限高层建筑结构"。超限高层建筑结构在项目初步设计阶段,即要报省级超限高层审查委员会进行审查,有关审查程序参见政府部门政务公开网站。

4. 按体系特征分类

建筑结构按体系特征还可分为错层结构、坡屋面结构、规则结构、不规则结构、大空间结构、格构梁与转换层、多塔结构等。

1) 错层结构、坡屋面结构

错层结构是指在同一建筑自然层的楼板不在同一标高且标高差值大于梁截面高度的建筑结构;坡屋面结构是指屋面坡度大于 15°的屋面,与错层结构一样,坡屋面结构也有不同的类型。

错层结构和坡屋面结构是建筑结构设计中常遇的结构形态,在结构建模和结构分析方法上,要采取与常规建筑结构不同的策略,我们将在后面章节中专门讨论。

2) 规则结构

规则结构通常指结构平面或立面无显著凹凸变化,结构构件布置比较规则划一,结构传力方式比较简单的建筑结构,规则结构通常具有对称特性。

3) 不规则结构

所谓不规则结构是指背离传统建筑空间构成法则,外表和空间构成不规则的建筑。依据《抗震规范》第 3.4.1 条、第 3.4.3 条对不规则结构的判断标准,不规则建筑结构有平面不规则和竖向不规则两类。

平面不规则是指建筑结构平面不是规则的矩形或方形,平面不规则又分为扭转不规则、凹凸不规则、楼板局部不规则三种。竖向不规则结构有侧向刚度不规则、竖向抗侧力构件不连续、楼层承载力突变等。

实际工程中,对不规则项的判别要遵循"就重"原则,就是当同时可以归类为多项不规则时,按其最不利的不规则情况确定为相应的不规则项,其他较轻级别的不规则就可不再考虑。例如,当一个建筑结构确定为错层不规则后,错层引起的楼板不连续就不再计入不规则项;再如考虑楼板不连续不规则项后,楼板不连续导致的穿层柱就不再计入不规则项。

《抗震规范》第 3.4.4 条、第 3.10.1 条对不规则结构的内力、抗震性能优化设计等做出了专门的设计规定。第 3.4.4 条特别规定不规则结构应采用空间结构模型进行分析计算,根据结构分析结果,调整结构布置方案(如平面不规则结构是否增设结构缝)。

结构的规则性判断是结构设计中一个很重要的内容,因为结构不规则会导致结构受力状态变得比规则结构复杂得多,结构计算结果的可靠性与结构的规则性密切相关,也就是说越复杂的工程其计算结果的可信度越低。为了提高结构分析的可靠性,需要仔细考虑创建不规则结构设计模型的建模方式及分析参数定义,这些内容我们将在后面的创建错层结构及坡屋面结构设计模型、SATWE 分析中详细讨论。

2.2.2 建筑结构设计时的结构分析方法

为了能根据结构的不同类型,选择合理的分析设计模块组,我们还需要了解软件模块所采用的结构分析方法。对上部结构而言,常用的分析设计方法有平面框架分析、三维空间有限分析法。在多、高层建筑结构分析中,对剪力墙和楼板的力学模型的假定也很关键,它直接决定了多、高层建筑结构分析模型的科学性,同时也决定了软件分析结果的可信度。

1. 平面框架分析方法

单榀平面框架分析方法,假定可将一个建筑结构划分为若干榀竖向正交平面抗侧力结构,每一榀平面抗侧力结构我们通常称为平面框架。设计时设计人员根据结构情况,对各榀框架进行归并,受力相同的划分为一组,最后从每组中选取一榀框架为代表,进行命名及分析设计。另外,采用这种方法的同时,还要把各个楼层联系各榀框架间的梁设定为框架联系梁,它们的分析设计模型为多跨连续梁。对框架联系梁的设计过程也包括所有楼层联系梁的归并、命名及计算。对框架和框架联系梁的归并一般需要设计人员自行手工进行。

对单榀框架进行计算时,可以考虑楼板的刚度影响,也可以认为楼板在其自身平面内刚度无限大。假定楼板刚度无限大时平面框架梁的轴向没有变形。钢结构的门式钢架或单层钢筋混凝土排架结构可采用这种分析方法。

在实际设计工作中,对于排架结构、砌体结构中的单根连续梁,可用 PKPM“结构”模块组中的“PK 二维设计”和“砌体”模块组中的“底框及连续梁 PK 二维设计”进行排架、底框或连续梁的设计,或用 PK 绘制异形框架结构详细的配筋构造。

另外,在本科毕业设计手工计算中,也常采用单榀平面框架进行平面非常规则的纯框架结构设计,以便于从教学角度使同学们对结构分析设计过程有更加直观的了解,并能与“PK 二维设计”进行电算与手工计算的校核比较。

目前在实际结构设计过程中,这种平面框架分析方法可用更精确的三维空间整体分析方法来替代。

2. 三维空间有限元分析方法

三维空间有限元分析方法是把整个建筑结构作为一个统一的分析模型,整体进行结构分析与设计的方法。三维空间分析方法的精度和适用范围,主要取决于分析程序所用的结构分析模型及有限单元类型。三维空间分析方法所用的模型分为三维空间杆元模型、三维空间开口薄壁杆件模型、墙板单元模型、板壳单元模型、墙组元模型。

1) 三维空间杆元模型

三维空间杆元是一种常用的 2 节点 12 自由度杆件单元,杆单元的每个端点分别有 3 个线位移和 3 个角位移,每个位移对应一个杆件内力。在 PKPM 软件中,SATWE、PMSAP依照杆单元的轴线类型又分为直线形梁元、等截面圆弧曲梁单元、柱元等多种形式。

2) 三维空间开口薄壁杆件模型

开口薄壁杆件理论,是将整个平面连肢墙或整个空间剪力墙模拟为开口薄壁杆件。采用薄壁杆件原理计算剪力墙,忽略剪切变形的影响,在计算越来越复杂多高层剪力墙结构或框剪结构,尤其是计算地震作用时有较大误差,早期 PKPM 软件中的 TAT 模块用的就是这种分析模型,PKPM2010 V3.X 中已经去掉了该分析模块。

3) 板壳单元模型

板壳单元模型中,用每一节点 6 个自由度的壳元来模拟剪力墙单元,剪力墙既有平面内刚度又有平面外刚度,楼板既可以按弹性考虑,也可以按刚性考虑。

基于壳元理论的三维组合结构有限元分析程序,理论上比较科学,但美中不足的是现有的基于壳元理论的软件均为通用的有限元分析软件,其前后处理功能较弱(结构设计的后处理包括内力组合、配筋设计等),在一定程度上限制了这类软件在实际工程中的使用。

目前,PKPM 的 SATWE、PMSAP 等分析设计软件采用的是在壳单元基础上凝聚而成的墙元模拟剪力墙,对于尺寸较大或带洞口的剪力墙,按照子结构的思路,由程序自动进行细分,然后用静力凝聚原理将由于墙元的细分而增加的内部自由度消去,从而保证墙元的精度和有限的出口自由度。这种墙元对于剪力墙洞口(仅考虑矩形洞)的大小及空间位置无限制,具有较好的适应性。墙元不仅具有平面内刚度,也具有平面外刚度,可以较好地模拟工程中剪力墙的实际受力状态。

PKPM 的墙元采用广义协调技术处理墙-墙协调内部网格自动剖分,解决了网格畸变问题,其中 PMSAP 允许最小 30cm 的细分网格,可以对墙梁、墙柱做精细分析。

SATWE 与 PMSAP 采用的模型原理基本接近,但是 PMSAP 更适用于多塔、错层、转换层等建筑的复杂情形。

3. 结构分析时钢筋混凝土楼板的刚性板分析方案和弹性板分析方案

由于在实际建筑结构中,楼板与结构中墙柱梁一起构成了结构的主体骨架。因此,在结构分析设计过程中,如何考虑楼板在结构体系中的作用,是结构设计过程中一个十分重要的工作。

在结构分析设计时,楼板可分为刚性板分析方案和弹性板分析方案两种。刚性板方案是假定楼板平面内无限刚,平面外刚度为零的一种分析假定,采用该分析假定时,楼板对梁的挠曲没有约束。刚性板方案适合没有大开洞或错层的大多数现浇钢筋混凝土建筑结构。弹性板方案在结构三维空间有限元分析时,能考虑楼板在各个维度上的具体刚度情况,在用SATWE 和 PMSAP 进行三维空间整体有限元分析时,用户可根据建筑结构实际情况,从软件提供的多种楼板弹性方案中,选择最适当的弹性板类型和分析参数进行结构分析。弹性板方案适用于楼板大开洞、错层或转换层、塔楼大底盘的楼板、多塔间连廊楼板等复杂多高层建筑结构。

2.2.3 选择合适的集成设计主线

在实际工程设计时,设计人员应根据工程的实际情况,深入理解各计算机软件的适用范围和特点,选择适合于本工程的计算软件进行分析。

1. PK 二维设计集成功能及使用方法简介

PKPM 的 PK 二维设计集成的设计软件模块为 PK 软件,PK 为"平面框架辅助设计"中平面框架的缩写。

PK 是一个平面杆系的结构计算软件,具有二维结构计算和钢筋混凝土梁柱施工图绘制两大功能。在实际设计活动中,PK 常用于受力比较简单的排架结构设计、砌体结构中的连续梁设计,按整榀、梁柱分离等方法绘制框架施工图。PK 还可用于绘制正交或斜交、梁错层、抽梁抽柱、梁加腋、带牛腿柱等施工图,细致描述在平面整体表示法《16G101 图集》中所没有规定的特殊钢筋构造。

目前某些大专院校在毕业设计环节,也可用 PK 与手工计算结果进行比对分析。如果要用 PK 设计平面框架或框架连续梁,可有两个途径创建 PK 框架模型。

1) 从已有的结构三维模型中生成 PK 数据

利用 PKPM 的"结构建模"模块创建整个结构的模型后,通过如图 2-8 所示 PK 二维设计集成的【PMCAD 形成 PK 文件】模块,生成用户指定的框架或多跨连续梁模型,PKPM 以"PK-"打头,后加轴线名作为生成的框架数据文件名,文件后缀为 PK;连续梁名称以"LL-"打头,后加梁所在结构层号,一个 LL 文件包括同一结构层的多个连续梁。

生成 PK 数据文件之后,再通过 PKPM 主界面,选择 PK 二维设计集成的【PK 二维设计】模块进行框架分析设计。

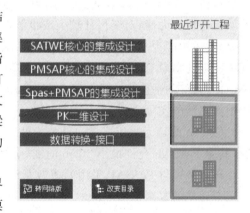

图 2-8 利用已有模型生成 PK 数据

通过【打开已有工程文件】,选择"PK-＊"或"LL-＊"文件类型,打开已有数据文件,对框架或框架连续梁进行计算和绘图,如图 2-9 所示。进入 PK 界面后,用户可根据情况,定义框架分析设计参数,利用软件辅助生成作用在框架上的风荷载,进行计算绘图。

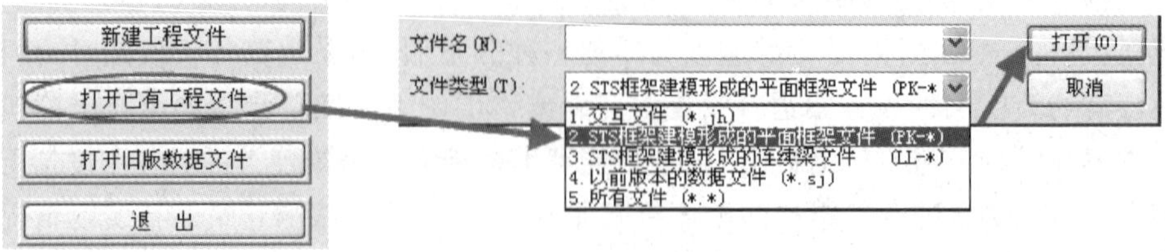

图 2-9 PK 的打开文件主界面

2）PK 人机交互创建数据模型

如果单独进行一榀框架或一榀排架的设计，可直接通过【PK 数据交互输入和计算】菜单的【新建工程文件】选项进入 PK 交互界面创建框架模型。

通过人机交互方式创建框架计算模型，需要用户自定义框架网格、地震等参数，输入梁柱构件，布置恒活荷载，并单击菜单自动生成左右风荷载。

PK 交互创建的框架模型后缀为".JH"，若要在以前交互生成的数据基础上进行其他任务，则进入人机交互界面之前需单击【打开已有工程文件】。

3）PK 对框架进行结构分析设计与绘图

创建框架设计模型之后，可通过 PK 对框架进行分析与设计，用户可从数据文件及程序计算结果图形中，检查梁挠度及裂缝情况，并绘制整榀框架施工图，如图 2-10 所示。

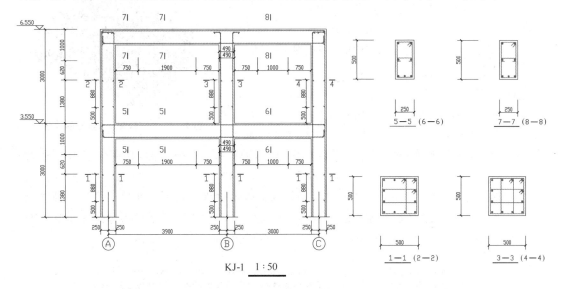

图 2-10　平面框架配筋图示例

2. SATWE 集成设计及 SATWE 功能

SATWE 集成设计主线中的 SATWE 是专门为多高层建筑结构分析与设计而研制的空间组合结构有限元分析软件。PKPM2010 V2.X 版本分为高层版 SATWE 和多层版 SATWE-8，在 PKPM2010 V3.X 以后版本中，两者统一为一个 SATWE 模块。

在本书后续章节中，我们主要依托 SATWE 集成设计，讲解和学习多高层钢筋混凝土框架结构的设计方法和软件操作。

3. PMSAP 核心集成设计主线及 PMSAP 的功能特点

PMSAP 核心集成设计主线的分析设计模块为 PMSAP。PMSAP 是一款有限元通用程序，适用于任意空间结构。

复杂空间结构设计软件 PMSAP 是中国建筑科学研究院继 SATWE 之后推出的又一个三维建筑结构设计软件。PMSAP 与 SATWE 由不同的开发人员独立完成。PMSAP 在程序总体构架上具备通用性，在墙单元、楼板单元的构造及动力算法方面采用了先进的研究成果,具备较完善的设计功能。作为同一公司的产品,PMSAP 与 SATWE 的关系可类比于也是同一公司的产品 SAP2000 和 ETABS。

4．Spas＋PMSAP 的集成设计主线

Spas＋PMSAP 的集成设计主要为 SpasCAD 软件模块,它采用了带有 z 坐标的真实空间结构模型输入方法,适用于各种类型的建筑结构的建模,为 PMSAP 三维结构分析提供了前处理功能。

可以利用 SpasCAD 创建这类结构的组合模型,下面简单介绍一下组合模型的创建过程。

1）用 PMCAD 创建分楼层混凝土结构模型

用"结构建模"创建结构模型的过程将在第 4 章详细叙述。假定我们通过"结构建模"已经创建了一个工程名为"南山训练馆混凝土部分"的模型,如图 2-11 所示。屋面部分网架在"结构建模"中不输入,也不用模拟钢梁等构件替代。

2）创建屋面网架模型并确定基点

单击 PMSAP 的【复杂空间结构建模】菜单进入

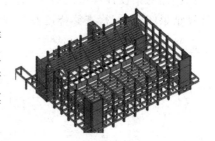

图 2-11 "结构建模"创建的模型

SpasCAD 后,在系统弹出的新的工程名对话框中输入一个工程名称,假定名字为"训练馆网架"。

如果有已经做好的 DXF 网格线文件则导入该轴网文件。可通过快速建模创建网格,也可不创建网格。单击【快速建模】|【空间网架/壳】菜单,在弹出的对话框中选定四角锥网架,并输入正确的网架尺寸和参数,如图 2-12 所示,最后得到一个网架模型。

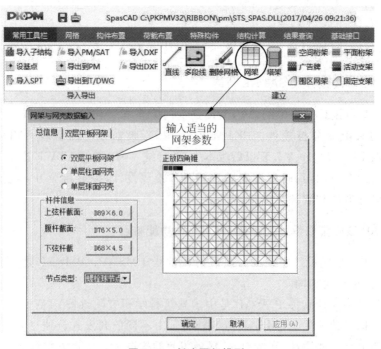

图 2-12 创建网架模型

单击交互界面图形区下方的轴测显示按钮 ⊕，单击上方下拉菜单【导入导出】|【子结构基点】，选择网架轴测图下弦左下角网点为基点，退出 SpasCAD 并保存。

3）在 SpasCAD 中导入 PMCAD 模型

再次单击 PMSAP 的【复杂空间结构建模】菜单进入 SpasCAD 后，在系统弹出的【请输入工程名】对话框中输入工程名"训练馆整体"后进入 SpasCAD 界面，单击 SpasCAD【常用工具栏】的【导入 PM/SAT】按钮，选择后续弹出对话框的参数，导入"南山训练馆混凝土部分"，如图 2-13 所示。

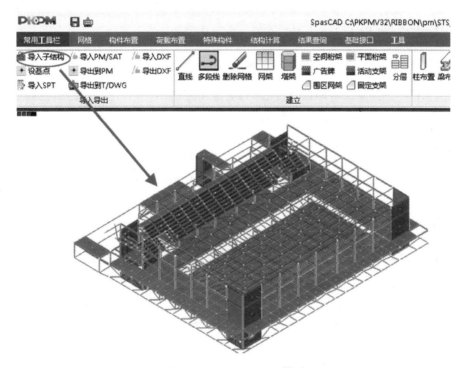

图 2-13　导入 PMCAD 模型

4）并入网架模型

单击 SpasCAD【常用工具栏】的【导入子结构】，从弹出的对话框中选择"南山训练馆网架. SPS"，拖动网架，用鼠标选中 PMCAD 模型左下角柱顶位置，即可实现网架导入。单击图形区右侧菜单面板上的【全楼显示】选项，得到导入之后的 SpasCAD 整体模型，如图 2-14 所示。

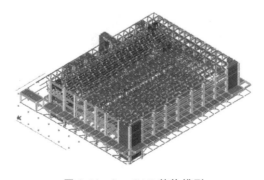

图 2-14　SpasCAD 整体模型

5）设置并计算

导入网架模型之后，再对整体模型布置屋面荷载、设置支座约束、设定参数并进行计算，即可完成对整体模型的分析与设计。

2.3 用 PKPM 软件进行建筑结构设计的操作流程

由于 PKPM2010 V2.X 和 PKPM2010 V3.X 软件主界面变化较大。为了便于使用不同版本 PKPM 的初学者了解 PKPM 的基本操作流程，下面用图解方式，分别简要介绍一下PKPM2010 V2.X 和 PKPM2010 V3.X 的主要操作流程。

2.3.1 PKPM2010 V2.X 的设计操作流程

在用 PKPM 进行建筑结构设计过程中，通常是根据结构的分类和特点，选择合适的模块组或软件模块，按照一定的操作流程进行设计。

1. 单层工业厂房的主要设计流程

单层工业厂房按主体结构材料分为混凝土厂房和钢结构厂房两种。图 2-15 给出了混凝土单层工业厂房的主体结构设计流程。

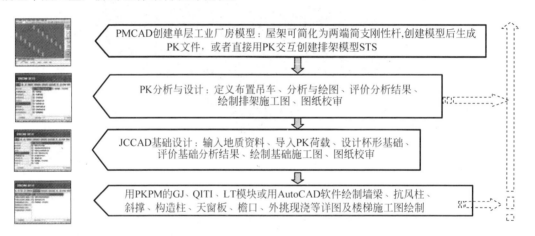

PMCAD创建单层工业厂房模型：屋架可简化为两端简支刚性杆，创建模型后生成PK文件，或者直接用PK交互创建排架模型STS

PK分析与设计：定义布置吊车、分析与绘图、评价分析结果、绘制排架施工图、图纸校审

JCCAD基础设计：输入地质资料、导入PK荷载、设计杯形基础、评价基础分析结果、绘制基础施工图、图纸校审

用PKPM的GJ、QITI、LT模块或用AutoCAD软件绘制墙梁、抗风柱、斜撑、构造柱、天窗板、檐口、外挑现浇等详图及楼梯施工图绘制

图 2-15 PKPM2010 V2.X 混凝土单层工业厂房的设计流程

2. 砌体结构的主要设计流程

砌体结构也是一种常见的建筑结构形式，PKPM2010 V2.X 的砌体结构设计流程如图 2-16 所示。

3. 多层、高层混凝土框架结构的主要设计流程

多层、高层混凝土框架结构是一种最具代表性的结构形式，多层混凝土框架结构设计基本流程如图 2-17 所示。

在进行多层框架上部结构设计时，首先需要创建结构设计模型，按结构楼层输入组成主

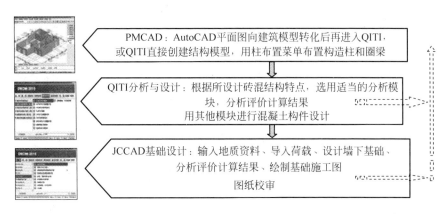

图 2-16　PKPM2010 V2. X 砌体结构设计流程

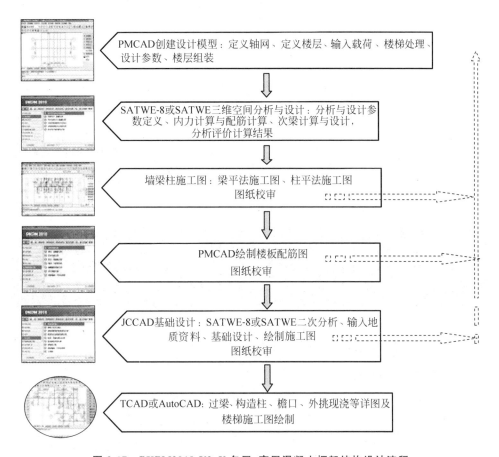

图 2-17　PKPM2010 V2. X 多层、高层混凝土框架结构设计流程

体结构的框架梁、非框架梁、框架柱、楼板、楼梯等结构构件。填充墙等由于不是构成结构主体的构件,故不按构件输入,而是以荷载的形式体现在结构设计模型中。上部模型创建完毕,按设计顺序进行计算分析、评价分析结果、绘制施工图及图纸校审,即可完成主体结构设计。之后对二次结构构件进行必要的设计绘图,即可完成整个上部结构设计。

下部基础设计,也需要根据不同基础类型,选择不同的设计操作。

2.3.2 PKPM2010 V3.X 的设计操作流程

通过对前面的学习,我们已经知道,PKPM2010 V3.X 主界面较之 PKPM2010 V2.X 发生了较大变化,充分体现了结构分析在整个结构设计过程中的核心地位。以混凝土结构设计部分为例,PKPM2010 V3.X 共分为三条集成设计主线:多高层建筑结构 SATWE 核心的集成设计、复杂多高层建筑结构 PMSAP 核心的集成设计、Spas+PMSAP 的集成设计,如图 2-18 所示。每一条线都是从建模、分析、基础设计到施工图的完整设计流程。

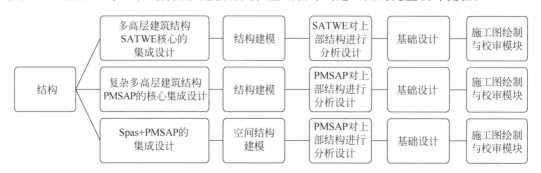

图 2-18 PKPM2010 V3.X 的集成设计主线

PKPM 的"砌体"模块组共有"砌体结构集成设计""底框结构集成设计""配筋砌体结构集成设计""底框及连续梁 PK 二维分析"四条主线,如图 2-19 所示。在进行砌体结构设计时,根据所设计的砌体结构类型选择一个适当的设计主线后,再依据设计过程顺序执行相应的设计模块。以"砌体结构集成设计"为例,这四个模块为"结构建模""砌体设计""基础设计""砼结构施工图"等。

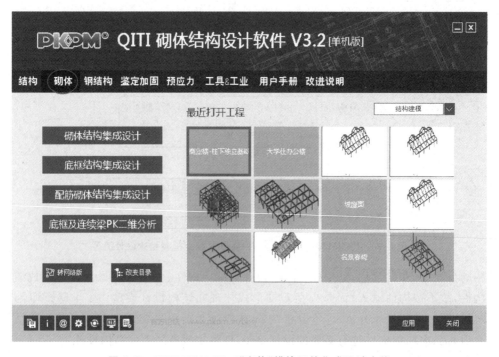

图 2-19 PKPM2011 V3.2"砌体"模块组的集成设计主线

"钢结构"模块组的集成设计主线如图 2-20 所示,包括"门式钢架""框架""桁架""支架""框排架""重钢厂房""工具箱"等模块。可以依据具体钢结构的结构类型,选择适当的设计模块,创建钢结构设计模型,进行结构分析,绘制钢结构布置及节点详图。

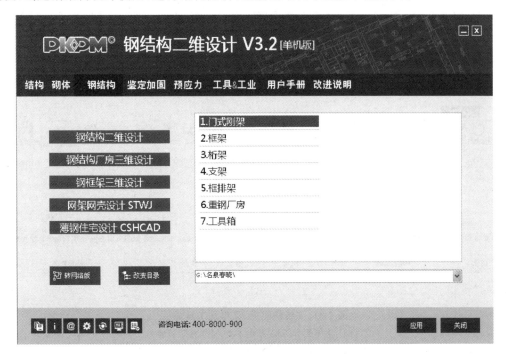

图 2-20　PKPM2011 V3.2"钢结构"模块组的集成设计主线

通过"钢结构"模块创建的三维钢结构模型,也可以通过"结构"模块进行编辑操作,对于某些具有一定特殊性的结构模型的修改十分方便。

运用 PKPM2010 V3.X,设计人员可以指定整个结构甚至构件的性能目标,选定多性能设计分析软件,制定多目标性能设计方案,PKPM2010 V3.X 可以根据设定,自动生成多模型并进行包络设计。这些改变,使得 PKPM 更像一个指挥千军万马的总指挥,而原来的PKPM2010 V2.X 则是总指挥麾下的将军。

2.4　"SATWE 核心的集成设计"主要软件界面及菜单

PKPM 的"SATWE 核心的集成设计"主要有"结构建模""SATWE 分析与设计""砼结构施工图""基础设计"等模块。

2.4.1　"结构建模"模块的菜单及工具面板

下面介绍"结构建模"模块的用户界面,以及创建建筑结构设计模型的主要操作步骤。

1."结构建模"界面菜单

"结构建模"模块的菜单组有【常用菜单】【基本工具】【轴线网点】【构件布置】【荷载布置】【荷载补充】【楼层组装】等,菜单组由功能区工具面板构成,每个菜单组包含若干快捷按钮。

单击上述菜单可以切换到不同的工具面板,单击相应的快捷按钮进行相应的操作。【常用菜单】【基本工具】【楼层组装】等面板如图 2-21 所示。

(a)

(b)

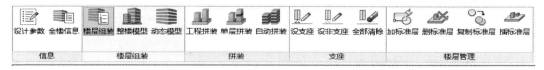

(c)

图 2-21 "结构建模"菜单及工具面板

(a) 常用菜单;(b) 基本工具;(c) 楼层组装

从图中可以看到,"结构建模"提供了极其丰富的快捷按钮,如此众多的快捷按钮足以满足复杂的建筑结构模型的建模工作。

2."结构建模"的主要工作内容及流程

为了能从大的顺序上了解"结构建模",我们在图 2-22 中粗略地列出了"结构建模"人机交互创建框架结构模型的主要流程图。

2.4.2 SATWE 分析与设计菜单及多模型多性能包络设计

创建结构模型之后,即可从"结构建模"界面右上角的"模型转换及楼层管理区"顺序选择"SATWE 分析设计""SATWE 结果查看"以及其他施工图绘制模块进行设计的后续工作。

1. SATWE 模块的 Ribbon 菜单

SATWE 分析设计的菜单如图 2-23 所示。在 SATWE 中需要对"结构建模"生成的力学分析模型进行定义结构分析参数、特殊构件补充定义、多塔子模型定义与设计、多性能目标或多模型设计设置、结构分析设计计算以及分析结果查看评价等工作。

2. SATWE 模块的多目标、多模型及包络设计功能

多目标性能设计或多模型设计为 PKPM2010 V3.X 新增的功能,用户能够通过多目标性能设计对多高层建筑结构进行中震、大震性能设计,通过多模型设计对结构可能存在的多种受

1. 对建筑图进行必要的加工处理,【DWG转模型】轴网识别;2. 通过【正交轴网】【圆弧轴网】交互输入网格数据,交互创建网线组;3. 轴线命名或对轴线名称进行修改

1. 定义框架柱、主梁、次梁截面;2. 上下楼层衬图操作;3. 通过多种布置方式布置梁、柱构件、虚构件,右击【构建信息】调整梁顶标高;6. 通过【通用对齐】【偏心对齐】等调整梁柱平面位置;7. 通过下部工具条的【截面显示】显示构件参数,进行校核修改

1. 生成楼板;2. 在【楼板显示】中修改板厚;3. 楼板开洞或全房间洞;4. 虚板设置(虚板概念后面章节叙述);5.【楼板错层】在梁高范围内的楼板下沉,超出梁高时应按梁错层建模,同楼层出现双层板时,布置层间板

1. 恒荷载、活荷载设置;2. 衬图操作;3. 根据手工统计结果,输入梁、柱上的恒荷载;4. 根据手工统计结果,输入楼板恒荷载;5. 根据软件提供的活荷载规范提示,输入板上活荷载;6. 必要时输入吊车荷载;7. 必要时,通过【荷载补充】面板,创建其他荷载工况,输入消防荷载或温度;8. 修改异形板、单向板的导荷方式;9. 显示构件荷载,进行校核检查修改

1. 输入楼梯模型(V2.X版本在PMCAD中把楼梯模型转换为梁板结构,V3.X版本在STAWE【总信息】中根据用户选择自动转换楼梯为相应的有限元模型);2. 对楼梯间无楼梯时的构件布置进行修正;3. 检查修正楼梯间的荷载及导荷方式

1. 衬图操作;2. 坡屋面、错层结构,修改网格节点高度、梁顶标高、柱上下节点高度等;3. 检查斜板位置并编辑修改

1. 输入地震作用、风荷载、材料等级标号、材料重度等基本参数;
2. 对输入的楼层模型进行楼层组装

图 2-22　创建钢筋混凝土框架结构设计模型的主要流程图

图 2-23　SATWE 的菜单

力形态进行分析。SATWE 在多塔、多性能目标、多模型分析设计定义基础上,自动生成多个分析计算子模型,在对各子模型分析设计结果进行内力组合基础上,进行组合后包络设计。

2.4.3　"砼结构施工图"及"AutoCAD 版砼施工图 PAAD"菜单介绍

　　SATWE 对结构分析设计之后,在对设计分析结果评价、模型修改及再分析完成之后,即可进入结构施工图绘制阶段。PKPM2010 V3.X 提供了两个结构施工图绘制模块。

1．"砼结构施工图"的用户界面

"砼结构施工图"的【柱】面板及绘制的柱平法施工图如图 2-24 所示。

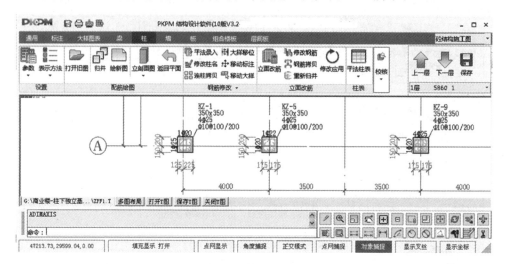

图 2-24　"砼结构施工图"绘制模块的界面

2．"AutoCAD 版砼施工图 PAAD"用户界面

图 2-25 为一个基于 AutoCAD2009 的"AutoCAD 版砼施工图 PAAD"软件界面。

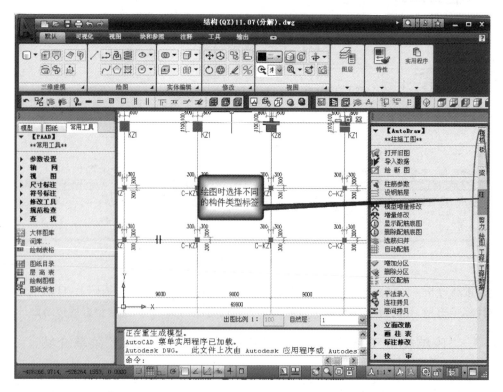

图 2-25　"AutoCAD 版砼施工图 PAAD"的界面

在后面深入学习结构建模的方法和操作时,会详细介绍 SATWE 分析设计、SATWE 结果查看、基础设计、楼板设计、混凝土施工图绘制等内容。

2.5 了解"结构建模"并创建一个简单设计模型

"结构建模"是 PKPM2010 V3.X 的基本组成模块之一,PKPM 的多个设计集成中创建结构设计模型都是通过"结构建模"实现的。在 PKPM2010 V2.X 版本中与它对应的模块为"PMCAD"。用户通过"结构建模"人机交互界面,逐层布置各层构件及荷载,再通过楼层组装输入层高及其他设计信息等,就能建立起一个描述整体结构的数据模型。

2.5.1 "结构建模"的适用范围及基本功能

由于"结构建模"在 CAD 过程中处于十分重要的地位,因此我们有必要先了解"结构建模"的功能及适用范围。

1."结构建模"的适用范围

"结构建模"适用于任意平面形式结构模型的创建,现把"结构建模"用户说明书《PMCAD 用户手册》中列出的适用范围摘录如下:

(1) 可创建不大于 190 结构层或标准层的建筑结构模型。

(2) 网格节点总数不大于 12000,用户命名轴线总数不大于 5000。

(3) 标准梁、柱截面数量不大于 800,标准墙截面数量不大于 200。

(4) 每层柱根数不大于 3000,每层主梁根数大于 14000,墙数不大于 2500,每层房间总数不大于 6000,每层次梁总根数不大于 14000。

2. 交互建立全楼结构模型

"结构建模"以智能识别、人机交互方式引导用户在屏幕上,通过各种图形及数据定义、输入、显示、观察、检查、修改等工具和手段,快速准确地搭起全楼的结构构架,并有多种查询工具,便于用户反复修改。

"结构建模"具有把建筑平面图转化为结构模型的能力。在 PKPM2010 V3.X 版本中,"AutoCAD 平面图向建筑模型转化"的能力得到强化,其把建筑等图纸作为"衬图"的功能,使得构件和荷载输入更加方便快捷。

3. 自动导算荷载,建立恒荷载、活荷载数据库

"结构建模"除了具有强大的交互建模能力外,还具有较强的荷载统计和传导计算功能。程序能把用户给出的楼板恒活荷载、活荷载导算到次梁,从次梁导算到主梁,能计算次梁、主梁、框架柱自重,并提供丰富的荷载复制、拷贝、修改等功能。

4. 为 PKPM 软件的其他各种计算模块提供计算所需数据文件

"结构建模"能把用户输入的定位轴线、构件、荷载、设计总信息等模型数据,进行必要的加工,生成需要的数据文件供后续模块使用。

"结构建模"为上部结构各绘图 CAD 模块提供结构构件的精确尺寸,如梁柱施工图的截面、跨度、挑梁、次梁、轴线号、偏心等尺寸,剪力墙的平面与立面模板尺寸,楼板厚度,楼梯间布置等。

"结构建模"不仅能为基础设计 CAD 模块提供底层结构布置与轴线网格布置数据,还能为砌体结构的基础设计提供上部结构传下的 PM 导荷信息。

2.5.2　创建工程文件及工程名

在进行具体设计工作之前,首先要选择工作目录,不同的工程应有不同的工作子目录。由于在设计过程中,软件会生成大量的数据文件,为了避免同一工作目录设计多个工程,引起设计数据混淆并导致设计出现问题,在开始一个新工程设计之前,都应创建新的工作目录。

1. 创建新工程需先选择或创建工作目录

在图 2-26 所示【最近打开工程】列表栏,选择某个空置或已用区格后,单击 PKPM 主界面的【改变目录】选项,把新建目录设定为选定区格的当前工作目录。也可选择【最近打开工程】列表的某个已有工程区格,改变其工作目录和工程名。当前选择工作的区格外框显示为翠绿色。

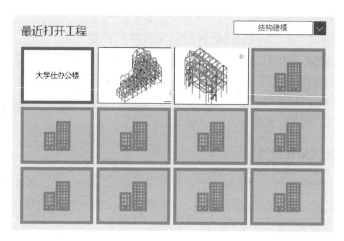

图 2-26　最近打开的工程

工作目录名称不能超过 256 个英文字符或 128 个中文字符,也不能使用特殊字符。注意尽量不要在 Windows 系统桌面上创建工作目录,安装在 C 盘的 XP 系统桌面路径实际接近 50 个英文字符,如"C:\Documents and Settings\Administrator\桌面"。若在操作系统桌面上创建工作目录,在后期设计过程中,有可能导致工程名总长度超过 PKPM 限制,导致软件不能正常工作。

如果在设定工作目录时,此目录尚未创建新的工作目录,可在【选择工作目录】对话框的目录列表区单击鼠标右键,弹出系统浮动菜单,通过【资源管理器】来创建需要的工作目录。

若进入相应的软件模块是"结构建模",进入界面后软件弹出图 2-27 所示对话框,新建工程用户需输入工程命名后单

图 2-27　创建新工程

击【确定】,即可进行结构模型搭建工作。

2. 从【最近打开工程】打开既有工程

在 PKPM 主界面,把鼠标移动到【最近打开工程】的某个缩略图上,软件会自动显示工程名和工程所在的工作目录,通过它可以查看最近打开的工程。

选择要运行的软件模块后,在【最近打开工程】列表上选定某工程,单击【应用】按钮,或双击该工程在【最近打开工程】列表上的区格,即可打开该工程并进入相应的软件模块界面。

3. 打开【最近打开工程】列表没有列出的既有工程

如果需要打开的工程没有显示在最近工程列表中,可在【最近打开工程】列表上选定一个区格,通过【改变目录】指定既有工程所在目录,再打开该工程。

4. 不能通过双击"结构建模"生成的文件打开一个工程文件

与 AutoCAD 等单工作文件软件不同,由于 PKPM 在设计过程中会生成很多平级工作文件,因此要打开一个"结构建模"创建的设计模型,不能采用类似 AutoCAD 那种双击某个 DWG 文件启动程序的方式开始工作。要打开"结构建模"创建的模型,必须在 PKPM 界面上指定该模型所在的工作目录之后,单击 PKPM 相应的菜单才能开始工作。

5. 工程文件存取管理

PKPM 向用户提供了备份工程数据功能,单击主界面左下角的【文件存取管理】按钮,进入【数据备份】界面,如图 2-28 所示,用户可以依据界面显示的数据文件类型,勾选需要备份的文件后,单击【快速备份】按钮,PKPM 会自动把选择的备份文件压缩到当前工作目录下的名称为"工程名.zip"的压缩包中,供用户复制备份。

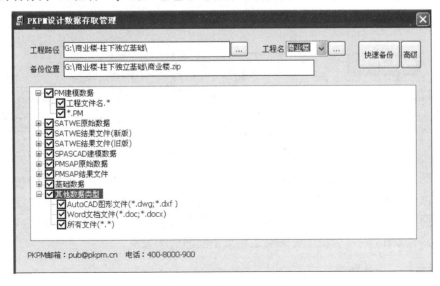

图 2-28　工程文件存取管理

44

如果要把备份文件压缩输出到其他指定的备份位置,可单击【高级】按钮。备份文件功能可以使用户实现设计文件备份、计算书备份等不同操作。如果用户单纯为了备份整个设计,也可以不通过 PKPM 的"备份数据"操作而自行压缩整个设计目录。

2.5.3 利用"结构建模"初创一个简单结构模型

进入"结构建模"界面后,在工程名命名对话框给创建的结构模型命名后,PKPM 即进入"结构建模"交互界面。

1."结构建模"的人机交互界面

"结构建模"的人机交互界面如图 2-29 所示。"结构建模"的程序界面分为上侧的 Ribbon 菜单区、模块切换及楼层显示管理区、快捷命令按钮区,下侧的命令提示区、快捷工具条按钮区、图形状态提示区和中部的图形显示区。

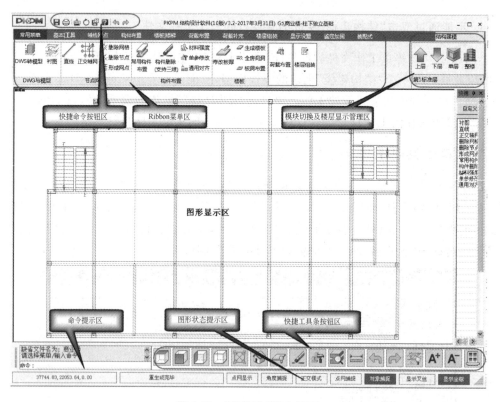

图 2-29 "结构建模"主界面

不同的 Ribbon 菜单,对应不同的快捷按钮面板。为了便于操作,每个快捷按钮面板划分了多个区域,如【常用菜单】包括【DWG 与模型】【节点网格】【构建布置】【楼板】【荷载布置】和【楼层组装】等多个区域。在建模过程中,界面上部分 Ribbon 菜单区将会频繁使用,初学者要多做操作练习,尽快了解掌握这些菜单间的层次关系。

2. 交互输入定位轴网

单击【常用菜单】中【节点网格】面板的【正交轴网】,系统弹出如图 2-30 所示对话框,在对话框中输入开间和进深数据,勾选【输轴号】选项后,单击【确定】,在图形区滚动鼠标中间滚轮缩放网格,单击鼠标左键放置网格,即可完成该轴网的输入。

图 2-30　输入正交轴网

3. 输入框架梁、框架柱

单击【常用菜单】中【构件布置】面板上的【常用构件布置】按钮,在图 2-31 所示对话框中,分别选择【梁】【柱】标签,并各定义一个梁柱截面,选择【光标】【轴线】或【窗口】方式,单击【布置】按钮,得到图示梁柱布置。

在此需要提示初学者的是,梁构件布置时需要单击网格线,而柱布置需单击网线交汇处的网格点。选择【轴线】布置方式可以在整条网格线上布置构件,【光标】方式是两个网点间布置梁或单个网点上布置柱,【窗口】方式是用鼠标确定窗口的两个对角点后,包围在窗口内的网格线或点上会都布置梁柱构件。

构件布置操作的一些其他重要操作细节及技巧,将在后面章节中详细叙述。

2.5.4　"结构建模"的界面环境

为了更好地学习"结构建模"的基本方法和原理,首先需要熟悉"结构建模"的界面环境,下面我们介绍一下"结构建模"的主界面及常用按钮。在前面创建的简单结构模型基础上,学习"结构建模"的界面环境。

1. 下侧的快捷工具条

下侧的快捷工具条,主要包含了模型显示模式快速切换,构件的快速删除、编辑、测量工具,楼板显示开关,模型保存,编辑过程中的恢复(Undo)、重做(Redo)等功能。

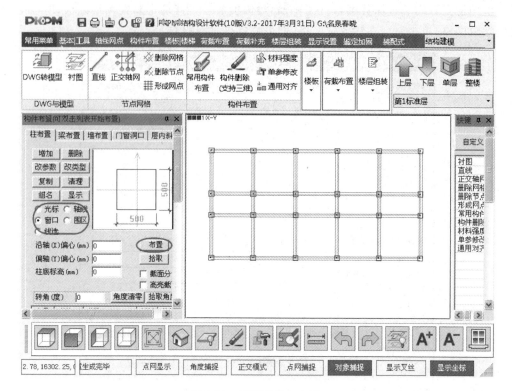

图 2-31　梁柱定义与布置

单击不同的视图方式按钮，可以显示模型的平面视图、轴测视图和渲染视图。图 2-32 所示为模型某一层的渲染轴测视图。在轴测渲染显示状态，按住"Ctrl 键"或"Shift 键"的同时，压住鼠标中间滚轮并移动鼠标，可以很方便地改变轴测观察角度，实现从不同角度检查模型。轴测观察完毕，单击 🔲 即可回到平面显示状态。

单击 🔳 按钮，可以在弹出的对话框中选定显示构件的截面数据等，以便于交互建模时进行数据检查，如图 2-33 所示。单击 A⁺ A⁻ 按钮，可以改变图形区断面尺寸文字的大小。

图 2-32　某层模型的轴测渲染显示

图 2-33　模型构件断面尺寸显示

下面介绍创建结构设计模型时，下侧快捷工具条按钮区常用的按钮功能，见表 2-1，熟悉这些按钮功能在建模过程中尤其重要。

表 2-1　"结构建模"快捷工具条常用的按钮功能

按　　钮	自左至右按钮的功能
⬅ ➡	后悔功能：向后回退一步(后悔)，向前回退一步(反后悔)
⬆⬇ 上层 下层 单层 整模　第1标准层 ▾	选择当前标准层：在构件及荷载编辑时快速变换标准层
视图方式按钮组　开关渲染	视图方式：平面视图、正视图、侧视图、轴测视图、开关渲染、楼板显示，用于轴测视图和平面视图间转换。轴测视图时，滚动鼠标中间滚轮可以放大缩小模型，同时按住"Ctrl 键"及鼠标中间滚轮，移动鼠标可以缓慢旋转轴测模型观察方向。按住鼠标滚轮移动鼠标可以平移轴测图
构件操作按钮组	构件操作：构件删除、批量修改构件布置参数、构件截面和布置参数显示、距离量测、层间编辑
图形显示按钮组 A⁺ A⁻	图形显示：衬图显示、字符变大、字符变小

【衬图】按钮用于显示或关闭建筑方案等 DWG 文件衬图，衬图显示效果如图 2-34 所示。

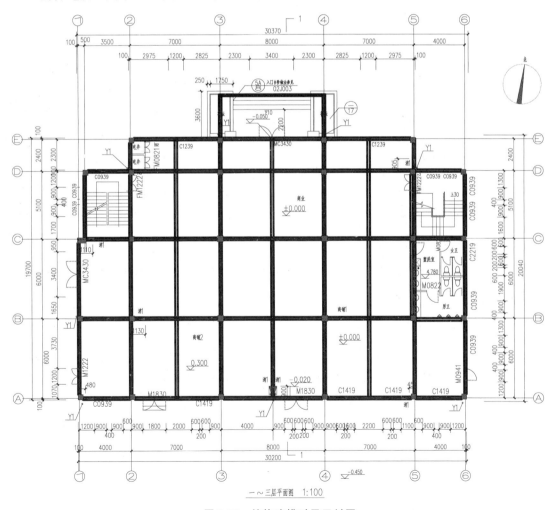

图 2-34　结构建模时显示衬图

如何把建筑 DWG 文件作为衬图的准备工作、读入操作及多衬图设置操作,将在后面的结构建模操作中详细叙述。

2．PKPM 菜单浏览器

单击"结构建模"主界面左上角的 PKPM 图标,会弹出如图 2-35 所示的【文件】菜单,该菜单包含了【保存模型】【存为旧版】【恢复模型】【打印】【EXIT(退出)】等功能。

退出结构建模,也可以单击界面窗口右上角的关闭程序按钮 ⊠ ,退出程序时"结构建模"会弹出对话框,询问是否需要保存当前模型数据。

3．"结构建模"的菜单及工具面板

"结构建模"菜单及工具面板主要包含【文件存储】【图形显示】【轴线网点生成】【构件布置编辑】【荷载输入】【楼层组装】【工具设置】等功能。"结构建模"的绝大部分工作都是通过菜单及工具面板进行的。

图 2-35　菜单浏览器

4．上部的模块切换及楼层管理区

上部的模块切换及楼层管理区,可以在同一集成环境中切换到其他计算分析处理模块,而楼层显示管理区,可以快速进行单层、全楼的展示。模块切换功能使得软件操作流程更加紧凑快捷。

5．上部的快捷命令按钮区

上部的快捷命令按钮区,主要包含了模型的快速存储、恢复,以及编辑过程中的恢复(Undo)、重做(Redo)功能。

6．可定制的快捷命令条

在右侧"可定制快捷命令条"停靠栏内单击【自定义】按钮,通过弹出的【用户自定义命令】对话框,可将菜单面板中提供的命令加入到右侧菜单列表中。

7．图形状态提示区

下侧的图形状态提示区,包含了图形工作状态管理的一些快捷按钮,有【点网显示】【角度捕捉】【正交模式】【点网捕捉】【对象捕捉】【显示叉丝】【显示坐标】等功能,可以在交互过程中单击快捷按钮,直接进行各种状态的切换。

8．命令窗口

屏幕下侧是命令提示区,用来显示在交互建模过程中的操作信息和提示,需要输入的坐标数据、选择项序号和命令等也可以由键盘在此输入。在部分操作过程中,需要根据命令窗口的提示信息,在命令窗口输入命令选择项。

2.5.5 "结构建模"的【基本工具】菜单及坐标定点方式

"结构建模"的【基本工具】菜单,包括创建结构设计模型过程中的许多操作环境设置、软件工具等,熟悉、掌握这些基本工具是十分必要的。

1.【基本工具】菜单的【保存】面板

【基本工具】菜单的【保存】面板包括【保存模型】【恢复模型】【存为旧版】【恢复】和【重做】等选项,如图 2-36 所示。单击【保存模型】按钮,系统会保存现有模型数据,并在保存现有模型数据之前自动在后台创建一个备份。单击【恢复模型】按钮,系统会弹出图 2-37 所示对话框,显示以往自动备份的列表。

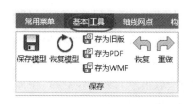

图 2-36　【保存】面板

图 2-37　【恢复模型】对话框

当用 U 盘作为存储器存储工程设计数据时,建议定期在 U 盘以外的其他存储介质上对工作目录进行整体备份。

2.【基本工具】菜单的【系统设置】面板

【基本工具】菜单的【系统设置】面板包括【定时存盘】【捕捉设置】【快捷命令】等快捷按钮,如图 2-38 所示。单击【定时存盘】按钮,可在命令窗口中按提示键入定时保存的时间间隔,如图 2-39 所示。

图 2-38　【系统设置】面板

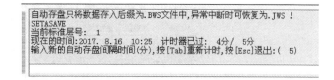

图 2-39　【定时存盘】间隔时间(分)定义

单击【快捷命令】,可以打开 PKPM 快捷命令文件,用户可以修改快捷命令配置。由于"结构建模"具有良好的人机交互界面,通常情况下可以不用快捷命令。

3.热键"S"、【捕捉设置】及坐标定点操作方式

在以后的学习中,我们会知道创建网格系统是结构设计过程中最基础的工作。在创建较复杂的网格系统时,单根网线绘制操作是必不可少的,"S""F4"热键会给我们的操作带来有用的帮助。

1)定点操作中的相对坐标输入或绝对坐标输入

"结构建模"坐标输入有多种方式,如表 2-2 所示。

表 2-2　"结构建模"坐标输入方式

坐标输入方式	操 作 步 骤
相对距离	如图 2-40 所示第 3 步,在 X、Y 正交方向上下左右移动鼠标,直接输入鼠标所在方向离参考点的距离,即可确定绘制对象的第一个坐标点
相对坐标	鼠标靠近某特征点显示磁吸标志后,直接输入(X,Y)或(X,Y,Z)坐标,坐标量纲为 mm,坐标间用逗号分开
相对极坐标	鼠标靠近某特征点显示磁吸标志后,直接输入($R<\alpha$)或($R<\alpha<\beta$)坐标,坐标量纲为 mm,角度量纲为(°),R 为极半径,α 为极角,β 为球坐标仰角。极半径与角度坐标间用"$<$"
绝对坐标	鼠标靠近某特征点显示磁吸标志后,直接输入($!\ X,Y$)或($!\ X,Y,Z$)坐标。绝对坐标前冠以"$!$"
绝对极坐标	鼠标靠近某特征点显示磁吸标志后,直接输入($!\ R<\alpha$)或($!\ R<\alpha<\beta$)坐标。绝对坐标前冠以"$!$"

　　当图形区右下方状态栏上的【节点捕捉】处于按下状态时,把光标移动到已有的网格节点或对象捕捉特征点上时,软件会在鼠标所在的网点上显示磁吸标志,表示已选中磁吸点为参考点,此时命令窗口提示"输入第一点[TAB 节点捕捉,ESC 取消]",该提示中的"输入第一点"为命令默认状态,"[TAB 节点捕捉,ESC 取消]"位于中括号内,为选择命令,"TAB"和"ESC"为选择命令开关的热键,要执行"节点捕捉"或"取消"需要键入"TAB 键"或"ESC键",如图 2-40 所示。

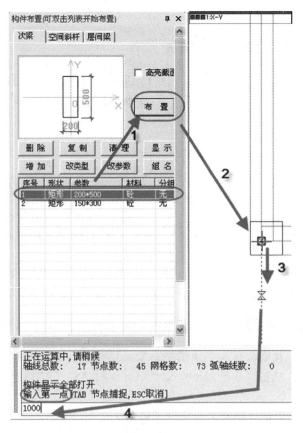

图 2-40　"结构建模"的坐标定点操作

　　如果不习惯直接输入坐标点来定点,可以键入"TAB 键",把显示磁吸标志的点选定为参考点,再输入相对该参考点的相对坐标,来确定单根网线或次梁的一个端点。键入"ESC 键"会退出当前定点操作。

　　在绘制倾斜的单根网线或次梁时,会用到定点操作中的相对坐标输入或绝对坐标输入。

　　2)"F4"热键

　　键入"F4"快捷键或事先点开【图形状态提示区】的【角度捕捉】开关,在绘制单根网线且已确定网线第一点后,会进入角度捕捉方式(界面左下角状态栏上的【角度捕捉】处于按下状态),移动鼠标,鼠标会按照【对象捕捉方式】定义的角度捕捉方式自动捕捉角度增量,在命令区直接输入极半径,即可定位网线第二点。

　　3)"S"热键和【基本工具】菜单的【捕捉设置】

　　绘制单根网线或确定网线组在图形区的插入点时,键入"S 键"会弹出图 2-41 所示的捕捉方式选择窗口。

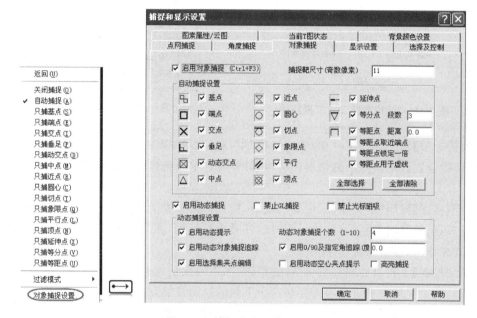

图 2-41　捕捉方式及捕捉设置

　　通过该窗口可快速选择适当的捕捉方式,常用的捕捉方式有【中点】【垂足】【等分点】等。【等分点】可以设置等分点的等分份数等参数。

　　要打开【对象捕捉方式】定义窗口,除可在操作时键入"S 键"弹出捕捉浮动菜单外,也可单击图形区上方【基本工具】菜单的【捕捉设置】按钮,通过【点网设置】和【角度设置】设置捕捉增量。此种方式在绘制复杂定位关系的网线时可能会用到。

4.【基本工具】菜单的【工具】面板

　　【基本工具】菜单的【工具】面板包括【测量】【构件统计】【数检定位】【模型检查】【导荷查看】等选项,如图 2-42 所示。

　　当建模工作基本完成后,通过【模型检查】【导荷查看】来检查模型是否存在某些错误,以便进一步对模型进行修正。

单击【导荷查看】,弹出【楼面导荷结果】面板(图 2-43),单击界面下方状态栏的 A⁺ A⁻ 按钮,可以改变荷载显示数字的大小,通过【导荷查看】来检查荷载是否存在漏项、重复和错误输入,是结构建模中一个很重要的工作。

图 2-42 "结构建模"的【工具】面板

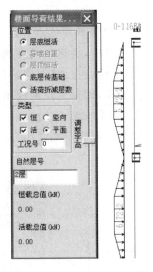

图 2-43 【楼面导荷结果】面板

【数检定位】用于帮助用户在"结构建模"中,定位 SATWE 计算分析时生成的错误文件所列错误的位置。单击图示的错误,"结构建模"能够定位到错误所在位置,以方便用户修改模型。

【模型检查】按照"结构建模"内置的规则,检查整楼数据的合法性,如检查是否存在超短梁、超近节点、断层墙和柱等,数检无误时软件弹出对话框,报告检查出的错误或提示"全楼模型检查完毕,未发现异常"。

【模型检查】不检查如图 2-44 所示的错误,图中跨梁的两段梁截面分别为 300×500 和 350×650,从工程角度来讲此跨梁存在两个不同的断面显然是错误的,但是由于这是用户通过构件截面正常定义及交互输入布置的,【模型检查】不检查这类错误。

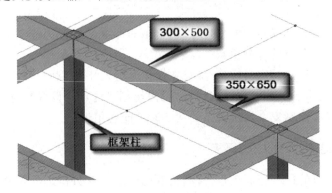

图 2-44 同一跨梁的梁段截面不一致

5.【基本工具】菜单的【DWG 与模型】面板

【DWG 与模型】面板包括【DWG 转模型】【衬图】【导入 DXF】【存为 T 图和 DWG 文件】等按钮。

【DWG 转模型】能通过读入建筑方案的 DWG 文件,实现轴网、墙柱构件的自动转换识别。【衬图】用来把建筑 DWG 图形作为创建结构模型的底图,以便进行构件、荷载的交互布置。【DWG 转模型】及【衬图】操作将在第 4 章详细叙述。

【导入 DXF】【存为 T 图和 DWG 文件】是 PKPM 图形平台提供的 T 文件和 AutoCAD 图形文件间的接口命令,用于输出和导入一些重要的存档图形文件。

2.6　本章小结

本章主要介绍了 PKPM 的多版本安装方法、主界面、软件构成。PKPM2010 V3.2 有"结构""钢结构""砌体""鉴定加固"四个模块组。"结构"模块组主要用于设计钢筋混凝土结构,其中"SATWE 核心的集成设计"是最常用的设计主线。在本书后面章节中,将重点依托 PKPM2010 V3.2 版本,介绍如何用"结构"模块组"SATWE 核心的集成设计"进行多层现浇混凝土框架结构设计。

将来随着 PKPM 的升级,可能不同版本软件的界面会发生变化,但其作为 CAD 软件基本功能和操作方法不会发生根本改变,掌握了建筑结构设计的基本方法,对不同版本软件的学习就会更加简单。

思考与练习

思考题

1. PKPM 共包括哪几个用于建筑结构设计的模块组? 用于混凝土建筑结构设计的模块组有几个核心集成?

2. 什么是自主图形平台? PKPM 的图形平台及图形工具名称是什么?

3. PKPM2010 V3.X 版本较之于以往版本,软件功能和组织方式有哪些主要变化?

4. PKPM 软件图形文件后缀是什么? 通过什么工具可以把它转换为 DWG 文件?

练习题

1. 请进入"结构建模"界面,通过操作创建一个简单的框架结构模型,并轴测渲染,按下"Ctrl 键"+鼠标中间滚轮移动鼠标变换角度观察模型。

2. 请把上面工作目录中生成的 T 文件改名,用 PKPM"工具集"模块的"图形编辑与转换"功能,转换为 DWG 文件,并用 AutoCAD 打开转换生成的 DWG 文件。

第3章

结构模型中的特殊构件

◄ - - - - - ┐

学习目标

了解结构构件、非结构构件划分及设计方法;

掌握建模过程中,特殊结构构件甄别及虚构件的使用;

掌握主梁、一级次梁及二级次梁区分方法,深入理解梁配筋构造;

掌握主梁、次梁设计时的扭转零刚度方法及协调扭转方法;

掌握框架结构地框梁层、地下柱墩、基础梁结构方案的特点;

掌握上部结构嵌固端、嵌固部位和嵌固层的基本概念;

了解结构模型中虚构件的作用;

了解 PMCAD 房间的概念。

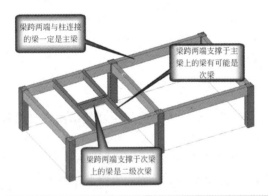

本章我们将学习结构的基本知识,了解一级结构构件和二级结构构件的基本构成,掌握特殊构件、虚构件的作用,在设计建模及设计分析过程中,需要对特殊结构构件进行甄别,并采用相应的建模策略和图纸表达方式。

通过对框架结构地框梁层、地下柱墩及基础梁相关知识、上部结构的嵌固端、嵌固部位和嵌固层概念的学习,了解框架结构强柱根、弱柱根设计的基本要求,使我们更接近真实的设计实践,能更好地理解结构设计的基本方法和思维过程。

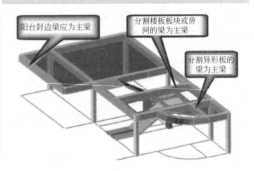

3.1　建筑结构普通构件和特殊构件的甄别

要完成一个建筑结构的 CAD 设计,首先要创建结构设计模型。不同的建筑所对应的结构设计模型千差万别,组成模型的构件种类、组成方式各不相同。为了能创建正确的结构设计模型,我们首先需要了解建筑结构的构件分类、特殊结构构件的甄别及对应的建模方法。

3.1.1　主体结构的一级结构构件和二级结构构件

通常意义上的建筑结构,一般是指建筑的承重结构和围护结构两个部分。在实际设计中,我们有时按结构构件在结构中所起的作用,把它分为一级结构构件和二级结构构件,简称一结构或二结构。

1. 一级结构构件

一级结构构件通常指构成结构骨架的主要构件,按其受力特点分成梁、板、柱、墙、拱、壳与索(拉杆)七大类。

在 PKPM 设计建模过程中,一级结构必须输入到结构模型中,并参与结构分析,再通过 PKPM 后续的施工图绘制模块,自动绘制施工图纸,设计人员只需对计算机自动绘制的一级结构构件的结构施工图纸进行校审修改。

2. 二级结构构件

在创建结构模型时,根据情况二级结构构件可不直接输入到模型中。以钢筋混凝土框架结构为例,次要的悬挑构件、檐口、栏板、线脚、圈梁、构造柱等非主体结构构件都属于二级结构构件。二级结构构件是直接或间接附属于一级结构构件之上的结构构件。

3.1.2　钢筋混凝土框架结构的梁、柱、板及短柱、细长柱、深受弯梁

混凝土框架结构是常见的一种建筑结构形式,通常情况下其结构体系主要由框架柱、框架梁、非框架梁和楼板组成。下面我们介绍组成框架结构的结构构件。

1. 普通框架梁、普通非框架梁与普通框架柱

梁是建筑结构中处于水平面或与水平面构成一定竖向倾斜角度的水平传力构件,主要承受弯矩和剪力。普通框架梁和普通非框架梁统称为普通梁,其截面类型通常为矩形、T形、倒 L 形等。普通梁的跨高比为 $l_0/h \geqslant 5$。

在结构建模时,普通梁按其在模型中的作用和地位不同,分为主梁和次梁。位于楼面位置的梁按主梁或次梁输入,位于楼层中间的普通梁可按层间梁输入。

2. 普通柱

钢筋混凝土结构中的竖向传力构件,主要承受弯矩和轴力,柱截面多为矩形,有时采用圆形或多边形柱截面。《抗震规范》第 6.3.5.3 条规定:柱截面长边与短边的边长比不宜大于 3,剪跨比宜大于 2。当截面长边与短边的边长比、剪跨比和长细比满足上述限值时,则该

柱为普通柱。结构建模时,普通柱按柱构件输入。

3. 短柱和超短柱

在混凝土结构中,短柱会比其他正常柱吸收更多的水平力,从而导致此短柱发生剪切脆性破坏,此效应称为短柱效应。

1) 短柱、超短柱和长柱的判断

《混凝土规范》第 11.4.6 条、《抗震规范》第 6.3.5 条中要求柱的剪跨比宜大于 2。剪跨比 $\lambda = M/Vh_0$。依据规范规定,剪跨比 $\lambda \leqslant 2$ 的柱为短柱,剪跨比 $\lambda \leqslant 1.5$ 的柱为超短柱。

由于柱弯矩大多呈线性变化,可以近似认为柱的弯矩反弯点在 1/2 柱高处,所以可初步认定柱长度与柱截面长边比值 $\leqslant 4$ 的柱为短柱。

2) 可能形成短柱的位置

错层、夹层、楼梯平台、设备层、带阁楼的坡屋面等处极易出现短柱,另外与柱连接的窗下钢筋混凝土栏板或配筋砌体填充墙导致的短柱,具有隐蔽性,在设计中要注意甄别并采取相应措施。

3) 规范对短柱的设计规定

《混凝土规范》《高层规范》等结构设计规范对短柱都有具体的设计规定。

(1)《混凝土规范》第 11.4.11 条规定:剪跨比不大于 2 的柱轴压比限值应降低 0.05;剪跨比小于 1.5 的柱,轴压比限值应专门研究并采取特殊构造措施。

(2)《混凝土规范》第 11.4.7 条、第 11.4.12 条、第 11.4.17 条规定:若反弯点在柱层高范围内,当柱的剪跨比小于 2 时,需要全长加密;一、二、三级抗震等级的柱宜采用复合螺旋箍或井字复合箍,其箍筋体积配筋率不应小于 1.2%;9 度设防烈度时,不应小于 1.5%。对于框架柱而言,剪跨比主要防止柱剪切脆性破坏,尽量实现柱偏心受拉延性破坏,这是设计取向问题,钢筋受拉比混凝土抗剪优势大得多。

(3)《高层规范》对剪跨比也有相同的规定。《抗震规范》规定框架柱的剪跨比不大于 1.5 时,为超短柱,破坏为剪切脆性破坏。

短柱设计上处理不当,会对结构安全带来极大的隐患,设计时应尽量避免出现短柱。

4. 细长柱

习惯上将长细比 $l_0/h \geqslant 30$ 的柱称为细长柱。细长柱极易失稳破坏,要通过中间增加梁约束来减小其长细比。

5. 异形柱

框架结构中,若截面有两个以上不共轴的侧肢,如几何形状为 L 形、T 形和十字形,且各肢长与肢厚之比不大于 4 的柱,称为异形柱。

异形柱由于多肢的存在,其剪力中心与截面形心往往不重合,在受力状态下,各肢会产生翘曲正应力和剪应力。翘曲剪应力会使柱肢混凝土先于普通矩形柱出现裂缝,即产生腹剪裂缝,导致异形柱脆性明显,使异形柱的变形能力比普通矩形柱降低。

如果结构方案的确需要采用异形柱时,《混凝土规范》第 11.1.3.3 条规定:"异形柱框架应按有关行业标准进行设计",混凝土异形柱的具体设计规定,详见《混凝土异形柱结构技术规程》(JGJ 149—2017)和相关省市的有关行业设计标准。"结构建模"中,异形柱按框架柱输入。

6. 框支梁与框支柱

框支梁与框支柱用于转换层,如下部为框架结构,上部为剪力墙结构,支撑上部结构的梁柱在《16G101-1 图集》中表示为 KZZ 和 KZL。框支梁与框支柱的设计规定,在《抗震规范》《高层规范》中有专门条文说明。框支柱与框支梁根据其断面特性,按相应的普通柱、普通梁、深受弯梁等构件种类输入。

7. 深梁和深受弯梁

《混凝土规范》附录 G 条文说明指出:"国内外均将高跨比小于 2 的简支梁及高跨比小于 2.5 的连续梁视为深梁;而高跨比小于 5 的梁统称为深受弯构件(短梁)。其受力性能与一般梁有一定区别,故单列附录加以区别,作出专门的规定。"

根据弹性力学知识,当梁的跨度与截面高度之比小于 2 时,其截面上的弹性弯曲应力不再呈线性分布,《混凝土规范》附录 G 第 G.0.1 条规定:"简支钢筋混凝土单跨深梁可采用由一般方法计算的内力进行截面设计;钢筋混凝土多跨连续深梁应采用由二维弹性分析求得的内力进行截面设计。"

在纯框架结构中横跨走廊的梁极易形成深受弯梁。与剪力墙共面的深受弯梁宜以剪力墙开洞形式输入。单独的深受弯梁可先按梁构件输入,再在 SATWE 的特殊构件定义中,把它指定为连梁。连梁在 SATWE 中不按杆单元计算,而是按三维墙单元进行计算。PKPM2010 V3.X 的 SATWE 参数设置中,新增的"墙梁转框架梁的控制跨高比""框架连梁按壳元计算控制跨高比",可以自动帮助用户进行部分的转换操作,具体限制详见第 6.2.1 节 SATWE 总信息部分。

8. 楼板

在框架结构中,楼板属于一级结构构件。故从创建结构模型的角度,我们把楼板视为框架结构的基本构件。

楼板按施工、材料等不同,分为现浇混凝土板、预应力预制楼板、现浇混凝土压型钢板组合板、叠合板、空腔楼盖中的空腔板、无梁楼盖中的平板、转换层中的厚板等多种类型。

(1) 普通的现浇混凝土实心板分为双向板、单向板、异形板。《混凝土规范》第 9.1.1 规定:"混凝土板按下列原则进行计算:两对边支承的板应按单向板计算。四边支承的板应按下列规定计算:当长边与短边长度之比不大于 2.0 时,应按双向板计算;当长边与短边长度之比大于 2.0,但小于 3.0 时,宜按双向板计算;当长边与短边长度之比不小于 3.0 时,宜按沿短边方向受力的单向板计算,并应沿长边方向布置构造钢筋。"

(2) 预应力预制楼板、现浇混凝土压型钢板组合板在"结构建模"中有专门的布置菜单。

(3) 现浇空腔楼板(空腹楼板)是一种预置空腔的钢筋混凝土楼板,空腔可采用轻质蜂窝式芯模结构填充材料。在 PKPM 软件中,是通过"楼板设计"模块进行空腔楼板设计建模的,如图 3-1 所示。

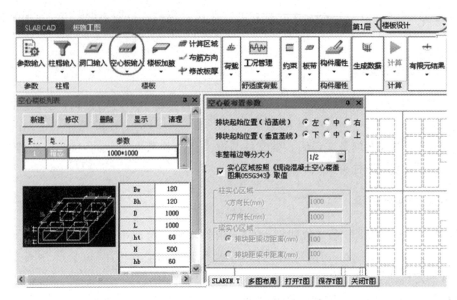

图 3-1 "楼板设计"布置空腔楼板

（4）叠合楼板是预制和现浇混凝土相结合的一种楼板。叠合楼板内力分析通常分为两个阶段。第一阶段是整浇层混凝土浇筑初期，该阶段叠合板尚未形成连续板，通常底部预制板作为简支板，此时荷载为预制板自重 G_{k1}、叠合板钢筋混凝土重 G_{k2}、施工荷载 Q_{k1}，简支板计算跨度可考虑支座宽度效应。第二阶段为结构正常使用阶段，此时叠合板的工作状态类似现浇整体楼盖，作用在叠合板上的荷载为包括装饰构造层 G_{k3} 的全部恒荷载和活荷载。叠合板的设计需满足《装配式混凝土结构技术规程》(JGJ 1—2014)的有关规定，由于叠合板底板有很多种类型，受力复杂，目前一般用通用有限元分析软件进行分析计算。

9．楼梯

结构设计时如何考虑楼梯与主体之间的关系，以及"结构建模"中如何输入楼梯，将在第4章详细讨论。

3.1.3　剪力墙结构中的墙、框支墙、短肢墙、连梁及边缘构件

这里所讨论的框架-剪力墙、剪力墙等结构都属于钢筋混凝土结构的范畴，组成这些结构的构件，除了有前面框架结构中所讨论的构件及构件类型外，还有如下几种构件。

1．剪力墙构件、细高墙、长墙

剪力墙（shear wall）又称抗风墙或抗震墙、结构墙，是房屋或构筑物中主要承受风荷载或地震作用引起的水平荷载和竖向荷载的墙体。严格意义上理解，如果建筑结构按非抗震设计，则其剪力墙不属于抗震墙。

1）剪力墙构件

《抗震规范》第 6.4.6 条规定："抗震墙的墙肢长度不大于墙厚的 3 倍时，应按柱的有关要求设计。"《高层规范》第 7.1.7 条规定："墙肢的截面高度与厚度之比不大于 4 的墙肢，宜按框架柱进行截面设计。"

也就是说,在"结构建模"中,剪力墙长厚比≤3(多层)或≤4(高层)时其实已经不是墙构件,应按框架柱建模;长厚比>3(多层)或>4(高层)时的剪力墙构件是真正的墙构件,按墙构件输入。

2)细高墙、长墙

《高层规范》第7.1.2条规定:"墙段高度与长度之比不宜小于3,墙段长度不宜大于8m。"《抗震规范》第6.1.9条规定:"较长的抗震墙宜设置跨高比大于6的连梁形成洞口,将一道抗震墙分成长度较均匀的若干墙段,各墙段的高宽比不宜小于3。"这样,长墙就变成了联肢墙。

2. 框支剪力墙

框支剪力墙(简称框支墙)指的是结构中,部分剪力墙因建筑要求不能落地,直接落在下层框架梁上,再由框架梁将荷载传至框架柱上,这种梁就叫框支梁,柱就叫框支柱,上面的墙就叫框支剪力墙。

3. 短肢剪力墙

《高层规范》第7.1.8条规定:"抗震设计时,高层建筑结构不应全部采用短肢剪力墙;剪力墙截面厚度不大于300,各肢截面高度与厚度之比的最大值大于4但不大于8之间的剪力墙,为短肢剪力墙。"短肢剪力墙构件是剪力墙结构的一种构件类型,常用于高层住宅结构。

结构设计时,需要记住3(4)、8三个数值,用它们作为多层建筑结构、高层建筑结构设计时,柱、短肢剪力墙、墙的分界值,如图3-2所示。在"结构建模"时,短肢墙、框支、剪力墙都按墙构件输入,在SATWE结果分析检查及施工图绘制阶段,再根据构件类型查看相关的规范条文。

图 3-2　柱、短肢剪力墙、墙的分界值

4. 连梁及强连梁、弱连梁

两端与剪力墙平面内相连(与剪力墙平面夹角小于5°)的梁都可以称为名义上的连梁。然后根据跨高比的不同,连梁有各自的受力特点,从而在"结构建模"时需要采用不同的建模策略。

《高层规范》第7.1.3条规定:"跨高比小于5的连梁应按本章的有关规定设计,跨高比不小于5的连梁宜按框架梁设计。"

跨高比小于5的连梁,且剪力墙长度能满足梁纵筋锚入墙内的长度大于或等于 L_{aE} 时,可以按墙体开洞(SATWE能自动把洞口上部的墙转化为连梁),也可以按框架梁输入然后再在 SATWE 的"特殊构件补充定义"中设置为连梁,但是应注意的是要在 SATWE 的"特殊构件补充定义"里把按框架梁输入的连梁变成不调幅梁。连梁不宜调幅,因为地震作用下尽可能让连梁强剪弱弯,使之能在强震时作为耗能构件。对于跨高比大于 5 的连梁,建议不按墙体开洞,宜按框架梁输入。在工程实际中,工程师会把两端都和剪力墙水平相交,跨高比小于 5 且剪力墙长度能满足梁纵筋锚入墙内的长度 $L_{aE} \geqslant 600$ 的连梁称为强连梁,强连梁图纸名称通常为 LL。弱连梁是剪力墙开大洞形成的,梁的跨高比大于 5,弱连梁其实就是框架梁,在模型中应直接布置梁,按框架梁的相关规定配筋,施工图中编号为 KL 或 L。

5. 墙柱、剪力墙构造边缘构件与约束边缘构件

剪力墙构造边缘构件包括暗柱、端柱、翼墙、转角柱四种,这四种构件又分为约束边缘构件(平法编号 GBZ)和构造边缘构件(平法编号 YBZ)。墙柱分为非边缘暗柱(AZ)和扶壁柱(FBZ)两种,非边缘暗柱位于剪力墙洞口竖边。

对剪力墙上设置约束边缘构件和构造边缘构件的规定,见《混凝土规范》第 11.7.17 条、《抗震规范》第 6.4.5 条。构造边缘构件轴压比限值见《混凝土规范》第 11.7.17 条,剪力墙构造边缘暗柱、约束边缘暗柱、端柱尺寸规定及形式如图 3-3 所示,具体规定见《混凝土规范》第 11.7.17 条、第 11.7.18 条。

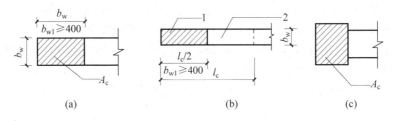

图 3-3　剪力墙边缘构件

(a) 构造边缘暗柱；(b) 约束边缘暗柱；(c) 暗柱

初学者在此需要注意的是,创建有剪力墙构件的结构模型时,除了端柱需要在建模中通过用户交互输入外,剪力墙构造边缘构件和约束边缘构件不需人机交互输入,软件会根据结构分析结果及用户输入的总体结构设计参数(如地震烈度、剪力墙抗震等级、底部加强部位等),自动生成剪力墙构造边缘构件和约束边缘构件,并按平法标准规定的构件命名规则,自动对墙构造边缘构件和约束边缘构件命名。设计人员要根据规范条文对这些构件的剪跨比、轴压比、配筋率、钢筋配置情况等进行校审评价。

3.1.4　基础部位的基础、柱墩、基础梁、拉梁及地框梁

由于在确定上部结构模型方案时,需要综合考虑基础与上部结构间的关系,所以在本章需要学习与上部结构方案相关的基础构建知识。基础按种类分为柱下扩展基础、柱下弹性地基梁基础、筏板基础、桩及承台桩基础、桩筏联合基础、砌体墙下条形基础、地下室防水板与其他基础联合等。框架结构的基础构件包括柱下扩展基础、柱下弹性地基梁、基础梁、基础拉梁、地框梁、柱墩构件等。在 PKPM 中,基础设计是通过"基础设计"模块实现的。

1. 柱下扩展基础、柱下弹性地基梁基础

柱下扩展基础通常分为柱下独立基础、柱下联合基础等。柱下独立基础又分为阶梯状柱下独立基础和坡形柱下独立基础两种。

柱下弹性地基梁有时也称为柱下条形基础,与墙下砖石或素混凝土等刚性基础不同,柱下弹性地基梁通常为钢筋混凝土基础,其基础底部配有受力钢筋,基础内部设有弹性地基梁,能承受较大的弯矩、剪力和变形,属于柔性基础。弹性地基梁的截面通常为矩形与梯形的组合,呈坡形截面特征。

基础为上部结构的天然力学固定端,在"结构建模"中不需输入基础构件,"结构建模"在生成上部结构信息时,会自动根据用户输入的相关参数,把首层柱的下端嵌固在基础上。

2. 基础梁

基础梁与属于基础的弹性地基梁(柱下钢筋混凝土条形基础)不同,基础梁是搁置在柱下扩展基础上,用来支撑首层建筑填充墙的钢筋混凝土梁,通常按简支梁计算,适当调整增大梁端弯矩,并考虑由于结构沉降引起的土的反作用,宜按双筋配筋。为了简化手算计算工作量,毕业设计中经常采用基础梁,但由于采用基础梁方案的设计填充墙无效埋置深度较大,实际设计中基本不采用。

实际框架结构设计中,还有一种基础梁布置在与框架柱分离的短柱上,短柱生根于基础,基础梁与短柱组成类似足球门的小刚架,基础梁上砌筑首层填充墙。

3. 基础拉梁

两个柱下扩展基础间布置的混凝土梁为基础拉梁,指连接独立基础、条形基础或桩基承台的梁,不承担由柱传来的荷载。基础拉梁用来调节基础的不均匀沉降,不做抗震要求。设计中,是否需要布设拉梁应根据基础沉降等酌情考虑。

4. 柱墩

柱墩常用于筏板基础的框架柱根部。对于筏板基础,有板上柱墩和板下柱墩两种。在框架结构中,柱墩可设置在柱子下部,柱墩介于柱下独立基础顶面至±0.00之间。为了与筏板基础上设置的柱墩进行区别,这种柱墩我们称为柱下高脚柱墩。柱下高脚柱墩上设简支基础拉梁或基础梁,拉梁或基础梁上砌筑首层填充墙。柱下高脚柱墩截面等效半径宜取柱等效半径的2倍,此时柱下高脚柱墩可作为基础的一部分来处理,在柱下高脚柱墩上设置基础拉梁时,其与基础拉梁也可单独构成一个结构层进行建模。

5. 地框梁

布置在±0.00以下临近区域,两端刚接在框架柱上的梁称为地框梁,交叉布置的地框梁和位于其与基础间的框架柱段,组成了一个没有楼板的地框梁层。设计中地框梁层适用于基础埋置深度较深的情况。

柱底部位设置柱下柱墩或地框梁层,是框架结构设计中比较好的下部结构设计方案,在处理首层填充墙、基础、上部与地下结构嵌固位置等方面有较多优点。关于地框梁层的设计

我们将在后续章节中详细讨论。

3.1.5　砌体结构的构件

砌体结构由承重墙、砌体墙垛、构造柱、圈梁以及现浇混凝土楼盖组成。混凝土楼盖有平板和梁板结构两种。承重墙按材料及构造又分为多种类型。在砌体结构建模过程中，这些构件需要输入到结构设计模型中。

钢筋混凝土结构中的填充墙属于砌体，在设计时既要依据《混凝土规范》的非结构构件相关规定进行设计，又要参照《砌体结构设计规范》相关内容。

3.1.6　钢筋混凝土框架结构中的非主体结构构件

《抗震规范》第13.1.1条规定："建筑非主体结构构件指建筑中除承重骨架体系以外的固定构件和部件，主要包括非承重墙体，附着于楼面和屋面结构的构件、装饰构件和部件，固定于楼面的大型储物架等。"

1. 非主体结构构件不能输入到主体结构设计模型中

在框架结构建模中，非主体结构构件属于二级结构构件，不需要也不能输入。"结构建模"楼面荷载传导的优先级顺序是先墙后梁，在框架结构建模时，若在某个位置既输入了框架梁又输入了填充墙，则楼面荷载会优先传导给填充墙，会使荷载导算与结构实际情况不符，导致结构设计错误。

2. 混凝土结构中非主体结构构件的处理

在进行混凝土结构设计时，需根据规范、砌体构造要求等，在填充墙或屋面砌筑女儿墙上附设构造柱，以保证墙的整体性。

1）在混凝土结构中填充墙、构造柱、圈梁等要作为荷载输入

在混凝土结构中，框架填充墙等要作为作用在其下部支撑构件上的恒荷载输入。填充墙内的构造柱、圈梁重量可近似按填充墙处理。

2）钢筋混凝土结构设计时对构造柱、圈梁、过梁的处理

《抗震规范》第13章对非主体结构构件的抗震设计要求有具体的规定，女儿墙构造柱设置见《砌体填充墙结构构造》(12G614-1)。尽管在进行主体结构建模中不需要输入这些非主体结构构件，但是在实际设计时，应依据规范对非主体结构构件进行必要设计验算，并给出必要的说明，绘制必要的详图。构造柱的布置可在结构设计的说明中给出，或给出构造柱布置图。

3.2　上部结构的嵌固端及嵌固部位

通过前面章节，我们已经对组成建筑结构模型的基本构件、特殊构件有了初步了解，下面章节中，我们将进一步深入学习与结构设计相关的其他概念和方法。

3.2.1　上部结构的嵌固层、嵌固部位及嵌固端

上部结构的嵌固层、嵌固部位及嵌固端是十分重要的设计概念。它对结构设计的影响

及作用远远大于我们通常所注重的构件内力计算精度。

1．嵌固层、嵌固部位及嵌固端的概念

上部结构的嵌固部位，就是预期塑性铰出现的部位，是指结构下部（如基础）能限制结构上部构件在水平方向的"平动位移"和"转动位移"，并将上部结构的剪力全部传递给下部结构的部位。

嵌固在嵌固部位上的结构层称为嵌固层。嵌固层底部与嵌固部位连接位置称为嵌固端。

2．嵌固部位的几种类型

如下两个部位可作为嵌固部位：一个是基础顶部嵌固部位（独立基础、筏板基础或箱形基础等），另一种是全地下室或半地下室的某层地下室顶板，当满足规范规定的条件时可作为上部结构的嵌固部位。

3．多层地下室的某层顶板或单层地下室顶板可以作为嵌固部位的规范要求

《抗震规范》第 6.1.3 条、第 6.1.14 条，《高层规范》第 3.5.2 条第 2 款、第 5.3.7 条、第 12.2.1 条等规范条文中，不仅对结构楼层刚度比有规定，对地下室顶板作为嵌固部位时楼板最薄厚度也有规定。

《抗震规范》第 6.1.14.1 条规定：地下室顶板作为上部结构的嵌固部位时，应避免开设大洞口，地下室在地上结构相关范围的顶板应采用现浇梁板结构，相关范围以外的地下室顶板宜采用现浇梁板结构，其楼板厚度不宜小于 180mm，混凝土强度等级不宜小于 C30。第 6.1.14.2 条规定：结构地上一层的侧向刚度，不宜大于相关范围地下一层侧向刚度的 0.5 倍；地下室周边宜有与其顶板相连的抗震墙。

4．设计中如何确定有地下室建筑的上部结构嵌固部位

地下室嵌固部位构造设计及计算结构评价、嵌固端及嵌固部位"强柱根、弱柱根"设计，与我们大家都知道的"强柱弱梁、强剪弱弯"一样，是钢筋混凝土结构设计中一项很重要的内容。

对于多层地下室结构设计过程，结构嵌固部位的确定要分两步进行，首先假定结构的嵌固部位在基础顶面，不考虑回填土对地下室楼层的约束作用，计算基础顶面以上结构各层的楼层侧向刚度比（大底盘多塔建筑，应考虑上部结构影响范围，地下室顶板不按刚性板假定），根据计算结果及规范条文，确定哪一层地下室顶板能满足规范要求作为基础嵌固端。通常情况下，宜把第一层地下室顶板按规范条文要求，设计成嵌固端，若第一层地下室顶板不满足规范要求，则需要对结构模型进行修改。个别情况下，也可以把其他地下室顶板作为嵌固端。第二步是在第一步分析修改的基础上，在 SATWE 中将嵌固部位调整至已确定的嵌固部位所在楼层，同时参数中考虑回填土对地下室侧向约束作用，进行结构分析及设计。

需要进一步补充说明的是，在此讨论的嵌固端不同于结构的力学固定端，而是结构建模时需要预先考虑的（楼板厚度、错层梁加腋、剪力墙平面及竖向布置等），且与计算调整相关的一项参数。对于无地下室的结构，嵌固端一定位于首层底部基础顶面。在实际设计中，由于土体对地下室有嵌固作用,无论地下室负一层顶板是否能作为上部结构的嵌固部位,都宜考虑该位置实际存在的土体嵌固作用,并相应采取加强措施。

5.钢筋混凝土结构嵌固端的"强柱根"及"弱柱根"设计

如果依据规范判断,多层地下室的某层顶板或单层地下室顶板可作为嵌固部位,则需要在 SATWE 的参数设置中进行设置,软件能依据下述规范条文,进行强柱根、弱柱根设计。

1)"强柱根"设计

《抗震规范》第 6.2.3 条规定:"一、二、三、四级框架结构的底层,柱下端截面组合的弯矩设计值,应分别乘以增大系数 1.7、1.5、1.3 和 1.2。底层柱纵向钢筋应按上下端的不利情况配置"。此条内容在工程中俗称为"强柱根"设计。

2)"弱柱根"设计

《抗震规范》第 6.1.14.3 条还规定:"地下室顶板对应于地上框架柱的梁柱节点除应满足抗震计算要求外,尚应符合下列规定之一:①地下一层柱截面每侧纵向钢筋不应小于地上一层柱对应纵向钢筋的 1.1 倍,且地下一层柱上端和节点左右梁端实配的抗震受弯承载力之和应大于地上一层柱下端实配的抗震受弯承载力的 1.3 倍。②地下一层梁刚度较大时,柱截面每侧的纵向钢筋面积应大于地上一层对应柱每侧纵向钢筋面积的 1.1 倍;同时梁端顶面和底面的纵向钢筋面积均应比计算增大 10% 以上。"此条在工程中俗称"弱柱根"设计。

6.地下室嵌固部位以下结构部位的抗震等级

《抗震规范》第 6.1.3 条规定:"当地下室顶板作为上部结构的嵌固部位时,地下一层的抗震等级应与上部结构相同,地下一层以下抗震构造措施的抗震等级可逐层降低一级,但不应低于四级。地下室中无上部结构的部分,抗震构造措施的抗震等级可根据具体情况采用三级或四级。"

3.2.2 地框梁层、基础梁、柱墩及基础方案选择

在框架结构设计中,嵌固端及嵌固部位的选择,以及强柱根及弱柱根设计是一个很重要的概念,在本节我们将继续介绍与嵌固部位相关的,有关结构方案选择方面的相关知识。

1.设置地框梁层的框架结构设计方案

设置地框梁层的框架结构,应采用包络设计原则,地框梁按单独一个结构层创建结构模型后(层底标高从基础顶起算,层顶为地框梁顶),取下面两种计算方案的不利值配筋。

(1)方案 1:基础顶默认为结构模型嵌固部位,在 SATWE 中地下室层数设置为 1,考虑室内回填土对地下柱侧向约束作用,计算结果主要用于对结构弹性层间位移角的评价及地下柱、地框梁的结构设计,地框梁应同时满足拉梁及框架梁的承载力和构造要求。

(2)方案 2:首层地框梁顶面取嵌固部位,当结构试算后确定基础嵌固部位位于首层地框梁顶面后,需在 SATWE 中进行相应的嵌固部位参数设置,并进行再次分析计算,再次分析得到的计算结果方能用于强柱根设计,此时强柱根上移至拉梁顶面(地下一层及地上一层范围皆为强柱根范围,若柱底与柱顶配筋相同时,按柱底设计内力组合值及《抗震规范》第

6.2.3 条进行配筋设计)。强柱根设计完成后,位于地框梁以下的地下柱要按此时地上首层柱计算结果及《抗震规范》第 6.1.14.1 条进行弱柱根设计。

为了确保结构设计模型尽量接近建筑实际工况,地框梁层的首层地面应采用钢筋混凝土地面建筑做法。

2．有柱墩及基础拉梁的框架结构及基础设计方案

在第 2 章我们介绍了框架柱根部区域设置等效半径为上柱等效半径 2 倍,在原柱下独立基础之上及±0.00 或室外地坪之间设置的柱墩构件;柱墩上设基础拉梁,拉梁顶可与柱墩顶平齐,拉梁上砌筑首层填充墙的有柱墩下部结构设计方案。

柱墩可作为结构设计模型的一部分,单独创建一个用于布置柱墩(按柱构件输入)的结构层,拉梁可按主梁输入,梁顶标高与柱墩顶平齐(实际设计中,拉梁也有铰接和刚接两种方案,对应不同的钢筋锚固构造。铰接拉梁只传递竖向荷载,不传递柱墩间弯矩,比较符合埋置土中的工作状况)。设计模型的首层柱底标高位于基础顶,层高为柱墩高度。柱墩顶即为上部结构的嵌固部位,抗震等级可比上部结构低一个等级,上柱进行"强柱根"设计,地下柱墩的纵向钢筋设计要进行"弱柱根"设计,即其纵向钢筋不应小于上柱实际配筋的 1.1 倍。

设置柱墩设计方案,能够满足其对上部结构的嵌固要求,结构设计概念清晰,设计过程简单,是一种比较好的框架结构嵌固部位设计方案。

3．设置简支基础梁结构方案

在目前手算毕业设计中,为了简化计算,通常采用简支基础梁方案。该方案是在柱下扩展基础基底与基础顶面上柱根部之间设置单跨简支基础梁,首层填充墙砌筑在基础梁之上的设计方案,基础梁按简支梁计算内力。考虑上部结构沉降,地基土可能会反作用于基础梁底,基础梁可采用双筋梁配筋,基础梁跨端及跨中反弯矩取跨中正弯矩的 1/3～1/2,基础梁端部钢筋锚固构造宜按《16G101-1 图集》中的非框架梁铰接构造处理。

此种方案,会增加土方开挖回填及底层填充墙砌筑和抹灰工程量,技术经济效益不佳,所以在实际设计中极少采用。

3.3　扭转零刚度设计方法和协调扭转设计方法

在前面我们学习了框架结构设计方案的几种选项,它们在结构建模、结构分析设计时的处理方法,以及这几种方案相应的优缺点。为了能更好地理解结构设计的基本方法,本节我们还要学习主梁、次梁的基本划分和作用,以及与其相关的结构建模和设计策略。

3.3.1　主梁、次梁的划分及 PMCAD 房间的概念

区分梁的主次是结构设计中一个比较重要的内容,在本节我们介绍主次梁的常规区分方法,以及在建模过程中如何区分主次梁。

1．为何要区分主梁和次梁

把梁区分为主梁和次梁,是为了便于描述结构构件的传力关系,协调软件的功能和构件

构造关系而采取的一种建模策略。

结构建模创建的结构设计模型,到了结构分析计算模块 SATWE 时要转化为力学分析模型,分析计算之后到了施工图阶段要转化为工程模型。结构建模时区分梁的主次关系,不仅是创建结构设计模型的需要,也会在力学模型中构件传力层次及分析模式上予以体现,到了施工图阶段还会呈现在梁的配筋构造上。

因此,我们不仅应掌握区分主次梁的原则,还要了解主次梁在结构建模中的地位和作用,了解结构分析时主次梁的分析模式,以及对后期施工图阶段的影响,才能保证设计的正确性和合理性。

2.主梁和次梁的常规定义

结合图 3-4 所示的梁布置情况,我们大致可以从梁跨(不能仅从建模时的梁段看)所处位置、梁在结构中所起作用等方面来区分梁的主次。

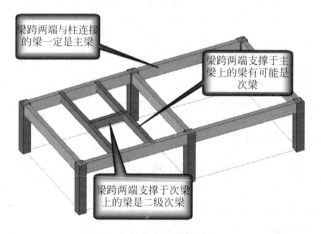

图 3-4　主次梁常规定义

主梁和次梁的直观区分方法如下。

(1) 两端支撑在柱或混凝土墙上的梁跨,一定是主梁。

(2) 两端支撑在梁上的梁跨可以是次梁。

(3) 在"结构建模"中次梁可以当成主梁输入,但是反过来从专业概念和力学概念上讲,不允许主梁按次梁输入。

主次梁的划分不能与二维结构分析设计时(结构力学或毕业设计手算内力)划分整榀框架及框架连续梁混淆。

3.在"结构建模"中主次梁的地位和作用不同

在"结构建模"中,主次梁在围板、导荷中的作用是不同的,这是学习"结构建模"时应该着重领会的重点。

1) 主梁能作为 PMCAD 房间(板块)的边界,而次梁不能

在框架结构"结构建模"时,把由主梁围成的最小封闭区域称为"PMCAD 房间"。当主次梁布置完毕生成楼板时,"结构建模"自动按主梁在平面投影上围成的各个封闭区域划分各自独立的 PMCAD 房间,每个房间生成一个楼板板块。进行楼面荷载导算时,每个PMCAD 房间作为一个单独的导荷单元。

在"结构建模"自动生成楼板时,每一个"PMCAD 房间"内的板会被单独编号,次梁属于其所在位置"PMCAD 房间"的内部构件,次梁不具有围板资格。自动生成楼板后,可以单击屏幕下方 工具条显示板块划分情况,一个板块显示一个板块厚度数字,从图 3-5 可以看到次梁不作为板块的边界。

2)一个 PMCAD 房间作为一个导荷单元

创建好结构模型后,"结构建模"会按照"PMCAD 房间"逐间导算荷载,把房间内的荷载导算到围成房间的主梁或承重墙上,并为后面的结构分析软件生成力学模型。

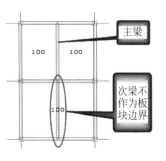

图 3-5　次梁不作为板块边界

如果一个"结构建模"房间内布有次梁,且"PMCAD 房间"内部次梁间没有形成交叉梁关系,"结构建模"导荷程序先把次梁分割的子板荷载传导给次梁,次梁再传导给主梁,次梁在主梁上产生集中荷载,如图 3-6 所示。如果"PMCAD 房间"内部的次梁为交叉梁,"结构建模"会在房间内按交叉梁楼盖计算次梁支座反力,并把次梁支座反力传导到主梁上。

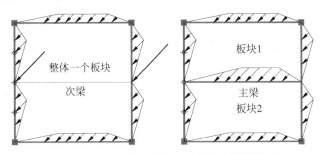

图 3-6　不同的主次方案传导到主梁上的荷载不同

由于主次梁在围板中作用不同,导致了其在荷载导算中的作用也不相同,最后绘制楼板施工图时图纸表达也不相同,该内容我们将在后面做进一步讨论。

3)建模时为了生成楼板,有的次梁必须按主梁输入

鉴于主梁有围板作用,图 3-7 中某些梁按外观特征尽管属于次梁,但是也把其按主梁输入。这些梁是:

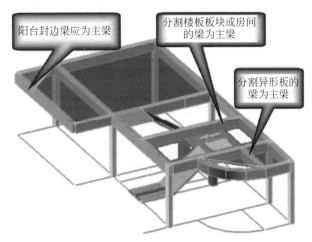

图 3-7　不能设为次梁的梁

（1）阳台、雨棚等悬挑部的封边梁。

（2）为避免出现异形板或异形洞而布设，起分割板块作用的梁。

（3）次梁两侧房间功能不同导致两侧房间的楼板厚度、楼板标高、楼板荷载不同，次梁必须按主梁布置。

（4）为改变楼面荷载传导路径和方式而设的梁。

4）要布置楼板的区域主梁平面上的投影必须封闭

如图 3-8 所示是一个由于两个节点过于靠近，导致建模时在柱截面内漏掉了一个梁段，造成无法形成"结构建模"房间的情形。

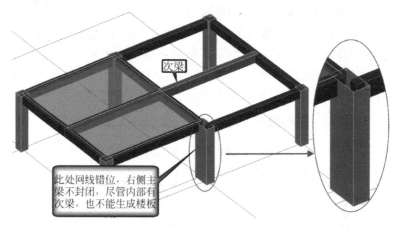

次梁

此处网线错位，右侧主梁不封闭，尽管内部有次梁，也不能生成楼板

图 3-8　主梁不封闭

5）一级次梁、多级次梁与交叉次梁的布置

在进行次梁布置时，PKPM 的初学者往往只注重软件的交互操作方式，而忽略操作时不经意间单击鼠标的操作，也会影响到结构的内力分析结果。

（1）布置一级次梁

"结构建模"规定，两端支撑于主梁的次梁为一级次梁。在"结构建模"中，布置次梁操作与主梁不同，布置次梁时需用鼠标分别选择两个点，软件会在所选的两点间布置次梁。次梁的端点不需要有网点，布置次梁后次梁端点也不会自动生成新的网点。新布置的次梁如果与主梁或墙相交，软件会自动按传力关系把新布置的次梁段分为两跨，如图 3-9 所示。

（2）布置二级次梁

两端支撑于一级次梁上的梁为二级次梁。"结构建模"不允许布置三级以上次梁，如果设计时遇到有三级次梁的情况，可以把一级次梁改为主梁或通过改变结构布置方案来减少次梁的排列等级。二级次梁布置如图 3-10 所示。

（3）布置交叉次梁

当新布置的次梁与已有次梁交叉时，软件不会把新布置的次梁分为两个次梁梁段，而是把新布置的次梁与已有次梁视为交叉梁关系，交叉次梁的布置如图 3-11 所示。

（4）不同的次梁布置产生的二级次梁与交叉次梁配筋对比

当两根次梁所在房间的板厚、荷载等完全一致，不同布置方式在 SATWE 中分析得到的次梁弯矩对比情况见图 3-12。从图中看到，不同的次梁布置导致的次梁等级不同，内力图存在明显区别。图 3-13 为根据这一内力分析结果，在"砼施工图绘制"时，所绘制的梁配

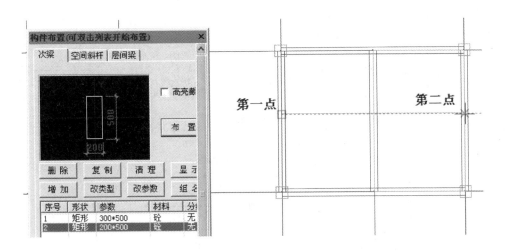

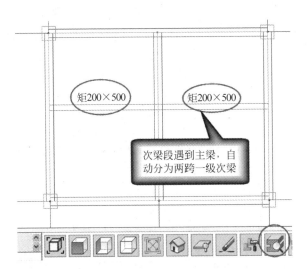

图 3-9 一级次梁布置

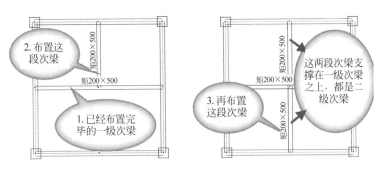

图 3-10 二级次梁布置

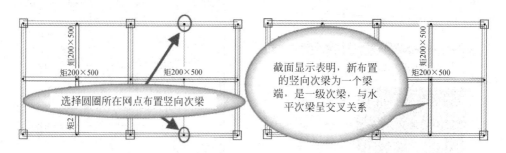

图 3-11　交叉次梁布置

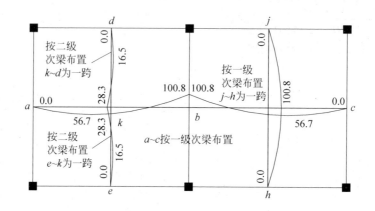

图 3-12　交叉梁和二级次梁布置后内力不同

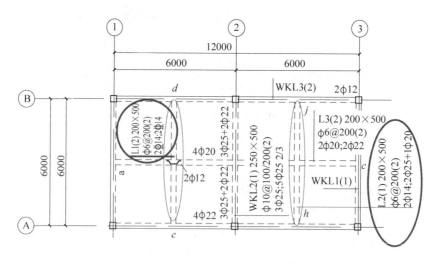

图 3-13　二级次梁与一级次梁布置施工图不同

筋图,从梁平法施工图中可以看到,尽管在实际状态中 $L_1(de)$ 和 $L_2(jh)$ 与水平次梁 $L_3(ac)$ 都是交叉关系,且水平梁(ac)的两个梁跨中弯矩及配筋相同,但是由于采用了不一样的建模策略,导致二者 $L_1(de)$ 和 $L_2(jh)$ 配筋差异很大(注意图中画圆圈内次梁的配筋)。

从力学角度分析,如果两根次梁级别相同线刚度相近,则完全构成交叉梁系。如果两根平面交叉的次梁其线刚度相差较大,则线刚度较小的次梁宜按多级次梁方案布置。多级次梁模型中的高级别次梁在一定意义上讲就是低级别次梁的"主梁"。由于次梁布置操作不同,会使布置的次梁可能是二级次梁,也可能是一级次梁,不同的操作会使实际一样的梁产生两种截然不同的设计结果,所以在设计建模时,要充分理解 PKPM 的这个特性,结合工程实际情况采取合理的次梁布置操作,以便使创建的结构模型更加合理。

需要进一步说明的是,依据上述不同的次梁布置方案,虽然得到的所有设计指标都满足规范条文,但是其与梁的实际工作状态契合程度的高低,会影响结构的安全度储备,设计时往往需要从很多方面综合考量。

（5）主梁与次梁端结点类型不同

在结构建模中,软件默认主梁段两端刚接于与其相连的柱、墙和梁之上,即主梁端部结点默认为刚结点。单跨次梁两端铰接于主梁。不同房间之间的次梁能串并成多跨连续次梁时,多跨次梁的两个端点铰接于主梁,次梁与次梁梁跨间结点为连续梁内部结点。

4. 在结构分析模块 SATWE 中主次梁内力分析模式

"结构建模"时区分主次梁,不仅是创建结构模型的需要,也是为了能在结构受力分析时更好地体现梁间传力的层次关系。

1）主次梁间的力学关系

从力学角度看,传力路径总是次梁传至主梁,主梁是次梁的支座,高级别的次梁是低级别次梁的支座;低级别次梁的破坏会改变板内荷载传递路径,改变高级别次梁或主梁的受力;主梁破坏会使次梁失去支撑而导致结构出现更大险情。

2）SATWE 中次梁不参与主体结构三维空间分析

在 SATWE 模块中,次梁内力分析单独进行,不参与主体结构三维空间分析。

3）"结构建模"导荷结果与 SATWE 内力分析结果之间的差异

SATWE 进行次梁内力分析时,会考虑相邻"PMCAD 房间"的次梁或交叉次梁的相互作用,按多跨连续梁或多跨交叉梁模型分析计算。而在"结构建模"中,楼面荷载的导荷仅在单房间内进行,这样当次梁为连续梁或多跨交叉梁,主体结构三维空间分析时,作用在主梁上的荷载与次梁分析设计时得到的连续梁支座反力会不一致,带来一定的设计误差。另外,由于 SATWE 是把主次梁分别进行分析计算,因此连续次梁结点位移与该位置主梁的挠度等并不一致,不能满足位移协调性原则。由于次梁不参与结构整体分析,还会导致楼盖刚度偏柔,使计算得到的结构自振周期偏大。

5. 主次梁与框架梁、非框架梁间的关系

与结构标准层划分一样,梁的主次之分仅仅体现在设计建模分析过程中,当设计过程进入施工图绘制阶段后,梁名称要按照工程习惯进行编号,其变化如图 3-14 所示。

PKPM 的【墙梁柱施工图】模块规定:一根连续梁只要有一个支座为墙或柱,则该梁为 KL 或 WKL。如果某根连续梁所有支座都没有墙柱支座,则该梁为 L 或 WL。软件首先根据梁段之间的几何关系进行梁跨串并运算,形成梁跨,梁跨继续串并成连续梁,再根据连续梁的支撑类型来判断该梁是 KL 还是 L,并自动对 KL 和 L 进行归并、编号、命名。梁的命名过程由软件自动完成,设计人员可以修改。

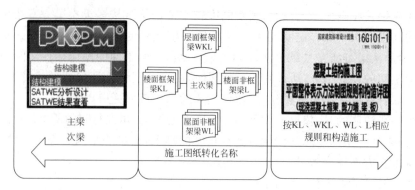

图 3-14　设计过程中梁称谓的变化

从一定意义上说,设计建模阶段区分主次梁和施工图上的梁名称既有联系又彼此无关,其"联系"是设计人员需要保证梁的截面参数等满足施工图上的梁配筋构造要求,保证结构的安全;"无关"是指设计人员对施工图纸上梁的命名不起主导作用。

6.《16G101-1 图集》中对 KL 和 L 的构造要求

施工图中之所以把梁分为 KL 和 L,是由于其钢筋节点锚固、箍筋加密等构造属于两种不同的类型。在《16G101-1 图集》、《抗震规范》第 6.3.3 条、《高层规范》第 6.5.4 条和第 6.5.5 条规定,KL 有抗震构造要求,所以箍筋有加密区,L 梁无抗震要求,故没有箍筋加密区;KL 和 L 受力钢筋在支座处的锚固不相同。图 3-15、图 3-16 是《16G101-1 图集》对 KL 和 L 梁的纵筋构造要求。

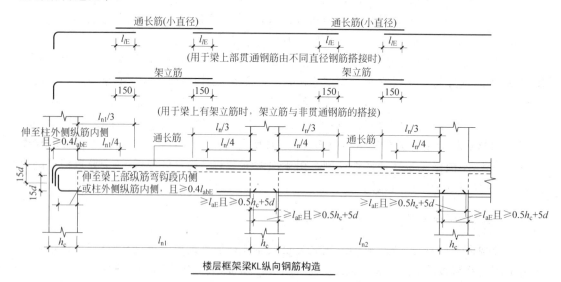

图 3-15　《16G101-1 图集》中框架梁的纵筋构造

当我们对 KL 和 L 的结点构造要求有所了解之后,即能更好地在后面章节的"结构建模"学习中理解主次梁的区别。

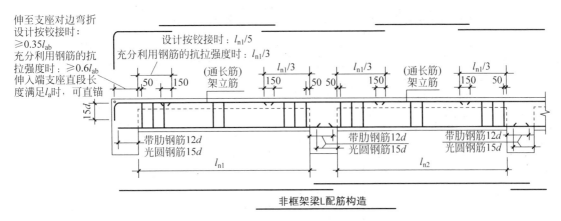

图 3-16　《16G101-1 图集》中非框架梁的纵筋构造

3.3.2　次梁按主梁布置的扭转零刚度设计方法与协调扭转设计方法

前一节我们了解到次梁可以按主梁布置,主次梁划分与布置不同,会影响内力分析结果,但不会影响施工图中梁的类型。如果进一步思考,我们自然而然就会产生如下联想:在实际设计中,可否把所有次梁都按主梁布置?什么时候次梁需要真的按次梁布置?次梁按主梁布置后需要进行哪些处理?

1."结构建模"中大多数次梁都可按主梁布置

在 SATWE 进行结构的有限元三维空间分析时,主梁采用的是三维空间杆单元,为了尽量在结构分析时能体现次梁和主梁的协同工作特征,在 PKPM 中我们可以把大多数次梁按主梁输入。在本部分叙述中,为了行文方便,我们在这里把按主梁输入的次梁称为"主入次梁"。

2.边端设铰与边端不设铰设计方法

当一根次梁按主梁输入时,如果这根梁的梁端搁置在边梁上,则计算分析模块会默认此梁刚接于边梁,此梁会在边梁上产生扭矩。由于混凝土抗扭剪切强度极低,当楼面梁的线刚度相近时,边梁会在扭矩作用下产生扭转裂缝并迅速丧失抗扭承载力,对搁置其上的另一个方向梁的刚性约束能力快速丧失,计算分析时的刚结点在实际工作时就会退化成铰结点。为了保证结构分析结果与结构实际工作时的状况相吻合,则需要对这种结构模型进行一定的修正处理。

次梁边端设铰的方法是当次梁按主梁布置时,在 SATWE 的"设计模型前处理"中,把"主入次梁"组成的连续梁两端与框架主梁铰接的结点改为铰结点的方法,图 3-17 中圈线内的梁两端需设置为铰结点,实际操作时,单击【一端设铰】菜单后,选择需要设置为铰的梁段即可。如果要去除梁端铰结点,再单击菜单点选设铰的梁端即可。

"主入次梁"边端设铰是一种通俗叫法。实际上与次梁边端设铰相对应的设计方法叫"扭转零刚度法",当然与"扭转零刚度法"对应的次梁边端不设铰的设计方法叫"协调扭转设

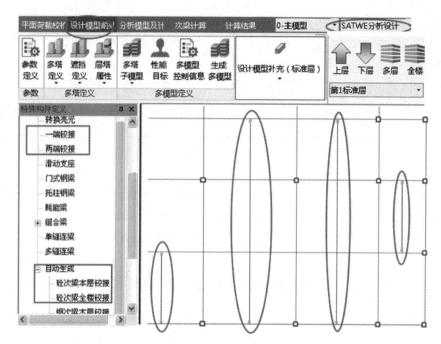

图 3-17　对按主梁布置的次梁设铰

计方法"。下面我们简单介绍一下这两种方法。

1)"主入次梁"边端不设铰——协调扭转设计方法

协调扭转是超静定结构中受弯变形转动受到支撑构件的约束,该约束反作用于支撑构件而使其产生的扭转。协调扭转的变形角大小与构件所受的扭矩及连接处构件各自的抗扭刚度有关,是利用静力平衡条件和变形协调条件求其扭矩的,属于这类的构件有钢筋混凝土框架边梁等。

协调扭转有别于平衡扭转。平衡扭转通常是由静定结构荷载引起的支撑构件上的扭矩效应,与构件抗扭刚度无关,是利用静力平衡条件求其扭矩的,属于这类的构件有吊车梁、阳台梁等。图 3-18(a)所示悬挑阳台在 AB 边梁上产生的扭矩沿梁轴均匀分布,其值为 $ql^2/2$,平衡扭转设计时扭转构件应按规范的纯扭转条款进行设计。

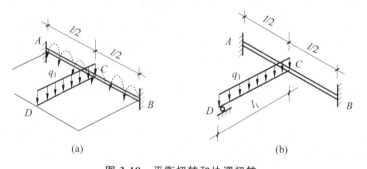

图 3-18　平衡扭转和协调扭转

(a) 平衡扭转;(b) 协调扭转

图 3-18(b)为协调扭转计算简图的例子。在"主入次梁"CD 边的 D 端的铰支座,也可以是固定端或与其他构件连续,当其在载荷作用下产生弯曲变形时,在 C 端产生支座负弯矩

M_C，在弹性状态下边梁 C 点扭矩 $T_C = M_C$，同时边梁 C 点的扭转角与"主入次梁" C 端的挠曲角度相等。手工计算时，M_C 可根据力的平衡条件和唯一协调条件求出。

2）"主入次梁"边端设铰——扭转零刚度法

钢筋混凝土超静定结构受弯、剪、扭共同作用的构件，计算分析时取支撑梁（如框架边梁）的扭转刚度为零，即不考虑相邻构件（"主入次梁"）传来的受扭作用，支撑梁仅按受弯剪进行内力分析。但是为了保证支撑梁受扭时有较好的延性，以及控制裂缝的开展，在构造上必须配置相当于构件受纯扭时开裂扭矩所需的抗扭钢筋，该方法为扭转零刚度法。当按零刚度法取相邻构件梁端的负弯矩为零计算时，其实际扭转效应仍然存在，因此，为了控制因实际存在的扭转效应使梁顶端发生过宽的裂缝，需配置必要的抵抗负弯矩的纵向受拉构造钢筋。

3）PKPM 软件对协调扭转设计方法和扭转零刚度法的处理

在 PKPM 软件中，进行结构受力分析时，并没有向用户提供使用哪种设计方法的倾向性意见。PKPM 用户可以自行根据结构的实际情况和个人意愿，在选择某个设计方法之后，通过自己的操作实现自己的设计意图。

（1）在建模时以次梁布置方式布置次梁，这相当于选择了"扭转零刚度法"。

（2）在建模时按主梁布置次梁，但在 SATWE 的【特殊构件补充定义】中，把"主入次梁"端部设置为铰，实际上选择的是"扭转零刚度法"，也就是俗称的"次梁设铰"。

（3）"主入次梁"边端按软件默认的刚结点进行结构计算时，软件中用三维杆单元分析所有主梁构件，三维杆单元每个端点有包括旋转位移、线位移等 6 个位移量，有弯、剪、轴等 6 个内力分量，能够支持"协调扭转设计方法"。设计时采用此种设计方案的关键是，设计者需要保证结构分析模型与结构实际工作状态的一致性，这个问题我们后面讨论。

3. 实际结构中的梁端结点到底是铰结还是刚结

大家知道，结构分析的力学模型只是对实际结构进行简化的结果。实际上，"主入次梁"钢筋会在边梁内锚固，由于边梁在"主入次梁"扭矩作用下，即使不发生扭转开裂，其混凝土也会在长期荷载作用下产生内力重分布，所有"主入次梁"端结点不会是理想的铰结点，也不会是理想的刚结点。

4. 对现行规范和平法标准构造要求的进一步理解

《混凝土规范》第 9.2.6 条规定：按简支计算但梁端实际受到部分约束时，应在支座区上部设置纵向构造钢筋。其截面面积不应小于梁跨中下部纵向受力钢筋计算所需截面面积的 1/4，且不应少于 2 根。该纵向构造钢筋自支座边缘向跨内伸出的长度不应小于 $l_0/5$，l_0 为梁的计算跨度。《混凝土规范》第 9.2.6 条还规定：根据工程经验给出了在按简支计算但实际受有部分约束的梁端上部，为避免负弯矩裂缝而配置纵向钢筋的构造规定。规范此条规定实际是对"次梁设铰"时，铰结点不是理想铰而采取的一种构造措施。

在《16G101-1 图集》的"非框架梁 L 配筋构造"图例中，明确规定非框架梁梁顶纵筋"设计按铰接时，采用弯锚方式锚固的平直段锚固长度需大于或等于 $0.35L_{ab}$，充分利用钢筋的抗拉强度时，弯锚平直段长度需大于或等于 $0.6\,L_{ab}$"。其中的"设计按铰接"可应用于扭转零刚度（"次梁边端设铰"）设计方法，"充分利用钢筋的抗拉强度"适用于协调扭转（"次梁边端不设铰,但调幅")设计方法。

依据《16G101-1 图集》受拉钢筋基本锚固长度 L_{ae}、L_{ab} 表,我们制作了非框架梁顶纵筋按 18mm 和 25mm 两种规格时,弯锚的 $0.35L_{ab}$ 平直段长度,见表 3-1。

表 3-1　铰接设计时非框架梁顶纵筋梁端结点弯锚平直长度

钢筋种类	混凝土标号	C30	C35	C40
HRB400	抗震等级三级时的 L_{ab}	37d	34d	30d
	纵筋直径 18mm 弯锚平直段长度 $0.35L_{ab}$	234	215	189
	纵筋直径 25mm 弯锚平直段长度 $0.35L_{ab}$	324	298	263

从中可以发现,采用扭转零刚度法("次梁边端设铰")设计"主入次梁",在常用的混凝土标号和钢筋等级情况下,其梁宽度可以选择介于 200~300mm 的常用梁宽范围,钢筋锚固长度容易满足。

而采用协调扭转设计方法时,"主入次梁"弯锚平直段长度需大于或等于 $0.6L_{ab}$,其支撑边梁宽度将近是扭转零刚度法的 2 倍,故不属于经济截面,当慎用。

5. 对次梁按主梁输入相关设计建议

在前面讨论基础上,我们给出如下对次梁按主梁输入相关的设计建议。

1) 按扭转零刚度法设计次梁("主入次梁"边端设铰)的建议

(1) 当次梁支撑于框架主梁上时,可把次梁按主梁布置,并把"主入次梁"边端支座改为铰结点。

(2)《高层规范》第 6.1.1 条规定:"框架结构应设计成双向梁柱抗侧力体系。主体结构除个别部位外,不应采用铰接。"如果一根次梁一端支撑于主梁之上,另一端支撑在框架柱之上,则该梁应按"主入次梁"输入,且与框架柱相连的一端不应设为铰接。

(3) 当"主入次梁"跨度较大,截面高宽比 h/b 较大(如 $h/b>3$),剪跨比较小或位于边梁上的次梁端点靠近框架柱时,宜按刚接弯矩设计边框架梁抗扭筋。

(4) 当次梁垂直支撑于墙上时,为了尽可能不给墙传递平面外弯矩,次梁按主梁布置,次梁靠墙端应为铰支座,按铰接设计。

2) 按扭转协调设计方法设计次梁("主入次梁"边端不设铰)

(1) 对于次梁和主梁组成交叉梁系,当主次梁线刚度比较大时(可以考虑大于 4 时),"主入次梁"边端可刚接于主框架边梁,但主框架边梁宽度须满足 $0.6L_{ab}$ 钢筋锚固要求。

(2) 当梁跨度较大(有的资料显示梁跨在 15m 以上),次梁受载挠度较大时,为充分考虑次梁对主梁的协调扭转效应,次梁应按主梁输入,且应先按与框架梁间关系为刚结点分析设计。如果所有梁承载力分析正常,应人工适当考虑次梁的弯矩调幅;如果框架边梁抗剪不够,则可改为铰结点,但应用其他方法对边梁扭筋做专门计算设计。图 3-19 为次梁按主梁布置后,进入 SATWE 软件默认的弯矩调幅系数窗口,用户可以通过交互方式修改梁调幅系数。

6. 次梁仍需按次梁输入的设计建议

(1) 对于单跨、受载较小且分割房间或楼板较小的次梁可以按次梁布置(如板洞、管井、

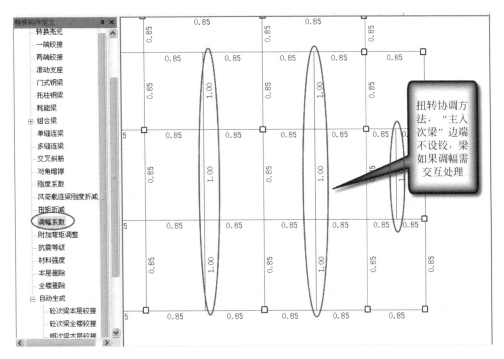

图 3-19　对按主梁布置的次梁调幅

厕卫等处),这样能使板底钢筋在适当大的范围内拉通配置,从而减少钢筋种类,降低图纸编辑校审修改工作量,便于施工。

(2) 当同一结构中采用"次梁边端设铰"和"次梁不设铰"两种方法混合设计次梁时,应在施工图纸上明确区分两种不同设计梁的支座处钢筋锚固构造要求。

3.4　虚梁、虚板、虚柱及刚性梁的概念及作用

由于工程情况千变万化,创建设计模型时不可能把建筑条件照搬到结构模型中,所以根据建模的需要,可将一些实际中并没有的虚拟构件引入到设计模型或力学模型中,这些虚拟构件主要有刚性梁、刚域、虚梁、虚柱、虚板等。

3.4.1　虚梁、虚板、虚柱的概念及作用

顾名思义,虚梁是实际结构中不存在,仅为实现某种设计意图而在结构中布置的梁。虚梁在处理一些特殊建模问题时起很重要的作用。

1. 虚梁的概念及作用

在 PKPM 中虚梁特指截面小于或等于 100mm×100mm 的梁。虚梁的特点是无刚度、无自重、有导荷和围板功能。在结构设计过程中,虚梁有如下作用:

(1) 在板柱体系中,按主梁布置的虚梁起围板作用,为板提供边界条件。当结构设计模型中布置有虚主梁时,需要人工校核修改"砼施工图绘制模块",绘制由虚主梁围成的楼板配筋图。

（2）在"结构建模"中软件默认楼板荷载先传递到梁,之后由梁传递到柱。SATWE 在计算分析时,能自动过滤掉虚梁不让其参与结构分析,但认可虚梁的导荷和围板结果。在用 SATWE 计算板柱体系时,当设定楼板为弹性板时,虚梁为软件划分板单元起引导作用。

（3）在屋面有彩钢板或轻钢结构的玻璃采光顶、单层厂房排架设计时,虚梁与虚板结合,可以创建这些结构的替代模型,实现正确布置荷载和传载功能。

（4）楼板开洞较大不能布置实梁时（钢梁加固等情况）,可以布置虚梁实现围板并传载的功能。

2．虚柱的概念及作用

PKPM 默认高度小于 500mm 的柱为虚柱。当建筑主体有室外大楼梯或坡道,大楼梯和坡道梁较低一侧直接坐落在基础上时,由于 PKPM 不能把楼面梁的荷载直接传递给基础,因此可以在梁接地处布置虚柱。

3．虚板的概念及作用

在 PKPM 中,厚度为 0 的板为虚板。虚板可以布置荷载,有荷载传导功能,但不参加内力计算,"结构建模"绘制楼板施工图时,也不给虚板配置钢筋。

在设计无板屋面造型框架,使用彩钢板或轻钢结构的玻璃采光顶,单层厂房排架设计,楼梯间设计时,布置虚板可实现正确布置荷载和传载功能。虚板不同于整个房间开洞,整个房间开洞后洞口区域的楼面载荷也为 0。

楼梯间因为梯段板与楼板不同,在设计时也应把楼梯间的板设为虚板,关于楼梯间的处理,我们将在后面章节中详细讨论。

3.4.2 刚性梁、刚域的概念及作用

刚性梁和刚域能很好地协调结构模型和力学模型之间的差异,实现设计与分析的协调。

1．刚性梁

如果一个梁段的两个端点都在同一根柱截面内,则 PKPM 会把这根短梁转换为刚性梁。在 SATWE 的【特殊构件补充定义】中,可以将普通梁定义为刚性梁。刚性梁的特性为:

（1）刚性梁刚度无限大,自身没有变形,只随其所在的墙或柱做刚体平动和转动。"实例商业建筑"在①轴交⑥轴山墙外立面错位处,布置的两端全在柱子之内的刚性梁如图 3-20 所示。

（2）刚性梁无自重,可以布置附加荷载。刚性梁具有主梁的作用,同时还可以传递外荷载,可以围板导荷,但不参与图纸绘制。

（3）刚性梁可以用任意已有的梁截面布置。

（4）如果在 SATWE 的【分析结果图形和文本显示】中显示刚性梁超筋和承载力不够,可不用理会,在施工图中删除即可。

2．刚性梁的应用

以下情况可以在交互建模时布置刚性梁,正确完成导荷和计算。

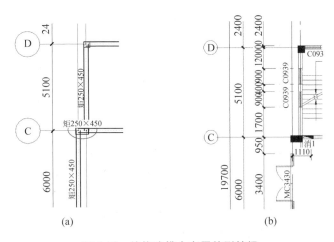

图 3-20　结构建模中布置的刚性梁

（a）结构布置；（b）建筑条件

（1）柱两侧梁偏心不相同时，可按建筑位置布置实梁，之后在两梁之间柱截面内布置刚性梁。

（2）不等高单层厂房、底层车库上部多塔、错层或错位转换结构，可能会有大截面柱上托变形缝两侧的两根小截面柱或梁的情况，此时可用刚性梁使它们联系起来，如图 3-21所示。

3．刚域

在"结构建模"中，如梁偏心后致使梁的实际位置与柱搁置网点发生偏位，程序为了使力学分析时仍保证柱梁间的传力关系，自动在梁端网点与实际偏心后所处位置的端点间附加一根刚性构件，在"结构建模"中这个由程序自动放置的刚性杆称为刚域，如图 3-22所示。

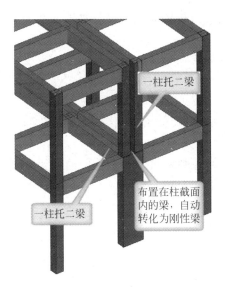

图 3-21　刚性梁举例

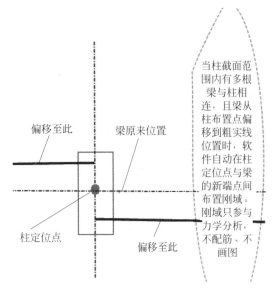

图 3-22　软件自动加刚域

刚域的作用与刚性梁类似,两者的区别是刚域是由软件自动施加的。如果梁偏心超出柱截面之外,建议布置悬挑实梁以承担柱外梁的载荷。

3.5 本章小结

本章我们学习了结构构件、非结构构件、特殊结构构件的甄别,以及它们在结构设计中的地位和作用;学习了虚构件的作用以及如何利用虚构件处理建模中的具体问题;了解了地框梁层、柱墩在设计中的应用;了解了上部结构嵌固端、嵌固部位及嵌固层的概念;学习了主次梁定义及主次梁设计方法;了解了协调扭转设计方法和扭转零刚度设计方法的原理;理解了结构模型中主次梁与施工图纸梁名称间的关联关系;掌握了"结构建模"自动围板的原理及 PMCAD 房间的概念及作用等知识。

本章内容为后续继续学习结构建模的基本方法和操作做了必要的准备。

思考与练习

思考题

1. 请解释上部结构的"嵌固端""嵌固层"及"嵌固部位"的概念。请解释"强柱根"设计、"弱柱根"设计的具体含义。

2. 请说明框架结构考虑基础方案时上部结构建模方案有哪几种? 都有何特点?

3. 请简要说明一下在《16G1010-1 图集》中规定的框架梁和非框架梁端部钢筋锚固构造。

4. 扭转零刚度设计方法和协调扭转设计方法的主要思想是什么? 在 PKPM 中如何体现这两种方法? 你更倾向于哪种设计方法? 请说出具体的理由。

5. 请说明什么是"虚梁""虚柱""虚板""刚性梁""刚域",并简述一下它们的用途。

6. 在用 PKPM 设计混凝土结构时如何处理圈梁、过梁和构造柱? 规范对填充墙和女儿墙中的圈梁、构造柱设置有何规定?

7. 什么是剪力墙边缘构件? 哪种剪力墙边缘构件需要在建模时输入? 哪些不需要在建模时输入?

8. 请说出什么是超限高层?

9. 请说出框支梁、框支柱、框支剪力墙、框架柱、异形柱、短肢剪力墙、框架梁、深梁、深受弯梁、短柱、超短柱的甄别方法及建模设计策略。

10. 拓展题:请说出什么是规则建筑结构,什么是非规则建筑结构? 它们的主要区别有哪些? 请查阅并说出《抗震规范》3.4 节关于不规则结构设计的规定。

第4章

结构建模基本方法及操作

学习目标

熟悉建模常用菜单及操作；

掌握结构设计参数确定方法，熟悉相应的规范条款；

掌握从 DWG 识别轴网和交互创建轴网方法，学会使用建筑衬图；

掌握"结构建模"软件的导荷原理，了解导荷修改操作；

掌握恒活荷载的统计及布置，了解异形板、斜板导荷原理；

掌握楼层组装的基本方法，了解广义层的作用；

掌握根据数据检查修改模型及模型恢复方法。

本章我们将通过软件操作、设计原理、规范条文和设计实例四条主线，介绍创建结构设计模型的方法和操作。这一章中的轴网定义、梁柱布置、荷载定义、楼梯楼板、楼层组装及模型检查修改是学习PKPM软件操作中比较重要的内容。

通过对本章的建筑结构建模方法和原理的深入学习，相信我们一定能快速掌握准确创建设计模型的方法。读者如果采用自学方式学习本书，可通过模拟本书实例工程，完成对PKPM的初步学习。

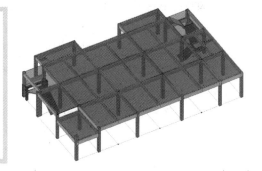

4.1 结构设计基本参数及结构方案的确定

通过前 3 章的学习，我们已经对结构建模过程中特殊构件甄别与处理方法、虚构件的运用、上部结构嵌固端和嵌固部位的判断、框架结构的地框梁层及柱下高脚墩设计时的强柱根及弱柱根设计、PMCAD房间等概念有了初步了解,下面我们将进一步深入学习PKPM操作及相关的CAD知识。

4.1.1 设计条件及建筑条件图举例

为了便于理解掌握建筑结构设计建模方面的知识和软件操作,本书在部分章节内容中将依托一个实际工程进行讲解,我们把此工程称为"实例商业建筑"。

1."实例商业建筑"简介

该工程为抗震设防烈度7度的某临海城市市区的商场建筑,依据业主设计要求,该商场为设计建筑面积约1600m²的三层建筑,其屋面采用部分双坡屋面形式,屋面坡度为0.5。图4-1为该建筑三维模型轴测示意图。

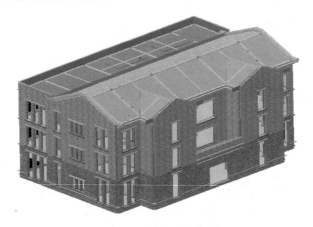

图 4-1 "实例商业建筑"的三维模型轴测图

2."实例商业建筑"的建筑做法及部分部位的构造

"实例商业建筑"的建筑图如图4-2～图4-5所示。限于篇幅,图4-2中忽略了各楼层建筑平面图的局部差异。"实例商业建筑"的建筑做法及部分部位的构造如下:

(1)外墙除注明外均采用200mm厚加气混凝土砌块,外墙面与柱面平齐。外饰120mm厚清水砖墙,清水砖墙与混凝土砌块间设35mm厚夹芯保温层。

(2)所有室内楼面均为10mm厚防滑砖地面,20mm厚1∶3水泥砂浆结合层兼找平,保温层为80mm厚聚苯板上覆铝箔。

(3)所有室内墙面为20mm厚混合砂浆,表面刷乳胶漆。

(4)所有室外墙面为20mm厚水泥砂浆找平+80mm厚聚苯板+20mm厚找平+10mm厚面砖。

(5)所有室内顶棚为刮腻子两遍+刷乳胶漆。

(6)所有窗均为铝合金6mm+12mm+6mm真空双层玻璃窗。所有室内门均为胶合板门,室外门为铝合金6mm+12mm+6mm真空双层钢化玻璃门。

(7)平屋面做法为20mm厚找平+最薄60mm厚水泥蛭石+20mm厚找平+3mm层改性沥青自粘卷材。

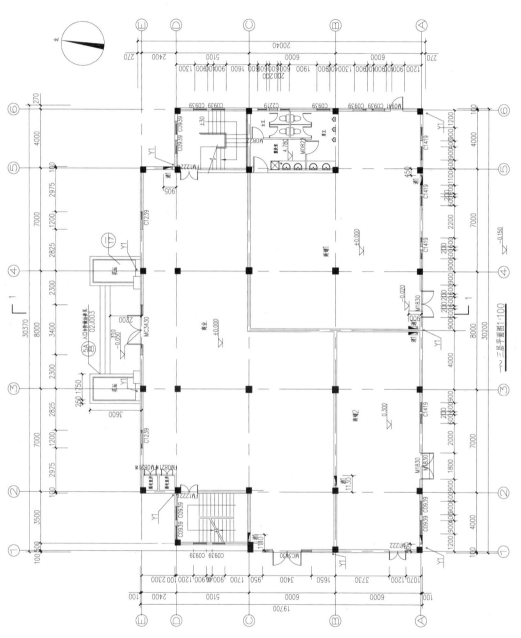

图 4-2 一～三层建筑平面图

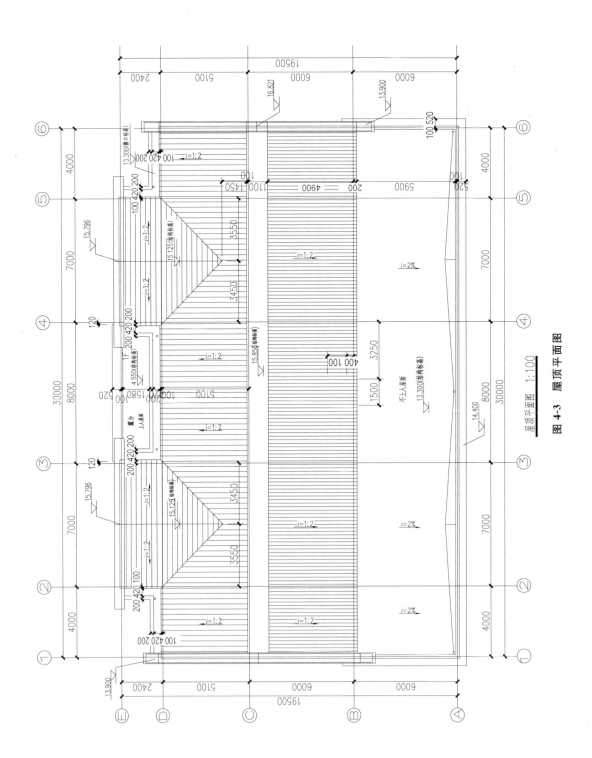

屋顶平面图 1:100

图 4-3 屋顶平面图

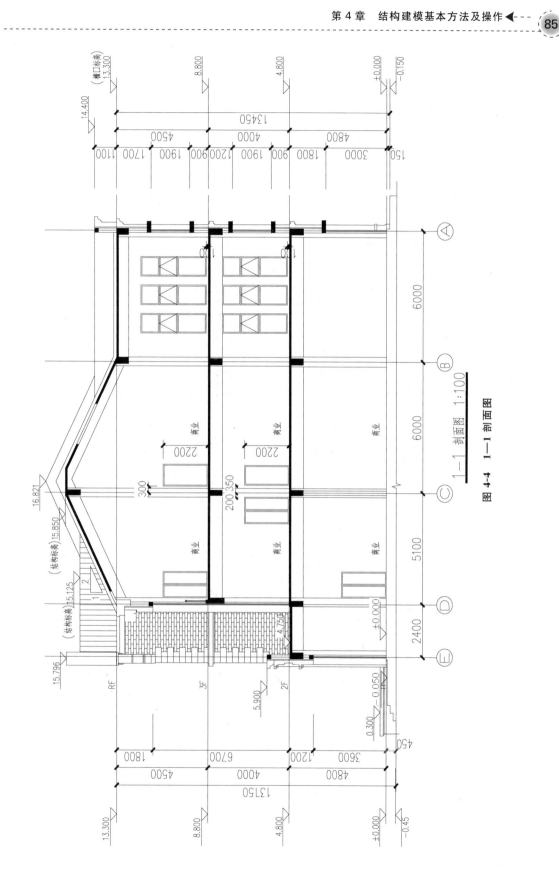

图 4-4　1—1 剖面图

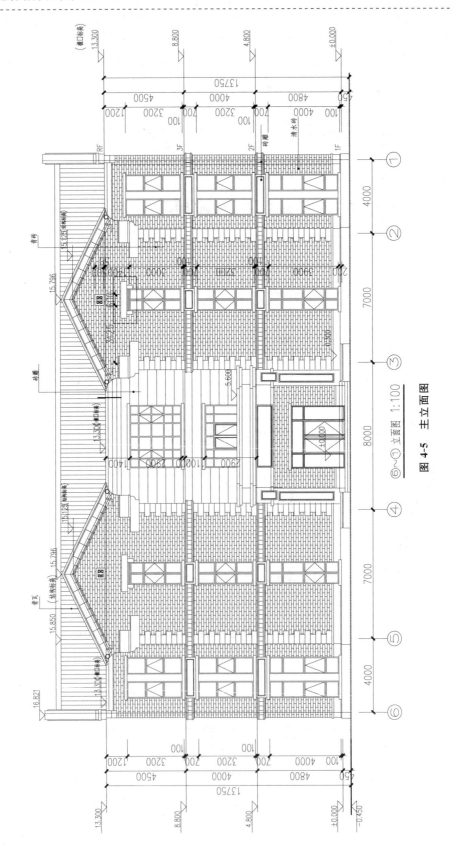

图 4-5 主立面图

（8）坡屋面做法为 20mm 厚找平＋60mm 厚水泥蛭石＋20mm 厚找平＋小青瓦屋面。

（9）所有加气混凝土填充墙与楼面或地面交接部位，下砌三皮粉煤灰砖。

（10）卫生间墙底设与墙同宽的、高 300mm 的 C20 混凝土止水台。卫生间排水采用层间排水方案，卫生间等有水房间楼面、地面均比相邻其他房间低 20mm。

（11）除坡屋面檐口外挑 370mm 外，所有山墙均采用高 300mm 的混凝土出屋面山墙，平屋面均采用女儿墙内天沟排水，女儿墙宽度为 120mm 机制砖砌筑，高 1100mm。

（12）地面采用素土夯实，C20 素混凝土垫层抹平，上铺 SBS 隔潮层一道，40mm 厚 C20 细石混凝土地面，8m×8m 分隔缝填建筑密封胶。

4.1.2　结构选型

依照结构设计的基本流程，在对"实例商业建筑"进行结构设计之前，首先要在仔细读识"实例商业建筑"已有的建筑条件图及建筑做法的基础上，进行结构选型及确定构件布置方案。

1. 选定结构类型

"实例商业建筑"拟采用现浇混凝土框架结构，结构楼盖拟采用现浇混凝土梁板楼盖。依据《抗震规范》第 A.0.13 条规定，"实例商业建筑"所在城市的抗震设防烈度为 7 度，设计基本地震加速度值为 0.10，该建筑屋脊结构高度为 15.85m，依据《抗震规范》表 6.1.1，小于规范规定的 7 度设防区框架结构的最大高度不能大于 50m 的限值，预测柱网介于 5～8m 间，适合采用框架结构。

依据《抗震规范》第 3.4.3 条，从建筑形体及其构件布置的平面初步判定该建筑结构平面为规则平面，竖向不规则性需要根据后续结构分析结果进一步判断。

"实例商业建筑"最大长度为 30m，《混凝土规范》表 8.1.1 中规定，钢筋混凝土结构伸缩缝最大间距（55m），可不设伸缩缝及其他结构缝。

2. 结构安全等级、设计基准期、抗震等级

依据《可靠度标准》第 3.2.1 条，确定"实例商业建筑"结构安全等级为二级，房屋设计基准期为 50 年，填充墙材料选用加气混凝土砌块。

该商场为小型商业建筑，人员不密集，依据《抗震设防分类标准》第 3.0.2 条，该建筑抗震设防类别为丙类。

依据《混凝土规范》表 11.1.2 和《抗震规范》第 6.1.2 条，"实例商业建筑"框架结构高度小于 24m，其所在城市地震烈度 7 度，故抗震等级为三级。

3. 混凝土标号、钢筋等级、混凝土保护层、砌体材料及砌筑砂浆

依据《混凝土规范》第 3.5.2 条，该建筑环境类别为三 a，依据《混凝土规范》第 8.2.1 条，"实例商业建筑"的梁柱混凝土保护层厚度取 40mm，混凝土现浇板保护层取 30mm。根据材料供应及结构受荷大小，初步选定框架结构梁板柱混凝土标号为 C35，钢筋全部采用 HRB400，满足《混凝土规范》第 4.1.2 条、第 4.2.1 条对混凝土标号、钢筋等级的规定。

依据《蒸养加气混凝土砌块》（GB 11968—1996），"实例商业建筑"的填充墙加气混凝土

砌块采用A3.5,重度不大于700kg/m³。依据《砌体规范》第3.1.1条,砌筑砂浆采用MU10干拌砂浆。

4.1.3 结构层数和结构标准层数的确定

结构体系及结构基本参数确定之后,下一步要做的工作是根据建筑方案确定结构层数和结构标准层数。

1. 结构建模时的结构层

从结构传力的角度来看,一个结构层的构件包括该层的竖向传力构件及这些竖向传力构件所支撑的水平结构构件,如图4-6所示。从图中可以看出,创建结构设计模型时,结构层所包含的信息不仅仅是该层的墙柱梁板构件,还包括作用在这些构件上的荷载。

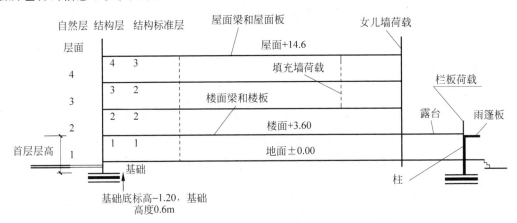

图4-6 划分结构层与结构标准层

2. 结构层数与建筑自然楼层数

这里所说的结构层数,是指在用"结构建模"所创建的结构设计模型的层数。

(1)当结构中有地框梁层时,在结构建模中地框梁层要按单独的结构层输入,这样结构楼层数就比建筑楼层数多出一个地框梁层。

(2)建筑有错层或空间关系不明确时,结构层与自然层数可能会不一致。但是,由于PKPM2010 V3.X具有夹层板布置功能,当创建有局部夹层建筑的结构设计模型时,可以不再像PKPM2010 V2.X那样必须增设一个结构层。

3. 结构标准层

对于具有多个结构层的建筑,可以把构件布置和荷载完全相同的结构层划分到同一个组,一个楼层"组"构成一个"结构标准层",结构建模时按结构标准层逐层创建结构模型。结构建模软件默认第1结构标准层为最先输入的楼层。

1)结构标准层的划分

在结构建模时,可以参考下面方法来划分结构标准层。

(1)首先看两个楼层的建筑平面图是否相同,判断柱墙等竖向构件能否采用相同的布置。如不能,则不能划分为一个标准层。

（2）再对这两个楼层的上一层建筑平面进行对比,如果相同,则表示可以采取相同的梁板布置方案,若不能,则同样不能划分为一个标准层。

（3）再继续对这两个楼层的上一层建筑楼面装修做法进行对比,若不同,则作用在楼板上荷载不同,也不能划分到一个标准层。

（4）最后在上面对比基础上,再对比这两个楼层的上一层建筑层高及墙面装修是否一致,若一致,则作用在梁上的荷载相同,最后可以确定这两个楼层可以划分为一个结构标准层。

2）结构标准层的划分规律

划分结构标准层时,可以参考如下规律。

（1）由于只有建筑的首层有雨篷等构件,尽管其建筑物内部平面可能与其他层一致,但通常首层构成一个单独的结构标准层。

（2）对于阶梯式建筑或有露台的建筑,不仅仅是最顶层有屋面,有屋面的楼层,通常也会构成一个单独的标准层。

（3）结构标准层数永远小于或等于结构层数,但对于复杂的建筑,结构层数不一定小于自然层数。

从图 4-6 所示的某建筑剖面示意图可以看出,该建筑总计有 4 个自然层,每一个自然层对应一个结构层。在假定其建筑平面、层高及建筑做法一致的情况下,第 1 自然层由于有露台和雨篷,其结构在此处的构件布置与其他层不同,应单独划分为第 1 结构标准层。第 2、3 自然层属于中间层,要比较作用在结构模型第 2、3 层梁及楼板上的荷载,所以需要对比第 3、4 自然层的建筑图,对比后发现,第 3、4 层中间隔墙在结构第 2、3 层产生的荷载相同,此两个结构层划分到同一组,即第 2 结构标准层。第 4 自然层为顶层及屋面,单独作为第 3 结构标准层。

对于各塔层高不同的多塔建筑或建筑空间构成比较复杂的体育场馆等建筑,其建筑自然层和结构层的对应关系就不会很清晰。在学习楼层组装时,我们将了解到"结构建模"2010 在楼层组装时引入了广义层概念,广义层能很好地解决楼层关系不明确等建筑的整体建模。使用广义层时,结构楼层与建筑自然层之间的关系就没有明确的一一对应关系,结构层数的多少取决于设计人员采用的模型搭建策略。

第 4.1.1 节给出的"实例商业建筑",地框梁层可以构成单独一个无楼板结构层,故其建筑自然层为 3 层,但结构层数为 4 层,每层各不相同,故需设置 4 个结构标准层。

3）结构标准层与施工图纸标注

结构标准层的划分仅仅是为了便于创建结构设计模型,而在施工图上标注图纸名称用到楼层序号时,不能用结构标准层,而是要按照工程常规方法表示,如自然层序号、楼层结构标高等。

4. "实例商业建筑"嵌固部位设计方案

根据地质勘查资料,初步选定"实例商业建筑"基础底标高为 $-1.8\mathrm{m}$,地基承载力为 $170\mathrm{MPa}$。假设依据《抗震规范》第 4.1.6 条及地质勘查资料(本书中地质勘查报告从略),由于该建筑基础位于地下水位以下,所以场地为二类场地。经过方案设计,采用柱下钢筋混凝土独立基础,基础高度预定为 $600\mathrm{mm}$。

"实例商业建筑"初步确定采用地框梁层,地框梁顶标高为-0.05m,布置方案待定。由于室内回填土及室内钢筋混凝土地面对处于-0.05m以下的柱有一定的约束作用,拟在后续SATWE分析设计时采用多模型包络设计,创建的设计模型嵌固部位一个设置在基础顶,一个设置在地框梁层顶。因为嵌固端定义属于SATWE环节的操作,其他方面两个结构模型完全一致,在本章后续内容中不再重复叙述多模型建模内容。在结构分析和绘制施工图阶段,如何进行多模型设计绘图及手工校核,将在后续章节中予以讨论。

5. 结构模型的首层层高、层底标高、构件标高

标高有绝对标高和相对标高之分。我国是把黄海平均海平面定为绝对标高的零点,其他各地标高以此为基准。任何一地点相对于黄海的平均海平面的高差,称为绝对标高。施工图上标高单位为m,一般要精确到小数点后3位。

1)绝对标高和相对标高

在一栋建筑的总平面图上,应该给出该建筑±0.000标高对应的绝对标高,这样才能保证建筑的水电暖能正常接入城市市政管网,如图4-7所示。有时绝对标高与相对标高对应关系在建筑施工图的总平面图说明中给出,一般都含有"本工程一层地面为工程相对标高±0.000m,绝对标高为36.550m"。

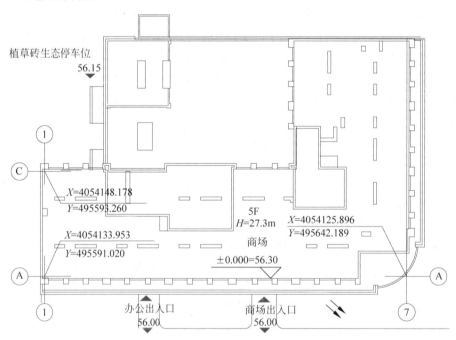

图4-7 某项目建筑竖向、水平定位图

在总平面图之外的其他施工图上的标高标注通常采用的是相对标高。当图纸上给出的二层地面建筑高度为+4.500m,就表示二层地面比一层地面±0.000m高出4.500m,亦即一层的建筑层高为4.5m。

在进行建筑结构设计建模时,必须仔细阅读有关建筑设计条件,结构施工图也要依照既定的建筑标高系统,注明正确的结构标高。

2）结构标高和建筑标高

标高分为建筑标高和结构标高。在结构施工图上标注的标高是结构标高。结构标高是指所标注的结构构件完成施工后的最终标高。在本节后面我们所讲的标高如果没有其他特殊说明则皆指结构标高。

3）同一楼层的构件有多个结构标高

当一个楼层有多个标高时,我们需要选择一个基准层高。一个楼层卫生间板顶标高通常要低于其他房间,对于这种情况首先要根据大多数楼板的位置设置一个基准层高,再通过设置卫生间楼板相对本层基准层高的高差,即可达到准确建模的目的。如果楼梯间的平台板及平台梁与外墙窗户或外纵墙上的框架梁与外墙窗户冲突,由于建筑外观不能改变,故需要修改楼梯间平台板及梯梁的布置,或者调整楼梯间外纵墙上框架梁的标高。

在结构设计时,如果建筑楼面标高一致而楼面建筑做法厚度不同,则需要根据做法厚度,逐间调整板顶的标高。

4）同一个自然层有多种板厚时

板厚不同而板顶标高一致时,应采取板顶平齐的方法进行设计。在设计时,要尽量通过合理的梁布置使得板厚相同,以便于施工。

5）层底标高、层顶标高、各层层高

结构模型中结构的首层层底标高是指基础顶标高。层顶标高通常指本层绝大多数楼板顶及梁顶标高,结构标高为建筑标高减去楼面装饰构造层厚度之后的标高。

首层结构层高是本层层顶标高与基础顶标高的差值,其他结构层的层高是本层层顶结构标高与下层层顶结构标高的差值。坡屋面结构的层高是个变化量,在建模时需确定一个名义层高,之后调整梁或柱顶标高来实现建模。

表 4-1 所示内容为考虑建筑做法厚度后的"实例商业建筑"首层层底标高、各层层高。

表 4-1　"实例商业建筑"结构层号与标准层号、结构层高与层底标高

建筑自然层	结构层	标准层	首层为基础顶,首层以上的层底标高(建筑标高－建筑做法厚度)/m	结构层高(本层结构顶标高－下层结构标高)/m	楼面做法厚度/m
基础顶～－0.05m	1(地框梁层)	1	－0.05	－0.05－1.2＝1.15	—
1	2	2	4.8－0.14＝4.66	4.66－(－0.05)＝4.71	0.14
2	3	3	8.8－0.14＝8.66	8.66－0.14＝4.00	0.14
坡屋面顶	4(坡屋面)	4	13.3	(第 4 章介绍)	—

在设计建模阶段,有的设计人员为了提高效率,往往忽略楼面建筑做法厚度变化,二层以上结构层高近似按建筑层高计算,造成的误差通常在允许范围内,但是最后施工图标注标高时,必须仔细核对构件标高标注和钢筋配置。

4.1.4　设计参数、本层信息定义

当结构方案及结构参数选定完毕,在交互输入构件前,我们可以先在"结构建模"默认当前结构标准层的本层信息和全楼设计参数,本层信息用来定义自动生成楼板的厚度、各类构件的混凝土标号、钢筋类别。

1．定义本层信息

单击【常用菜单】或【构件布置】菜单面板的【本标准层信息】按钮，弹出如图 4-8 所示对话框，如其中的信息数据不需修改，可直接单击【确定】退出。

在本层信息对话框中的【本标准层层高】仅为交互建模用于轴测显示所建模型时的显示柱高，真正用于计算分析的层高是在楼层组装中定义的。

在"结构建模"创建模型时，【本标准层信息】菜单常常被初学者忽略，这样可能会导致后面其他模块运行时出现错误信息。此时输入的钢筋类别信息将传递给后续的分析设计模块 SATWE。

2．设计信息

单击【常用菜单】或【结构楼层组装】菜单面板的【设计参数】按钮，弹出如图 4-9 所示对话框，按照前面所述方法确定设计参数并修改后，单击【确定】退出。在 SATWE 软件中，还可以对地震信息、风荷载信息等参数进行详细的设置。

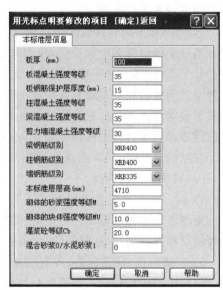

图 4-8　本层信息输入

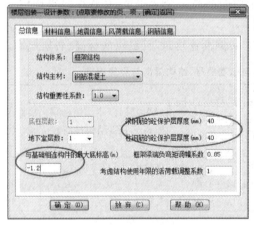
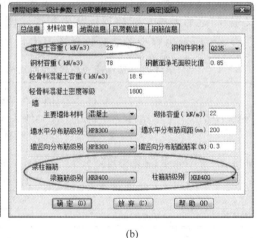

(a)　　　　　　　　　　　　　(b)

图 4-9　设计信息输入

(a) 总信息；(b) 材料信息

1）混凝土重度

"结构建模"能根据用户输入的混凝土重度，自动计算梁柱构件自重。为了简化荷载输入工作量，可把混凝土重度定为 $26 \sim 27\mathrm{kN/m^3}$，这样就不再需要单独输入梁柱表面抹灰或装饰做法重量了。实际设计时，可根据对象工程装修情况，自行测算包括装修层的混凝土净截面重度。

2）结构重要性系数

"实例商业建筑"安全等级为二级,依据《混凝土规范》第 3.3.2 条,结构重要性系数为 1。

3）基本风压、地面粗糙度

"实例商业建筑"设计基准期为 50 年,依据《荷载规范》表 E.5,基本分压为 $0.55kN/m^2$。依据《荷载规范》第 4.2.6 条,该建筑位于市区,地面粗糙度为 C 类。

4）地震信息

地震信息包括地震烈度、框架抗震等级等,由相关规范确定即可。"实例商业建筑"所在城市地震烈度为 7 度,场地类别假定为二类,依据《抗震规范》,其框架抗震等级为三级。振型数量通常取楼层数的 3 倍。

5）与基础相连的最大底标高

与基础相连的最大底标高通常取最大的基础顶标高即可。设计半地下室或建造于坡地上的建筑时,应特别注意此参数的设置。

6）钢筋种类选择

通常情况下,受力较大的构件如大跨度的梁、板构件,框支梁、柱构件,约束边缘构件等,宜采用 HRB400 钢筋;钢筋混凝土结构中的二级结构构件,如构造柱、圈梁以及次要的非结构构件,钢筋可采用 HRB335 钢筋。"实例商业建筑"框架梁柱及楼板钢筋皆选择为 HRB400 钢筋。

7）考虑结构使用年限的活荷载调整系数

《荷载规范》第 3.1.3 条规定可变荷载标准值为 50 年设计基准期。如果设计年限不是 50 年时,可按《荷载规范》表 5.2.5 调整。

设计信息中的其他参数在前面已经进行了讨论和叙述,在此不再赘述。

4.2 定位轴网建模方法及交互识别操作

在选定了结构体系,确定了结构的主要设计参数以及楼层划分关系之后,即可进入具体的结构建模环节。

4.2.1 轴网的基本概念及作用

依照"结构建模"的建模操作顺序,创建结构模型的第一个操作环节是建立轴线及网格系统,简称轴网。下面首先学习了解轴网的一些基本知识。

1. 定位轴网的基本概念

轴网是由多根网线交汇而成的结构定位系统,轴网系统不仅是结构建模时布置梁墙柱等结构构件的定位依据,而且也是"结构建模"生成力学分析模型的重要基础,结构模型的各个结构层应使用竖向位置相互对应的网线,这样才能确保上层结构荷载传递和受力分析的准确性。完整的轴网包括网线和网点、轴线和定位尺寸等内容。

在"结构建模"中,由于轴网系统起着关键的定位和索引作用,故创建轴网系统是创建结构模型的第一步操作。

2．网线和网点

1）建模时起定位的作用

在"结构建模"中网线默认颜色是红色，网点默认颜色是白色。并不是所有网线的交汇点都会自动产生网点，网点的产生与网线的绘制方式有关。

在"结构建模"中，梁、墙、水平分布的线荷载等布置在网线上，柱、节点荷载布置在网点上。可以有空余的网线和网点。

2）向施工图软件传递尺寸数据

网线和网点是模型数据的一部分，其在"结构建模"图形区的显示位置、颜色、字体大小仅用于交互建模，与最后施工图纸的绘制效果无关。绘制施工图时，绘图软件会依照"结构建模"传递过来的网格数据及轴线编号，依照设定的绘图参数，在施工图上绘制轴线和尺寸线图形。

3）网线和网点在力学模型中起索引定位作用

"结构建模"对各层网线及网点有一个特定的编码规则，"结构建模"生成力学分析数据时，将依据该编码规则向力学分析模块传递构件定位索引数据。

3．PKPM 的轴网与建筑轴线的关联与区别

轴网不是单纯的建筑轴线，它与建筑施工图上的轴线既有关联又有区别。轴网与建筑轴线的区别如下：

（1）结构轴网的轴线编号务必与建筑图等一致，否则在施工图上容易引起歧义。

（2）建筑、结构各专业图纸要用同一个轴线编号系统，如规划图、建筑施工图和结构施工图同一轴线号对应的位置必须一致。

（3）在绘制结构施工图时，如果既有的建筑图上的轴线不能满足结构定位要求，可以添加分轴线，如在①轴与②轴间命名新的轴线，则应按分轴线命名规则进行命名。

4．轴线网格在 PKPM 软件中存储方式及对设计操作的影响

"结构建模"每个结构标准层采用如图 4-10 所示的相互独立的轴网系统，保证了建模数据的稳定性。

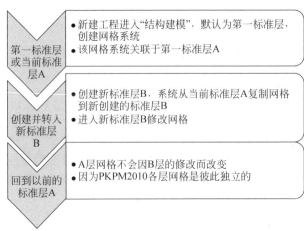

图 4-10　结构标准层间网格关系示意图

5．初学者需要注意的问题

初学者在创建轴网系统时，要注意下面问题：

（1）不要在初始网格尚未完全确定的情况下，急于创建其他结构层。因为其他结构层一旦创建，即拥有了独立的网格，一旦网格需要修改，则需逐层重复进行修改或需删除过早创建的楼层。

（2）创建新的楼层，一定要选择已有楼层的网格作为参考网格，不要通过【正交轴网】等另行创建新楼层的网格系统，否则会造成结构上下层间竖向构件错位或构件不连续，导致创建模型错误乃至失败。

4.2.2　确定轴网方案及轴网交互输入

创建轴网系统时，要统筹考虑建筑施工图已有的轴线、结构构件布置定位需要，以及构件间力学关联关系。

1．定位轴网的确定

建立轴网的目的主要是为了建立构件的定位系统，到底需要什么样的轴网只与结构的布置方案有关，需要在上机之前仔细分析各层建筑条件图，确定结构布置预案，构思好轴网系统的构成方案。

进行上机设计练习，必须要有较正规的建筑设计图纸，用凭空想象的建筑方案做结构设计，是学不好也学不会建筑结构 CAD 的。当然，若有的初学者开始想对 PKPM 操作过程有个整体感性认识，可以先根据本书的软件操作内容完成一个假想的简单结构设计，之后再回过头来细细品读本书的其他内容。

2．用人机交互方式创建正交轴网系统

"结构建模"创建轴网系统的方式有两种，一个是利用 DWG 建筑图交互识别轴网，另一种是采用人机交互输入方式创建轴网系统。我们先学习人机交互输入轴网的操作。

1）交互输入轴网的步骤

由于一栋建筑有多个房间，房间有开间和进深，框架结构梁柱构件构成了这栋建筑结构的骨架，这些梁柱构件需要布置在网格系统的网格线和网点上。这些网格线和网点组成了一个一个的网线组，这些网线组可以通过【正交轴网】和【圆弧轴网】分批输入。多次使用【正交轴网】【圆弧轴网】可拼装出复杂的轴网组合，之后可通过【轴线命名】更改轴线名，再用单线操作修补网格。也可以输入小一点的【正交轴网】，选择合适的基点补充输入轴网细节。

2）正交轴网的输入

单击"结构建模"中【常用工具】或【轴线网点】面板的【正交轴网】按钮，弹出图 4-11 所示【直线轴网输入对话框】，按照建筑图以及需要布置梁柱的开间及进深输入数据。

在完成开间、进深定义后，按住鼠标的滚轮，对对话框预览窗口中的轴网预览图形进行缩放或平移。

勾选对话框的【输轴号】选项，输入起始轴线号后，系统会在自动创建的轴网上编排轴线编号。在输入多组网格组成复杂网格平面时，可单击对话框中【改变基点 X】按钮，在输入的网格轴四个交点间切换网格搁置基点。

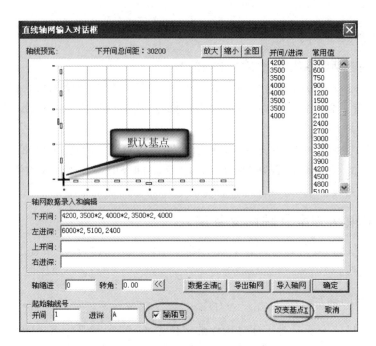

图 4-11　直线轴网输入对话框图

开间、进深尺寸输入完毕,单击【确定】按钮,把输入的轴网放置在屏幕图形区任一点即完成了此组网格的输入。输入网格组后,单击【轴线网点】面板的【轴网隐现】按钮 轴线隐现,即可显示输入轴网的轴线编号及尺寸标注,如图 4-12 所示。

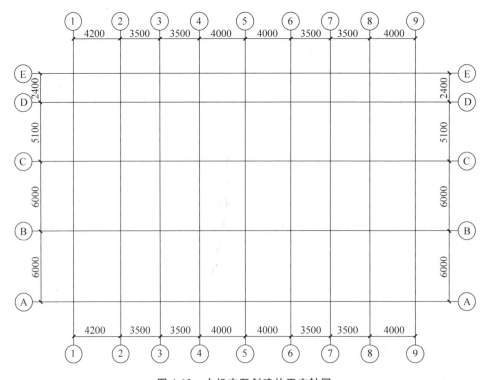

图 4-12　人机交互创建的正交轴网

3）圆弧轴网的输入

单击【圆弧轴网】，弹出【圆弧轴网】对话框，如果在对话框中把内径设为非零值，则圆弧轴网变为扇形。如果圆弧轴网的第一条径线与正 X 轴有夹角，则在对话框的【旋转角】编辑框中输入相应的角度即可，角度值逆时针为正。单击图 4-13 所示对话框的【确定】按钮，弹出图 4-14 所示对话框，通过选择对话框不同的勾选项和输入延伸长度，可以绘制不同形式的全弧轴网和正交圆弧轴网。

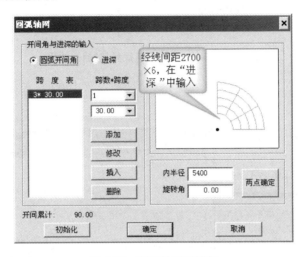

图 4-13　圆弧轴网对话框

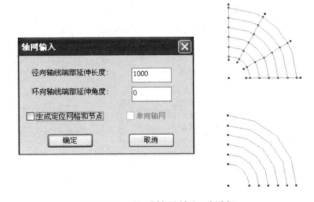

图 4-14　圆弧轴网输入对话框

圆弧轴网中的弧形网格线不能自动命名轴线，也不能交互定义轴线名。径向网格可以通过交互方式命名轴线号。

4）椭圆网格问题

目前，“结构建模”尚不能创建椭圆形网格，如果要交互输入椭圆形网格，可以通过单根弧线或单根直线网线方式绘制近似的椭圆网格。

5）单根网线输入

单根网线用来输入网线组中局部少量的网线段。在输入直线、平行直线、折线、圆弧时，程序会自动弹出【设捕捉参数】对话框。端点捕捉始终默认开启，如图 4-15 所示。

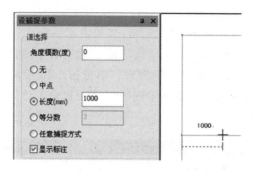

图 4-15　单根网线【设捕捉参数】捕捉效果

如果需要同时输入多条单根网线,也可以通过输入较小开间、进深的网格组来实现,如图 4-16 所示。

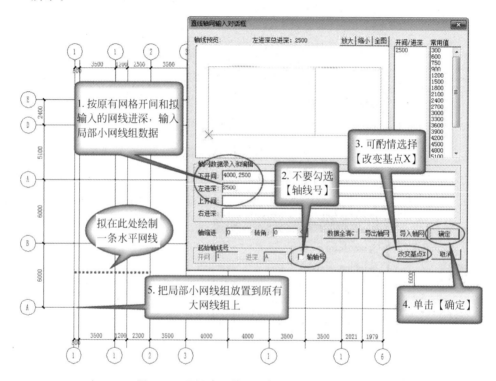

图 4-16　用网线组输入局部多根或单根网线

6）人机交互创建复杂网格

在实际设计过程中,有的建筑平面呈凹凸形、蝶形、Y 字形等复杂形态,此种情况下可以把建筑平面划分成多个正交、圆弧网格的组合。可以通过创建不同的网格组,并选择适当的插入基点,来组建复杂的网格。

当在已有的网格上找不到合适的插入点时,可以用 2.5.5 节介绍的"相对坐标输入"方法来进行定点操作。

7）轴线命名操作及作用

轴线命名可以用来对成组网线命名,也可以对单根网线命名,还可以用来修改已有的轴线名称。命名轴线需要在绘制细部轴网之前进行,这样在绘制细部时就可以做到快速准确定位。

成组命名轴线操作过程是:单击【轴线命名】菜单,按命令行提示按"TAB 键"进入成批命名状态,鼠标选择某个方向的某条轴线,软件会自动捕捉到与该线平行的其他网线("结构建模"此时需要滚动一下鼠标中间滚轮,可以看到选中的轴线变为黄色)。此时程序在命令窗口提示用户从已选择的网线中剔除不需标注轴线的网线(用户选择后,中间滚轮滚一下,可以看到选择后的图形效果),若没有或剔除了不需标注轴网的网线后,则按"ESC 键",再输入起始轴线名即可。

由于"结构建模"具有轴网自动命名功能,通常可以通过自动命名创建轴线名,之后再对轴线进行单独命名修改。不需要命名的轴线,可以通过【轴线命名】键入"空格"变成空轴线;或单击【轴线网点】菜单的【删除轴线】后,再选择轴线所在的网线(注意不是单击轴线号),来删除该轴线号。

8)误操作时的回退操作

PKPM2010 V3.X 的"结构建模"在进行网线及轴线操作时,提供了退回本次结构建模之前操作的回退能力,误操作时可通过回退操作退回到前面的正确状态。

3．对轴网的编辑修改

在"结构建模"中,轴线默认用暗红色显示,网线用鲜红色显示。需要注意的是,网线及轴线编辑操作需要捕捉操作对象时,都是对鲜红色网格线和白色网点操作。

网格的编辑菜单是【轴线网点】面板上的【平移网点】【删除轴线】【删除节点】【删除网格】等,如图 4-17 所示。

图 4-17　轴网编辑 Ribbon 菜单

【归并距离】用来按用户设定的最小间距自动合并靠得较近的网点,此操作要慎用。

【节点下传】【上节点高】【节点对齐】在梁托柱、墙上柱、错层坡屋面中会用到。如上层柱对应的下层墙在柱位置处没有节点,通过节点下传,程序会在下层墙中对应上层柱位置增加一个网点并把该墙断开,这样上层柱就可以通过断开后墙的节点实现力的下传。在退出"结构建模"时弹出的【请选择】对话框中勾选【生成梁托柱、墙托柱节点】,系统会自动进行检查并进行节点下传。通常【节点下传】可以处理梁托柱、梁托墙、梁托斜杆、墙托柱、墙托斜杆、斜杆上接梁等情况。

4．网格与轴线的【图素编辑】与【快速复制】

【图素编辑】与【快速复制】菜单面板如图 4-18 所示。【图素编辑】与【快速复制】各项操作的对象捕捉均有如下四种工作方式:目标捕捉方式、窗口方式、直线方式和围栏方式。

图 4-18 【图素编辑】与【快速复制】菜单

四种方式间可用"TAB 键"切换。PKPM2010 V3.X 的"结构建模"新增加的这部分操作方式类似 AutoCAD,但是比 AutoCAD 更加简洁高效,初学者在操作时只要按照命令行提示进行操作即可,在此我们对这些操作不再一一赘述。

4.2.3 利用 DWG 建筑图交互识别轴网

在实际设计过程中,由于结构施工图设计阶段建筑方案已经基本确定,所以我们可以利用"结构建模"的【常用菜单】面板的【DWG 转模型】来实现轴网的自动识别。

1. 轴网识别前对建筑平面图进行整理

在建筑平面图基础上进行轴网及构件识别之前,通常需要对建筑图做如下整理补充:

(1) 要把保存在同一个 DWG 文件中的多个楼层的建筑平面图,分开保存到一个个独立的 DWG 文件中,否则 PKPM 会识别 DWG 文件中所有楼层的网格,影响后面的建模。

(2) 在识别前,用 AutoCAD 对建筑平面图 DWG 文件进行必要的整理,删除不需要的建筑元素(如家具等),整理图形元素所属的图层,把要识别的不同内容归类到各自的图层内,以方便"结构建模"的识别转化。

(3) 在利用建筑图识别轴网之前,可以根据结构构件的布置情况,预先在建筑 DWG 文件中的轴线图层补充绘制用于布置结构构件的轴线。

(4) PKPM2010 V2.X 读入的 DWG 文件必须是 R2004 以前版本,PKPM2010 V3.X 可以读 R2007 以后的 DWG 版本。PKPM2010 V2.X 不能识别 DWG 文件中的轴网和轴线图块,而 V3.X 则没有此限制。

(5) 如果是其他 CAD(如天正建筑)加密了的图纸导致 PKPM 不能正常识别,可通过 AutoCAD 的【修复】命令打开加密图纸,之后用动态块编辑"TCH_PR"图块,从块编辑器中复制图形后粘贴到新文件。退出 AutoCAD 的块编辑器后,删除原有的加密图形,保留新复制的图形即可。

2. 新工程从 DWG 建筑图中交互识别初始轴网

如果有建筑施工图 DWG 文件,可以依照下面操作顺序,从 DWG 文件上识别网格及轴线。下面介绍其具体操作过程:

(1) 直接单击【常用菜单】面板的【DWG 转模型】按钮,进入【提取 DWG 到结构模型】界面,界面菜单如图 4-19 所示。

(2) 单击【装载 DWG 图】按钮,通过系统弹出的【选择文件】对话框选择并打开要装载的 DWG 文件之后,"结构建模"会在图形区显示打开的 DWG 文件。滚动鼠标滚轮,适当缩放打开的建筑图。

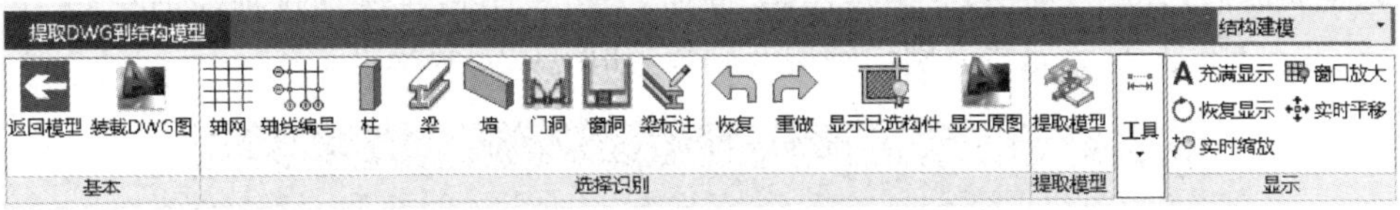

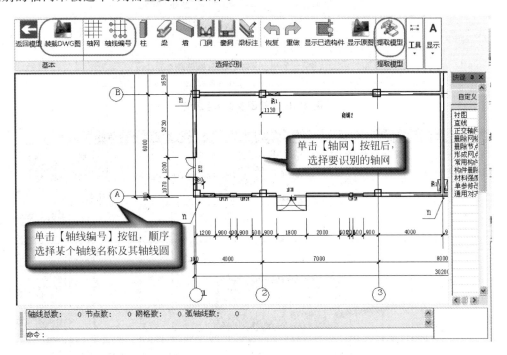

图 4-19　【提取 DWG 到结构模型】界面

单击图 4-20 所示界面的【轴网】按钮,用鼠标选择所打开的 DWG 某个要识别的轴线后,与该轴线在同一图层的其他网线即显示为蓝褐色。再单击【轴线编号】按钮,选择该轴线名和圆圈后,与该轴线名和圆圈在同一个图层的图线显示为蓝褐色。此时一定要注意,识别轴线编号时,一定要先选中轴线名,再选择轴线圆,并要确定两者都被选中,否则将来识别出来的轴网系统会没有轴线和尺寸线。滚动鼠标滚轮缩放 DWG 建筑图形进行检查,若有要识别的轴网未被选中,则需重复前面操作。

图 4-20　从 DWG 建筑图识别出来的轴网

对于框架结构,如果 DWG 文件已绘制了框架柱,则可以单击【柱】按钮,再选择要识别的框架柱。由于框架结构中梁的布置往往与建筑平面图中分割房间的墙体布置并不一致,通常不要通过建筑图识别梁构件。

对于砖混结构,可以单击【墙】【门洞口】【窗洞口】识别承重墙。框架结构不能进行填充墙识别。

(3) 选中所有要识别的网线和轴线名后,单击【提取模型】,系统弹出图 4-21 所示对话框。如果只识别轴网操作,可直接单击对话框的【确定】按键,此时一定按照命令窗口提示,依次在识别的轴网上选择基点,给定轴网旋转角度(角度为 0 时直接单击鼠标右键)。再在屏幕窗口中选择轴网放置点(通常选择屏幕显示坐标系图标的原点),即可完成轴网识别操作。

轴网识别完成后,系统自动回到"结构建模"界面。单击"结构建模"的【轴线网点】菜单面板的【轴线隐现】按钮,显示完整识别的轴网及轴线,如图4-22所示。

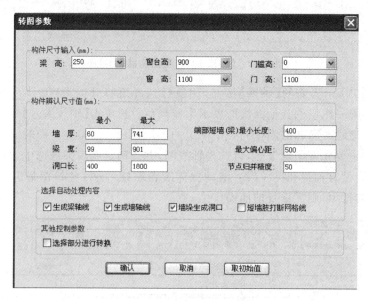

图 4-21   【转图参数】对话框

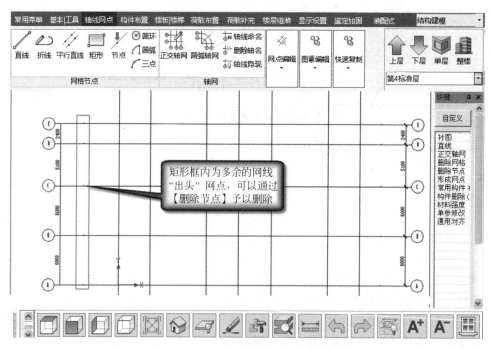

图 4-22   识别的轴网及轴线名称

3.多个标准层网格的识别

如果两个楼层之间轴网相差甚远,需要按照如下操作对新的结构标准层所用轴网重新识别。

（1）添加新标准层：单击"结构建模"界面右上角【工作状态及楼层转换】下拉框的【添加新标准层】后，勾选【只复制网格】，"结构建模"会把既有标准层的网格自动复制到新标准层。

（2）删除从参考结构标准层自动复制过来的轴网：单击【轴线网点】面板的【删除节点】按钮，按"TAB 键"把光标转换为十字光标，在图形区用鼠标按窗口选择方式选择已有的所有网格点，删除所有既有网格。如果不删除原有网格，后面新识别的网格会与已有网格叠加，用户可根据具体情况决定是否删除既有的轴网。

（3）装载 DWG，读入新楼层对应的 DWG 文件，进行轴网识别。识别轴网后，选择的轴网基点和轴网放置点一定要慎重，以保证上下楼层的竖向构件能上下对齐。如果从建筑原图图线中找不到上下楼层对齐点，则可在 DWG 建筑上绘制用于上下层对齐的辅助对齐定位图线，识别时一并把辅助对齐定位图线识别进来。

4. 自动识别轴网的编辑修改与细化补充

由于对 DWG 文件进行识别前的整理工作很难做到尽善尽美，所以在自动识别轴网之后，一般需要对网格进行编辑修改和细化补充。由于建筑图的轴线一般会绘制到建筑物外面，所以识别的轴网出头需要通过网点予以删除。另外，只有在构件布置阶段才能考虑到轴网系统的一些细节，故轴网的细化补充工作可以在构件布置阶段根据需要进行。

依照前述的从 DWG 底图识别轴网操作，我们得到图 4-23 所示的"实例商业建筑"轴网系统。

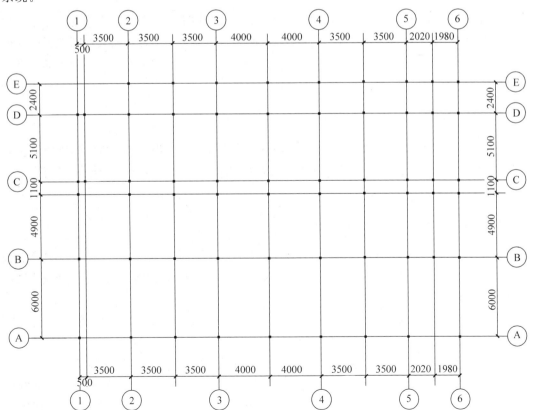

图 4-23　"实例商业建筑"的轴网

4.2.4 定位网格对力学模型的影响

在 SATWE 等计算分析软件对结构进行分析设计时,分析软件首先要依据"结构建模"传递过来的分析模型数据,创建刚度矩阵 K 和荷载列阵 R。轴网是结构分析时形成刚度矩阵 K 和荷载列阵 R 的关键。

以图 4-24 为例,在某工程中,柱是梁 a、b 的共有支座,亦即梁 a、b 刚接于柱。在创建结构模型时,我们往往会不经思考就把梁 a 的一个端点布置在 1 号网点,梁 b 的一个端点布置在 2 号网点,框架柱也布置在 2 号网点,这样得到的模型轴测图貌似与实际完全吻合。但是通过 K、R 可知,内力分析时梁 a 在 1 号网点处会成为悬臂端,分析结果将出现与结构实际受力严重不符的情况。

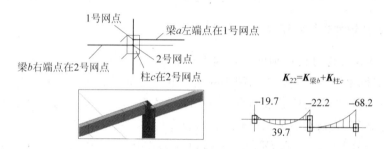

图 4-24　力学模型与实际结构受力不吻合

这样与实际结构工作状态不吻合的分析结果会给结构带来危险。这是因为在力学模型中,构件间的力学关系是通过其端节点发生的,而和它截面范围内覆盖的其他网点没有任何力学关系。那么,在结构建模时应该怎样处理才能使结构模型、力学模型和结构实际工作状态一致呢?

1. 首先要尽量避免网点密集的情况

当建筑平面构成情况比较复杂,或采用 DWG 识别方法创建轴网模型时,往往会出现某个位置网格点比较密集的情况,此时应综合考虑构件布置及构件间的传力关系,采用交互方式删除无用的网格点和网线。

2. 在了解软件功能基础上合理建模

在后面的构件布置章节里,我们将详细讨论"结构建模"在对构件偏心、柱包短梁等结构向力学模型转化时所做的特殊处理。随着对这些内容的学习,我们将更深入地理解轴网、网点、构件与力学模型之间的关联关系。

当实际结构出现图 4-24 所示的构件关系时,"结构建模"能够提供几种比较有效的解决方案。图 4-25 所示构件布置是其中一种。

在梁 b 和柱 c 布置不变的情况下,首先把梁 a 布置在 2 号网点,之后偏移梁 a 到 1 号网点。当梁 a 从 2 号网点偏移到 1 号网点后,"结构建模"会自动在 1-2 节点间附加一个刚性件,从而使梁 a 能通过该刚性件直接刚接在柱 c 之上。此方法仅是用"结构建模"处理较复杂结构平面的一种,它实现了构件物理位置、结构实际受力与力学模型的协调。后面我们会

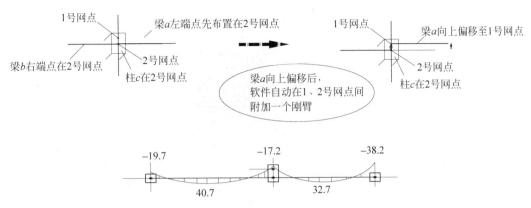

图 4-25　实现力学模型与实际受力一致的梁布置方案

详细叙述这些方法,在实际设计中要依据结构情况灵活选用。

　　轴网系统创建完成后,即可着手进行结构构件交互输入操作。一个结构设计模型大多有多个结构标准层,在不同标准层之间,到底是先完成某个楼层的轴网及构件输入再转入其他楼层,还是先逐层创建轴网再切换楼层进行构件输入操作,可以结合具体工程情况酌情选择。

4.3　梁柱墙建模方法与建模交互操作

　　当前结构标准层轴网创建完毕后,即可进行该标准层构件交互输入操作。“结构建模”提供了丰富的构件输入、编辑、查询等功能,可以很方便地实现构件的输入。

4.3.1　梁柱构件布置与编辑

　　在“结构建模”中,可以通过【常用菜单】中【构件布置】面板的【常用构件布置】按钮,或【构件布置】面板上更丰富的多种构件布置按钮,进行构件人机交互输入。对于梁、柱、墙及墙洞口布置,不论单击【常用菜单】的【常用构件布置】按钮,还是单击【构件布置】菜单的【梁】【柱】【墙】构件按钮,都会弹出如图 4-26 所示的构件布置停靠面板,通过单击该面板上的不同构件类型标签,可以进行不同构件的布置。在此需要再次提醒初学者的是,创建框架结构设计模型时不能输入填充墙。

1. 主梁、柱、墙构件输入停靠面板功能

　　通过单击停靠面板上的【增加】【修改类型】【修改参数】【删除】【复制】【清理】【显示】【组名】【布置】【拾取】按钮,可以完成对截面的增加、删除、修改、复制、清理等管理、显示工作。

　　面板的上部提供了每类构件的预览图,鼠标左键单击已定义的构件列表每一行时,预览图会显示选中构件的视图,提示截面类型、偏心、转角、标高等信息。在列表中,以浅绿色加亮的行表示该截面在本标准层中有构件引用。

　　(1)【增加】:选择【梁】【柱】【墙】等构件标签,单击【增加】按钮,将弹出构件对应的截面类型选择定义对话框,如图 4-27 所示,在对话框中输入构件的相关参数,定义一个新的截面类型。任意截面可以自己绘制柱截面。

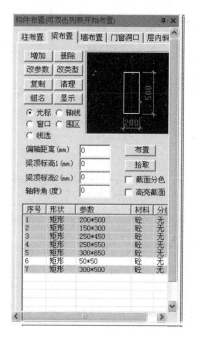

图 4-26 构件输入停靠面板

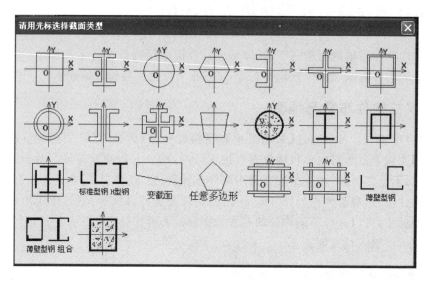

图 4-27 梁截面类型选择对话框

（2）【布置】：主梁和墙必须布置在网线之上，柱布置在网点上。布置主梁、墙、柱之前，首先要定义梁截面类型，选择材料，定义梁截面尺寸，之后从定义好的截面列表中选择要布置的梁截面，进行主梁布置。布置时可以设定梁的两端标高和偏轴距离。

在【构件输入停靠面板】的截面列表中选取某一种截面后，单击【布置】按钮，或在某一种截面所在行双击鼠标左键，即可进入该构件的布置状态。在同一位置布置构件，能替换该位置先前已经布置的同类构件。

构件布置可选择【光标】【轴线】【窗口】【围区】【线选】几种方式。【光标】方式用于布置光标选中的网线段或网点,一次只能布置一个构件;【轴线】方式可以在整条网线的网线段或网点上布置构件;【窗口】布置方式有围窗和叉窗两种方式,围窗为用鼠标从左向右划定的窗口范围,叉窗为从右向左划定的窗口范围;【线选】方式是通过鼠标绘制一条线段,在与此线相交的网线段或线上的网点布置构件。

(3)【显示】【高亮显示】与【截面分色】:选择截面列表中某个截面,再单击【显示】按钮,图形区已经布置的构件会闪烁显示,此时除用鼠标滚轮进行缩放外,不能进行其他操作。单击鼠标左右键或键盘的任意键可返回柱截面列表对话框。

勾选构件输入停靠面板中的【高亮截面】勾选项,双击截面列表中的某个构件截面,则图形区已经布置的该构件会高亮显示。高亮显示支持三维轴测渲染显示,使得观察起来更加直观方便,如图 4-28 所示。

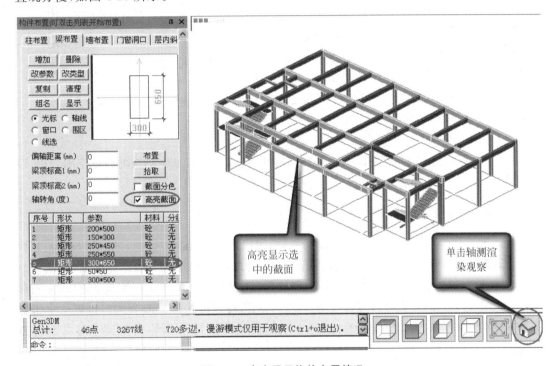

图 4-28　高亮显示构件布置情况

【高亮截面】和【截面分色】选项都可用于查看指定的构件定义类型在当前标准层上的布置状况。

(4)【组名】:在输入停靠面板列表选择一种截面后,单击【组名】,可给该截面定义一个分类,比如给地框梁层的梁定义组名"地框梁",则可以利用截面列表的排序功能,单击分类列的表头,直接按组名排序就可以将"地框梁"这一类的截面都显示在截面列表的前面,便于管理和构件布置。

(5)【拾取】:当布置某个构件时,忘记了该构件的尺寸或偏心等布置参数,但知道它与已布置在结构平面上的某构件相同,此时用拾取功能单击该构件,软件能自动在【构件输入停靠面板中】用蓝色光条定位构件参数,用户即可用该构件参数进行构件布置。

(6)【删除】:删除已经输入的构件截面定义,已经布置于各层的这种构件将自动删除。

2．次梁、斜杆定义与布置

布置次梁是通过【构件布置】的【次梁】按钮进行的，次梁布置定义的构件输入停靠面板如图4-29所示。

主次梁使用同一个截面列表。从梁截面列表中选择梁截面后，需要通过定义两个端点的方式布置次梁。在一根主梁跨内布置次梁，不会打断主梁，主梁在次梁布置处不会生成新节点。

如果在同一空间位置再次布置次梁，后布置的次梁会替代先前布置的次梁。不能在已布置了主梁的位置替换布置次梁，但是布置了次梁位置重复布置主梁，在交互建模时主次梁将同时显示在图形区；退出"结构建模"时，程序会自动用主梁替换同位置的次梁。

如果次梁端点先前已经绘制了轴网及网点，且该轴网也未再另作他用，若退出"结构建模"时选择"自动清除无用网格"，"结构建模"会将次梁端点的网点清理掉。清理无用网点，能够提高程序后续分析计算的效率。

斜杆构件是"结构建模"提供的一个特殊构件类型，它参与主体结构的三维空间分析，但是软件不绘制其施工图。

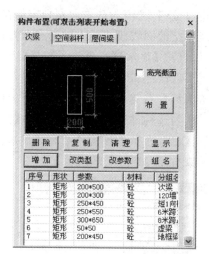

图4-29　次梁布置停靠面板

3．构件属性查询修改

在图形区任意构件或节点上单击鼠标右键，可以弹出属性窗口，可以随时检查遇到的构件属性，如图4-30所示，在【构件信息】对话框中，可以修改构件的某些特性参数，或从截面列表中改成其他截面，改变了构件属性后，单击【应用】即可，不需退出属性对话框，可在图形区再右选其他梁。该方法可直观修改构件，是一种比较好的构件修改方式。也可以单击屏幕右下角的构件布置参数显示 █ 按钮，在图形区构件上显示构件截面尺寸等参数进行查询。

4．构件删除

单击"结构建模"界面上方菜单中的【删除构件】按钮或界面下方工具按钮 █ 后，从弹出的图4-31所示【构件删除】对话框窗口勾选多种类型构件，之后在图形区选择要删除的构件。

PKPM2010 V3.X提供了三维删除功能，当某段网线不同标高布置了多道梁构件时，三维删除可直接在三维轴测视图上选择要删除的构件。

5．通用对齐

【通用对齐】是PKPM2010 V3.X新增的构件偏心对齐功能，通过该功能可以更方便地对构件的偏心进行调整。进行通用对齐操作时，需按照命令窗口提示，先选择任意对齐目标构件的边线，之后选择要移动的构件即可。选择要移动的构件时，键入"TAB键"可切换构件选择方式。

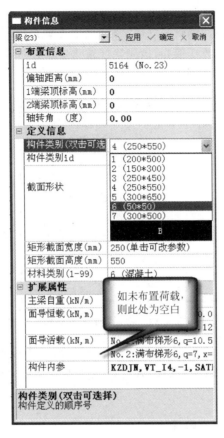

图 4-30　构件信息对话框

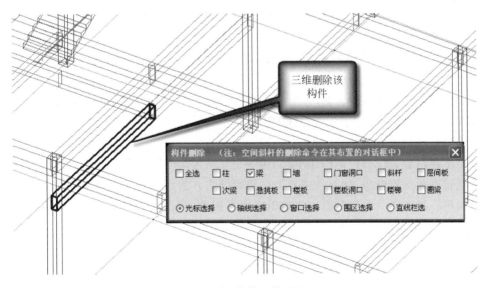

图 4-31　构件三维删除

6. 层间关联编辑与层编辑

【层间编辑】用来设置构件编辑关联层。通过【层编辑】|【层间编辑】设定层间关联关系后，当某层的构件改变截面、改变偏心、被删除或被重新布置时，"结构建模"提示用户关联层相关位置构件是否也相应改变，层间关联编辑参见图 4-32。

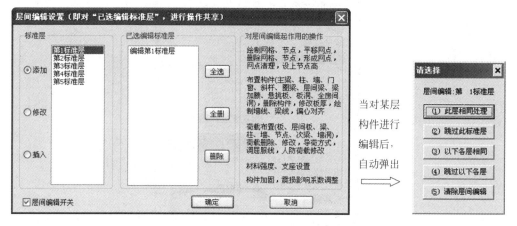

图 4-32　构件层间关联编辑

【层编辑】是 PKPM2010 中比较高级的构件编辑方法，当确定要废弃某个标准层时，可以通过【删除标准层】一次性删光该层所有内容，包括楼层表中该层编号（相当于注销一个部队的编制）。

7. 几种构件编辑修改方式比较

通过前面内容，我们了解到"结构建模"提供了极其丰富的构件修改编辑手段，它们是截面列表上的编辑修改、图形窗口三维编辑修改、层间编辑修改、构件信息编辑修改、构件替换布置等。

截面列表上的编辑修改是在构件输入停靠面板的截面列表中修改构件截面参数，该方式能批量修改、删除整栋建筑中同类构件，影响面较大，效率高，但应慎用。

图形窗口三维编辑修改、构件信息编辑修改、构件替换布置是几种直观形象的构件编辑修改操作，层间编辑修改对于竖向构件编辑修改十分有效。在建模过程中，用户可根据情况选择合适的编辑修改方式。

通过上述内容，我们对"结构建模"的构件交互输入操作的功能有了一个基本了解，为了能够建立正确的结构模型，掌握处理复杂结构问题的方法，我们还需要学习其他一些与构件有关的知识。初学者一次性掌握这些编辑方法有困难，可以在以后的设计练习中循序渐进地练习，直至最后完全掌握。

4.3.2　梁截面类型、截面尺寸的初选

在创建结构设计模型时，应合理选择梁的截面尺寸和截面类型，下面介绍如何初选梁的截面类型、截面尺寸。

1.梁截面类型的选择

《混凝土规范》第 5.2.4 条规定：对现浇楼板和装配整体式结构，宜考虑楼板作为翼缘对梁刚度和承载力的影响，也可采用梁刚度增大系数法近似考虑，刚度增大系数应根据梁有效翼缘尺寸与梁截面尺寸的相对比例确定。在 SATWE 的分析与参数补充定义的【调整系数】表单，有"梁刚度放大系数按 2010 规范取值"勾选项，软件会自动依据规范规定考虑楼板的翼缘作用，如图 4-33 所示。

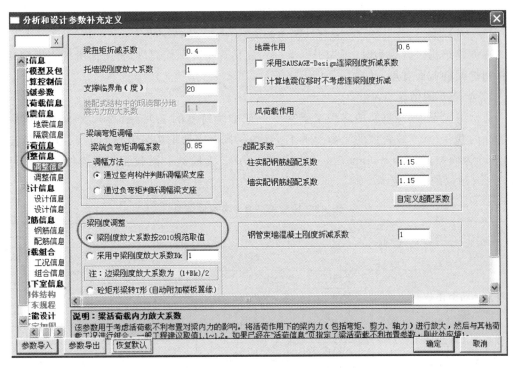

图 4-33　SATWE 自动考虑楼板的翼缘作用

因此，在混凝土结构中，目前应用较多的楼盖为现浇整体楼盖，梁的截面类型通常选择矩形截面。

混凝土楼板采用预制空心楼板时，楼面梁宜采用花篮梁、左花篮梁、右花篮梁、不等高花篮梁。左右花篮梁用于只在一侧铺有预制板的情况，不等高花篮梁只有在梁两侧预制板厚不同时才会取用。

2.梁截面有关的规范条文

在确定梁截面时，需依据结构设计的情况套用相应规范的有关条文规定。梁的截面高度主要与跨度、荷载有关。梁的跨度是指两柱轴线之间的距离，净跨度是指两柱内面边线之间的距离。《混凝土规范》第 11.3.5 条、《抗震规范》第 6.3.1 条和《高层规范》第 6.3.1 条对框架梁截面尺寸的规定有相同之处，现把各规范对梁截面的规定罗列于表 4-2 中。

表 4-2　设计规范对梁截面尺寸的规定

截　面　尺　寸	《混凝土规范》第 11.3.5 条	《抗震规范》第 6.3.1 条	《高层规范》第 6.3.1 条
截面高度	—		主梁截面高度可按计算跨度的 1/18～1/10 确定
截面宽度	不宜小于 200mm		不宜小于 200mm
截面高度与宽度的比值	不宜大于 4		不宜大于 4
净跨与截面高度的比值	不宜小于 4		不宜小于 4

3. 梁截面尺寸的初选

在创建结构设计模型时,可先根据梁的跨度估算梁的截面高度,再根据梁的高度和其他因素初选梁的截面宽度。

1) 梁高 h 的估算

通常情况下,现浇框架的多跨主梁高 h 一般取为跨度的 1/12～1/10,次梁高 h 可取为主梁高的 0.8～0.9 或跨度的 1/15～1/12,悬挑梁高 h 一般取为悬臂长的 1/6～1/4,梁高通常以 50 为模数,如 $h > 800$mm 时,一般应以 100mm 为模数。梁截面高度详细情况还可参考表 4-3 建议的取值范围。

表 4-3　梁截面高度参考取值范围

结　构　类　型		梁　类　别		
		单跨梁	多跨连续梁	悬臂梁
现浇整体肋梁楼盖	次梁	$h/L \geqslant 1/15$	$h/L = 1/18 \sim 1/12$	$h/L \geqslant 1/8$
	主梁	$h/L \geqslant 1/12$	$h/L = 1/14 \sim 1/8$	$h/L \geqslant 1/6$
	独立梁	$h/L \geqslant 1/12$	$h/L = 1/15$	$h/L \geqslant 1/6$
现浇整体式框架	框架梁		$h/L = 1/12 \sim 1/10$	
	框架扁梁		$h/L = 1/22 \sim 1/16$	
装配式整体或装配式框架梁	框架梁		$h/L = 1/10 \sim 1/8$	
预应力混凝土框架	扁梁		$h/L = 1/25 \sim 1/20$	

在估算现浇钢筋混凝土结构中梁截面高度时,还需要考虑下面结构因素:

(1) 主梁的截面宽度不小于 200mm。

(2) 必要时需兼顾相邻跨刚度不要相差悬殊。

(3) 建筑学允许的室内净高。

(4) 梁底距门窗洞口的净距,若净距较小时,可考虑把楼面梁的梁高加高至门窗洞口顶部。

(5) 阳台和雨篷的翻檐或止水台是否可用上翻梁替代,计入梁高之内。

2) 梁宽 b 的估算

通常情况下,b/h 为 1/4～1/2。主梁截面宽度 b 可取 200mm、250mm、300mm、… 对于承载较大的梁截面宽度可以达到 800mm;考虑钢筋叠放次序,次梁截面高度可比主梁稍小;梁宽模数一般也是 50。

估算梁宽时,还要考虑如下因素:

（1）梁宽不宜超过柱截面。

（2）相邻跨梁宽宜取相同值，以便于支座负筋能贯通支座两侧。

（3）梁宽宜大于或等于其上的填充墙或剪力墙墙宽。

依照本节所述内容，"实例商业建筑"梁截面类型皆采用矩形截面，截面尺寸定义如图 4-34 所示。

梁截面定义之后，即可进行构件交互输入操作，在输入过程中，可以随时用截面定义及布置对话框里的【显示】【高亮截面】【截面分色】以及图形区右下方的【显示构件布置参数】按钮，检查布置情况。

图 4-34　"实例商业建筑"梁截面尺寸

4.3.3　基于衬图的梁输入、编辑与校核

PKPM V3.X 的"结构建模"提供了稳定便捷的衬图功能，能使用户在构件及荷载交互输入时把既有建筑条件图作为参考底图，极大地提高了建模效率。

1. "结构建模"的衬图操作

插入衬图分为建筑图选择、选择插入区域或选整张图、插入基点、选择轴网上衬图搁置点等步骤，具体如下。

（1）单击【常用工具】面板的【衬图】选项，打开如图 4-35 所示对话框。单击对话框中的【插新衬图】按钮，打开如图 4-36 所示对话框。从图 4-36 对话框中打开事先按前面章节所述进行修正补充的建筑条件图后，弹出图 4-37 所示对话框。

图 4-35　【衬图记录】对话框

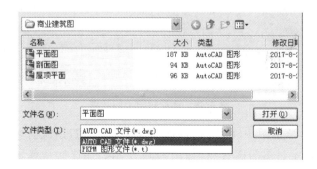

图 4-36　文件选择对话框

（2）如果打开的建筑条件图文件中有多张建筑平面图，可单击【区域选择】按钮，在读入并显示在图形区的建筑图中用鼠标左键划定选择窗口，选择要识别的建筑平面图。如果是单张文件存有一个建筑平面图，则直接单击图 4-37 中的【是】。

图 4-37　选择图纸区域对话框

如果选择的衬图文件是 DWG 文件，则在读入 DWG 的同时，系统会在工作目录创建一个与 DWG 文件同名的 T 文件。当插入的 DWG 衬图文件较大时，后面如果需要重新读入衬图，可在选择文件时选择提前转化好的 T 文件，提高衬图读入效率。

（3）选择好要插入的建筑图后，确定插入建筑图的插入基点（通常选择所有建筑平面图都有的某两条轴线交点，如Ⓐ轴与①轴交点），系统会继续弹出图 4-38 所示对话框。

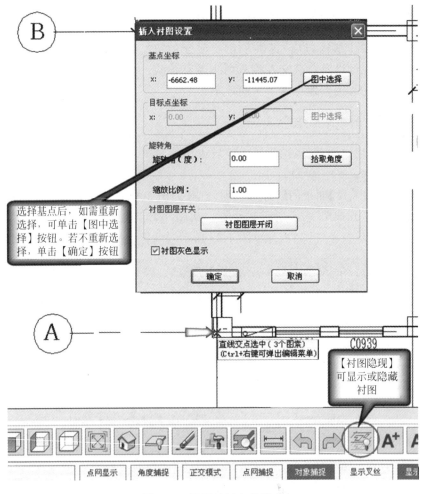

图 4-38　选择衬图上的基点

（4）选好基点后，单击图 4-38 所示对话框的【确定】按钮，系统会切换到显示轴网界面，继续要求在轴网上确定衬图的搁置点，如图 4-39 所示。在选择基点和搁置点之前，要开启交互建模界面右下角工具菜单的【对象捕捉】按钮。

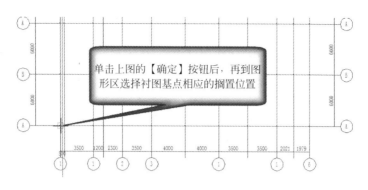

图 4-39 在轴网上选择衬图的搁置点

（5）选择好衬图搁置点之后，系统即完成了衬图插入工作，显示图 4-40 所示对话框及界面。此时单击图 4-40 对话框右上角的【×】按钮，即可开始后面的构件交互输入操作或继续插入其他建筑衬图。

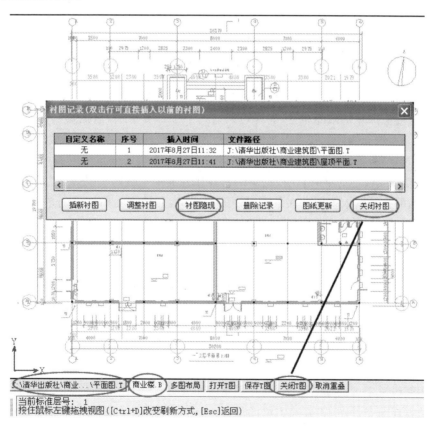

图 4-40 衬图插入完成

2. 衬图的隐现操作与衬图切换

衬图隐现操作可通过下面几种方式实现。

（1）衬图隐现操作可通过单击图形区下方的衬图隐现按钮 实现。

（2）单击【衬图】按钮,弹出【衬图记录】对话框,单击【衬图隐现】选项,也可实现衬图隐现操作,双击对话框的其他衬图进行衬图切换。

（3）单击【衬图记录】对话框中的【关闭衬图】按钮或单击图形区下方的【关闭 T 图】都能关闭衬图,但是单击【关闭 T 图】前需切换到图形区下方的【T】标签。要显示关闭了的衬图,需重新从【衬图记录】对话框中双击衬图文件名。

PKPM2010 V3.X 版本的衬图功能较之于以前版本的重叠 T 图功能有极大的改进,具有极好的稳定性和可操作性,此项改进极大地提高了交互建模效率。

3. 多层框架结构的梁布置

通过前面章节对主次梁相关知识的学习,我们可以知道,在"结构建模"中,梁构件的交互输入主要是主梁的交互输入过程,次梁构件在模型中占据的比例较少。

梁的交互输入是按结构标准层逐层输入的。梁的布置原则上大致可归纳为"承载（上一楼层填充墙或本层楼板）原则""围板及分板原则""与框架柱成剪力墙拉结原则"。所以,在设计过程中,梁构件交互输入过程须与柱布置、次梁布置、楼板生成等交叉进行,时常需要在本层建筑图和上一层建筑图衬图间进行切换操作。

（1）梁的布置要考虑上层填充墙位置,上一个楼层有填充墙的位置,本层顶必须布设梁。要尽量把填充墙置于梁断面主区域之内。在特殊情况下,可以考虑在矩形截面外挑翼缘,翼缘上砌筑填充墙。带翼缘的梁可以按 T 形或倒 L 形截面直接布置到模型中。带翼缘的梁,也可以近似按矩形截面布置,翼缘可以通过手工计算配筋,后期绘制施工图时以详图形式进行补充。填充墙砌筑在梁翼缘上而梁近似按矩形截面输入或填充墙中心线与梁中心线距离较大时,梁荷载输入时应考虑填充墙偏轴在梁上产生的分布扭矩。

（2）布置跨度较小的梁时,要根据梁的跨高比判断梁是否属于强连梁、弱连梁或深受弯梁,确定正确的构件输入策略。在条件允许的情况下,要控制支撑楼板的单梁截面高度,保证其为普通梁。

（3）布置梁时,要考虑相邻跨的梁布置情况。相邻跨的梁截面宽度、梁顶高度要尽量一致,这样可以保证梁顶架立筋及梁顶负筋可以越过支座而不需要截断锚固。

（4）梁布置要尽量与房间的一个方向平行。梁布置方向要综合考虑房间开间进深走向、家具摆设、门窗位置,办公建筑梁布置要尽量顺着房间门布置,不能布置在主要办公家具卧具之上,尽量不要搁置在门窗洞口之上。

（5）梁布置不是单纯地依照建筑房间分割情况,还需要综合考虑楼板的划分和结构整体性。

（6）中间设置走廊的建筑平面,要在走廊上布置梁,使两侧房间的梁形成连续梁。

（7）依据建筑条件图,正确确定梁的偏心距,同时要满足梁偏心距不能大于框架柱截面 1/4 的规范规定。

（8）合理确定梁顶标高。通常没有特殊要求时梁顶与楼板混凝土完成面要平齐,厕卫、雨篷梁可以考虑设置构造反梁,楼梯间窗户位置梁标高要合理设置。

（9）在一个建筑层,梁的布置要尽量有序,疏密度相近,传力路径清晰明确。

（10）要尽量做到所有框架柱都有两个方向的梁来拉结。

（11）楼板板厚较大时,可布置梁来减小板厚,楼板平面尺寸较小时,梁按次梁布置。

（12）梁布置完毕，要通过前面章节所讲的软件操作，仔细检查梁布置方案是否正确。在 SATWE 分析及施工图绘制阶段，还要进行梁图纸校核，进行 S/R 验算，检查是否存在超筋、承载力不足、挠度超规范、大多数梁裂缝不满足规范等问题，楼板配筋是否在合理经济范围内，以及楼板挠度裂缝是否满足规范要求，柱配筋、承载力、轴压比等是否满足规范，进一步分析是否需要修改梁布置方案。复杂的工程可能需要反复修改梁布置。

4.3.4　经济柱距、柱截面初选及柱交互输入

柱网布置是混凝土结构设计中一个重要内容。柱网布置会影响结构水平受力、水平构件（梁、板）的布置方案，柱网间距大小是决定柱截面尺寸的因素之一。柱网布置对建筑物宏观计算控制指标和经济技术指标有很大的影响。

1. 柱的经济柱距和柱距的确定

在设计时，柱距要根据所建房屋的性质、类型、用途以及建筑平面布置等综合确定。一般认为经济柱距为 5～8m，但是除非建筑布局需要，柱距超过 8m 后的框架梁截面高度比较大，不是很经济，这时楼盖可以用井字梁、密肋梁、空腔楼盖或预应力梁，这样可以将梁高度适当降低。

由于柱是竖向传力构件，从建筑物的底层到顶层柱子位置要上下对应，柱间距和柱网的优化，是建筑结构方案设计阶段一个重要的内容。如很多住宅项目设有地下车库，方案设计阶段就要根据停车位的划分以及上部住宅的户型，确定合理的柱间距和柱网。合理的柱间距和柱网在方案设计阶段往往需要经过多方案计算分析比较而确定。

2. 规范对柱截面的一些构造要求

在创建结构方案时如何确定框架梁柱截面尺寸，对于有经验的结构工程师来说是比较容易的。在《混凝土规范》《抗震规范》《高层规范》中对框架柱截面都有条文规定，现把这些规定罗列在表 4-4 中。

表 4-4　《混凝土规范》《抗震规范》《高层规范》对框架柱截面尺寸的规定

项　　　目	《混凝土规范》第 11.4.6 条	《抗震规范》第 6.3.5 条	《高层规范》第 6.4.1 条
截面宽度和高度	均不宜小于 300mm	抗震等级四级或不超过 2 层时不宜小于 300mm，一、二、三级且超过 2 层时不宜小于 400mm	非抗震设计时，不宜小于 250mm，抗震设计时，四级不宜小于 300mm，一、二、三级时不宜小于 400mm
截面长短边边长比	不宜大于 3	不宜大于 3	不宜大于 3
柱的剪跨比	宜大于 2	宜大于 2	宜大于 2

上述规范条文对圆形截面柱的半径也有规定，在此不再赘述。

3. 柱截面初选

柱的截面尺寸与柱的受荷面大小、竖向荷载、水平荷载、混凝土标号、抗震等级等有关。

1）柱从属面积计算

为了便于施工，多层框架结构的所有柱可采用同一截面，柱截面暂按首层最大从属面积估算。图4-41阴影区为"实例商业建筑"柱最大从属面积，其值为45m²。

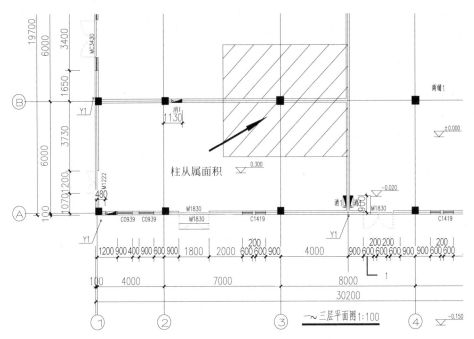

图 4-41 柱从属面积

2）计算竖向荷载作用下柱轴力预估标准值 N

$$N = nAq \tag{4-1}$$

式中：n——柱所承受的楼层荷载层数；

A——柱子从属面积；

q——竖向荷载标准值（已包含活荷载）。

对于不同的结构和填充墙类型，q 可近似按下列取值范围近似取值，《全国民用建筑工程设计技术措施（结构篇）》第1.4.10条规定："进行结构方案设计时，可参考下列单位楼层面积的平均结构自重数据估算结构总自重标准值或竖向构件承受的结构自重标准值：砌体结构、钢筋混凝土结构多层建筑，9～12kN/m²；钢筋混凝土结构高层建筑，14～16kN/m²；钢结构房屋 6～8kN/m²"。对于隔墙比较稀疏和层高比较低的建筑，可酌情降低上面的预估值。

依据式（4-1），"实例商业建筑"自然层为地上3层的坡屋面建筑，−0.05m处设有地框梁，估算首层代表柱的标准荷载暂按3层计算：

$$N = nAq = 3 \times 45 \times (10 \sim 12)\text{kN} = 1350 \sim 1620\text{kN}$$

3）柱轴力设计值 N_c

$$N_c = 1.25\alpha_1\alpha_2\beta N \tag{4-2}$$

式中：N——竖向荷载作用下柱轴力标准值（已包含活荷载）；

α_1——水平力作用对柱轴力的放大系数，7度抗震：$\alpha_1 = 1.05$，8度抗震：$\alpha_1 = 1.10$；

α_2——边柱轴向增大系数,中柱取 1,边柱取 1.1,角柱取 1.2;

β——柱由框架梁与剪力墙连接时,柱轴力折减系数可取为 0.7～0.8。

由于取的柱从属面积为最大面积,且为纯框架结构,故 α_1、α_2、β 均按 1 取值,则:

$$N_c = 1.25\alpha_1\alpha_2\beta N = 1.25 \times (1350 \sim 1620)\text{kN} = 1687 \sim 2025\text{kN}$$

4)柱估算截面面积 A_c

$$A_c \geqslant N_c/(af_c) \tag{4-3}$$

式中:a——轴压比(抗震等级一级 0.7,二级 0.8,三级 0.9,短柱减 0.05);

f_c——混凝土轴心抗压强度设计值;

N_c——估算柱轴力设计值。

在前面章节中,已选定梁柱混凝土标号为 C35,从《混凝土规范》表 4.1.4-1 得知,C35 混凝土的 $f_c = 16.7\text{N/mm}^2 = 1.67 \times 10^4\text{kN/m}^2$,则:

$$A_c \geqslant N_c/(af_c) = [(1687 \sim 2025)/(0.9 \times 1.67 \times 10^4)]\text{m}^2 \approx 0.1124 \sim 0.1347\text{m}^2$$

5)估算柱截面边长

若取柱截面为正方形,则暂估边长为 0.34～0.37m。该工程为三级框架,《抗震规范》规定柱边长不宜小于 400mm,《混凝土规范》规定柱边长不宜小于 300mm。

6)确定柱截面边长

根据框架柱截面估算及规范限制,矩形截面可取 $H = (1 \sim 3)b$,柱截面宜以 50 为模数。"实例商业建筑"取柱截面为正方形截面,边长为 400mm。

4.多层框架结构的柱输入、编辑与校核

柱截面确定后,通过【常用菜单】及【构件布置】的相关柱布置及偏心对齐按钮,在图 4-42 所示对话框中,选择【柱布置】标签,定义柱截面,布置柱并调整柱偏心与建筑条件相符即可。

4.3.5　混凝土墙、连梁及洞口的处理与布置

用"结构建模"进行混凝土结构设计建模时,剪力墙构件有时不可避免地要开洞口。如果洞口间墙肢尺寸较小,可能该墙肢就转化为短肢墙甚至异形柱;上下层洞口间的墙,根据前面章节中学过的梁剪跨比来区分属于连梁还是普通框架梁,在创建结构模型时不能机械地按墙及洞口盲目输入。

1.墙定义及布置

墙体的定义及布置方式与梁构件类似,墙的参数定义及布置对话框如图 4-42 所示。"结构建模"允许布置两端顶点高度不同的斜墙,也允许布置离楼层底标高有一定距离的悬空墙。

2.洞口布置

洞口布置方式类似构件布置,也是要先定义洞口尺寸,之后在布置时确定洞口位置参数,在墙上布置洞口。墙洞口具体定义及布置方式从略。

墙及洞口布置好之后,"结构建模"向 SATWE 等传递数据时,将把结构设计模型转化为力学分析模型,会自动把各层墙洞口间的墙转化为连梁构件。

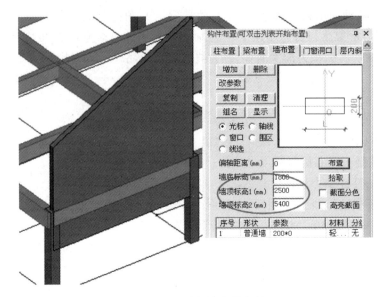

图 4-42　悬空斜墙布置参数

纯框架结构只有砌体填充墙,根据前面章节,填充墙不能当作一级结构构件输入到框架结构中。

4.4　楼板建模方法与建模交互操作

在前面章节我们已经学习了"PMCAD 房间"的概念。在"结构建模"中,一个"PMCAD房间"是由主梁或承重墙围成的封闭区域,自动生成楼板时,"结构建模"会给每一个"PMCAD 房间"布设一个板块构件。"结构建模"中对楼板的建模操作都是针对房间板块进行的。

4.4.1　初估楼板厚度

初估楼板厚度要根据规范条文、混凝土标号、楼面荷载、楼板开间、混凝土保护层厚度和设计经验进行。楼板厚度与楼板的跨度及承受的荷载密切相关。楼盖类型及楼板厚度对设计的技术经济指标有较大影响。

1. 楼板的经济跨度

在梁板楼盖中,单向板的经济跨度为 1.5～2.5m;双向板设有次梁和主梁时,其楼板的跨度取决于主次梁的跨度,一般情况下次梁经济跨度为 4～6m,主梁经济跨度为 5～8m;现浇肋梁楼盖中,板的经济跨度一般为 1.7～2.5m。在具体设计时,还需要综合考量建筑功能及建筑要求等其他因素,合理选择楼板的跨度与厚度。

2. 规范条文

与梁柱构件一样,设计规范对楼板结构的厚度也有具体的条文规定。

(1)《混凝土规范》第 9.1.2 条规定:"板的跨度与板厚之比:钢筋混凝土单向板不大于

30,双向板不大于 40;无梁支承的有柱帽板不大于 35,无梁支承的无柱帽板不大于 30;预应力板可适当增加;当荷载、跨度较大时,板的跨厚比宜适当减小。"另外,《混凝土规范》还要求现浇钢筋混凝土板的厚度不应小于表 4-5 规定的数值。

表 4-5　现浇钢筋混凝土板的最小厚度

楼 板 类 型		最小厚度/mm
单向板	屋面板	60
	民用建筑楼板	60
	工业建筑楼板	70
	行车道下的楼板	80
双向板		80
密肋板		50
悬臂板	悬臂长度不大于 500mm	60
	悬臂长度不大于 1000mm	100
	悬臂长度不大于 1500mm	150
无梁楼板		150
空心楼板	筒芯内模	180
	箱体内模	250

(2)《抗震规范》第 3.5.4 条规定:"多、高层的混凝土楼、屋盖宜优先采用现浇混凝土板"。

《抗震规范》第 6.1.14 条对地下室顶板作为上部结构的嵌固部位时,楼板厚度、配筋率、现浇混凝土标号等有具体的规定。

(3)《高层规范》第 3.6.3 条规定:"一般楼层现浇楼板厚度不应小于 80mm,当板内预埋暗管时不宜小于 100mm;顶层楼板厚度不宜小于 120mm"。

3. 结构建模时板厚度的估算

初学者设计多层框架结构的楼板时,可以记住 1/30 和 1/40 这两个参数,双向板板厚按板短边尺寸的 1/40 初步估算后,再适当按模数增加厚度值;单向板板厚取跨度的 1/30,按模数向厚度增大方向靠拢。悬臂板板厚取悬臂长的 1/10~1/12。"实例商业建筑"中的厕卫等较小楼板板厚取 80mm,其他房间楼板板厚取 100mm。

4.4.2　自动生成现浇板与交互修改楼板

当一个结构标准层的梁柱构件布置之后,即可进行楼板自动生成,软件自动生成的楼板为现浇板,如果是预制板、空腔楼板需用户在自动生成楼板基础上进行人工修改。

1. "结构建模"生成楼板

单击【常用菜单】或【楼板 | 楼梯】菜单面板的【生成楼板】按钮,"结构建模"将自动产生由主梁和墙围成的 PMCAD 房间信息,同时按【常用菜单】|【本层信息】中设置的楼板厚度自动生成各房间楼板。楼板交互输入按钮如图 4-43 和图 4-44 所示。

按下屏幕右下角的开关渲染按钮 及楼板显示按钮 ,可以看到有灰色半透明的楼板模型轴测渲染图。

图 4-43 【常用菜单】有关楼板布置的面板按钮

图 4-44 【楼板|楼梯】有关楼板布置的面板按钮

2．楼板厚度的修改

"结构建模"是按【本层信息】中设置的楼板厚度自动生成各房间楼板，要修改自动生成楼板的板厚，需要到【常用菜单】|【本层信息】中进行修改，修改板厚之后，不需要重新生成楼板。

如果要交互修改个别房间的板厚，可以单击【修改板厚】按钮，在弹出的对话框中输入新的板厚数值即可。

3．自动生成楼板的边界

"结构建模"以主梁平面投影形成的封闭区域作为一个板块（一个 PMCAD 房间）自动生成楼板，并以这些主梁作为楼板的边界。

4．降板错层

所谓的错层建筑是指同一楼层的楼面不在同一标高的建筑，错层建筑会导致楼板标高或梁标高发生错位。错层结构可以分为两种：降板错层或梁错层。在钢筋混凝土框架结构中，如果某个区域的主梁顶标高不同，不能形成空间上的封闭区域，但是这些主梁所围成区域的平面投影是封闭的，"结构建模"即可在该区域自动生成一个楼板板块。次梁不能作为楼板的边界。图 4-45 所示为梁错层，如果把图 4-45 中错层位置的两根不同标高的梁，合并为一个截面高度较大且能支撑错层两侧楼板的梁，则梁错层就变成了降板错层。梁错层和降板错层结构受力及结构设计要求是不同的，下面我们介绍降板错层的相关知识。

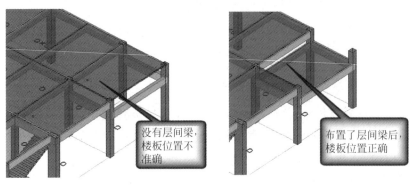

没有层间梁，楼板位置不准确

布置了层间梁后，楼板位置正确

图 4-45 梁错层

1）降板错层的适用范围

《抗震规范》第7.1.7条规定："砌体结构房屋错层的楼板高差超过500mm时，应按两层计算"。对于混凝土结构错层设计问题，规范没有明确的条文规定。在实际设计时，如果降板范围较小且值不大（如卫生间、厨房等），或者错层高度不大于框架梁梁高时，可合并为一个标准层输入，此时发生的楼板降板可以通过【楼板错层】进行处理。

对于后期SATWE结构计算时如果采用其默认的刚性板假定，则"结构建模"时的降板处理，主要是为了保证"结构建模"进行楼板施工图绘制时，能够把降板周边的负筋断开，减少图纸编辑修改工作量。

2）降板错层对结构内力的影响

从建筑设计角度来看，同一层楼面标高不一致就是错层；结构错层与建筑错层相比要复杂得多，设计结构错层时，要从结构的连接构造和传力关系来综合考虑，如果结构错层的传力关系与非错层相比，发生了不可忽略的改变，则在结构建模和绘图时就要采取相应的技术措施加以应对。

对于降板错层结构可按图4-46所示建议，设置梁加腋（PKPM2010 V3.X有梁加腋功能）或配置抗扭纵筋。

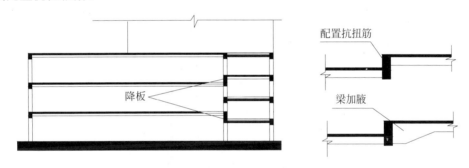

图4-46　降板错层处梁加腋

3）卫生间等位置的降板错层处理

卫生间下水管排水方案有层内排水和层间排水两种。层内排水是下水管埋设于本层楼板之上的轻质填充层之内，此种方法通常需采用300～500mm填充层厚度；另一种是层间排水，下水管附设于下一层顶棚处，此时本层卫生间降板厚度通常在20～30mm，如图4-47所示。设计中需根据建筑条件图中的厕卫标高、建筑做法及楼板厚度，计算正确的降板错层高度。

5.全房间洞与楼板开洞

"结构建模"中楼板开洞有【全房间洞】和局部【楼板开洞】两种。全房间洞相当于删除楼板。

1）全房间洞

当一个PMCAD房间没有任何混凝土楼板，也没有楼面荷载的情况下，可以通过【全房间洞】去掉楼板。全房间洞属于广义构件，可以通过【板洞删除】删除全房间洞。"商业建筑"地框梁层需要进行【全房间洞】去掉计算机自动生成的楼板。

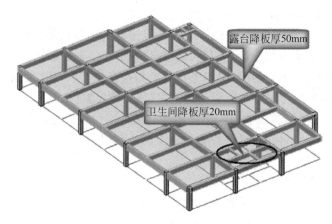

图 4-47 降板错层位置及幅值

2）楼板开洞时洞口边缘的加强方式

楼板开洞可以划分为三种情况：

（1）对于周边固支板，当楼板洞面积小于板面积的 10％时，建模时可以忽略这些小洞口，在绘制施工图时再依据构造要求进行加强处理，板洞四周加配不超过被截断钢筋的 2～3 倍受力加强筋（或假设暗梁），如图 4-48 所示。

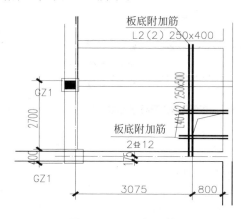

图 4-48 洞口加强筋

（2）当板的开洞面积大于 10％时，建议采取在板洞边加设明梁的办法处理，洞口边加设的明梁应至少有一根支撑于房间周边的主梁上。

（3）由于周边简支板的受力性能比周边固支板差，应尽量避免开洞，若开洞不可避免，则设计时应采取构造措施改善简支板四周支撑条件，其洞口四周也采取相应的加强措施。

3）楼板开洞与板洞删除

楼板开洞操作为：单击【板洞布置】按钮，在弹出的【楼板洞口截面列表】对话框中定义洞孔类型及洞口尺寸后，选中要布置的洞口，单击【布置】，移动鼠标到要布置洞口的房间并在房间内移动鼠标位置，软件能自动改变拟开洞口位置。当确认要在某位置开洞时，单击鼠标左键即可，如图 4-49 所示。

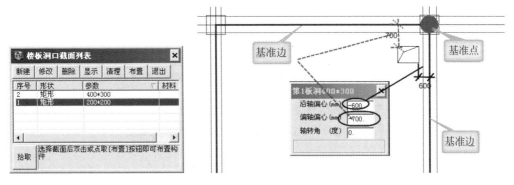

图 4-49　板洞类型及尺寸定义

6. 悬挑板的布置与删除

"结构建模"在交互创建结构模型时,可以通过【布悬挑板】选项进行悬挑板布置。在绘制楼板施工图时,如果悬挑板毗邻房间布有楼板,则在布置该房间楼板钢筋时,软件会自动绘制包括悬挑板钢筋的房间配筋,如图 4-50 所示为悬挑板与毗邻楼板顶平齐情况下的板配筋图。如果悬挑板毗邻房间楼板被整体开洞,则需要在"砼结构施工图"模块绘制楼板配筋图时,通过【钢筋布置】|【支座负筋】菜单,单击悬挑板所毗邻的主梁网格进行人工布置悬挑板钢筋。

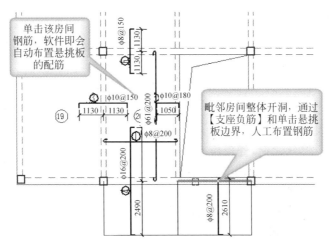

图 4-50　悬挑板布筋

7. 楼板布置情况检查

由于【楼板生成】命令自动生成的楼板是以主梁围成的封闭区域为板边界(PMCAD 房间),如果某个区域梁布置不封闭,则会导致楼板布置不成功。

通常情况下,可以通过轴测渲染观察楼层所有位置和楼板布置情况。在轴测渲染观察中,如果某个应该布置楼板的区域没有显示楼板的半透明楼板图形,则表示这个区域梁不封闭,没有生成楼板。

"结构建模"在构件截面及布置参数显示时，一个楼板板块只显示一个数字，所以可以通过显示楼板板厚数字辅助判断楼板封闭区域范围。也可以通过检查导荷屈服线图形检查楼板布置情况。

8. 当楼层梁布置情况或网格网点发生变化时，一定要重新生成楼板

如果楼层梁布置信息或网格信息变化而未重新生成楼板，则会使前期产生的楼板边界信息与已经变化了的梁构件信息不一致，导致后续的结构计算失败。

4.5   创建主体结构模型时对楼梯的处理

《抗震规范》第 3.6.6.1 条规定："利用计算机进行结构抗震分析时，应符合下列要求：计算模型的建立、必要的简化计算与处理，应符合结构的实际工作状况，计算中应考虑楼梯构件的影响。"

4.5.1   "结构建模"时考虑楼梯对主体结构影响的参数化楼梯输入

"结构建模"的参数化楼梯实际上是一种楼梯智能解决方案，它可以大幅度节省用户的建模工作量，在通常情况下如果楼梯结构与"结构建模"提供的参数化楼梯有差异，仍可考虑尽量选择相近的参数化楼梯解决方案。

1. "结构建模"考虑楼梯对主体结构影响的两个操作

与 PKPM2010 V2. X 相比，PKPM2010 V3. X 对楼梯参与整体结构分析的处理智能化程度有很大提高，所以操作就变得比较简捷。

在 PKPM2010 V3. X 的"结构建模"中，主体设计考虑楼梯影响的建模操作主要分为两个部分：

(1) 输入参数化楼梯；

(2) 输入参数化楼梯之后，处理楼梯荷载及导荷方式。

上面两个内容互相独立，彼此没有关联，但是如果采用虚梁虚板方案，需先布置智能楼梯，再在楼梯间布置虚梁，顺序不能颠倒，如果先布置了虚梁，楼梯间就会被分割成三个 PMCAD 房间，智能楼梯就无法在整个实际楼梯间范围内布置了。

"结构建模"处理好楼梯间的楼梯布置和荷载导算两方面问题后，在 SATWE 中即可选择楼梯参与主体计算的方式，如图 4-51 所示。

2. 布置参数化楼梯

为了能准确地在后面操作中精确调整楼梯参数，建议在进行结构设计时，先进行楼层组装。

单击图 4-52 所示的【布置楼梯】按钮，在图形窗口模型平面上选择楼梯间，软件弹出图 4-53 所示对话框，从对话框中选择楼梯类型后，软件继续弹出图 4-54 所示楼梯智能布置对话框。

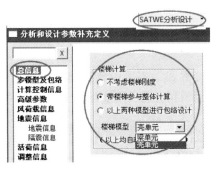

图 4-51 楼梯计算面板

图 4-52 布置楼梯面板

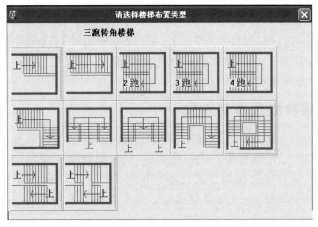

图 4-53 选择楼梯类型

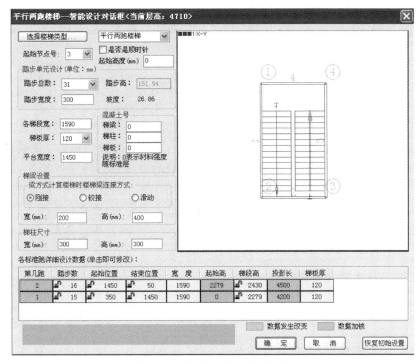

图 4-54 楼梯智能布置对话框

在用户已经输入所有标准层构件,并进行了整楼的楼层组装(每层层高已知)的情况下,"结构建模"能自动依据用户选择的楼梯跑数,给出默认的楼梯参数。用户可根据情况认可或修改这些参数。

在对话框中可设置楼梯梁与主体结构的连接方式。当采用整浇钢筋混凝土楼梯时,通常按"刚接"考虑。装配式楼梯与主体间连接采用预留预埋钢筋铁件连接,可选用"铰接"方式;采用橡胶滑动支座时可采用"滑动"方式。

单击图 4-54 所示对话框中【起始节点号】下拉框,改变起始节点号,"结构建模"会自动调整楼梯方位和平台位置。勾选图中的【是否是顺时针】选项,程序能自动调整楼梯第一跑位置。

布置楼梯之后,单击图形区下方的【开关渲染】按钮,按住"Shift 键"及鼠标滚轮,移动鼠标即可观察楼梯布置情况。

当前结构标准层楼梯布置好之后,再变换标准层继续进行楼梯布置。

已经布置的楼梯可以通过【楼板|楼梯】面板的【楼梯删除】或【构件删除】予以删除。楼梯间布置楼梯之后,若为了准确导算荷载而布置了虚梁,则会把原楼梯间分割成多个小板块,删除楼梯时应单击原楼梯间楼梯的角点。

4.5.2　处理楼梯荷载及导荷方式

这部分内容分为三个情况:一是布置参数化智能楼梯,楼梯间布置零厚度虚板,利用计算机导算楼梯间荷载;二是布置参数化智能楼梯,楼梯间开全房间洞,人工交互输入楼梯间荷载;第三种是无法从软件提供的智能化参数楼梯中找到与实际楼梯相匹配的类型时,只能人工布置模拟楼梯单构件,人工布置楼梯荷载或布置虚板并利用软件导荷。

1. 利用计算机导算楼梯间荷载

利用计算机导算楼梯间荷载的步骤为:

(1) 在楼梯间休息平台,梯段、方形楼梯井等交界处布置虚梁,对这些区域进行分割,自动生成楼板。

(2) 修改梯段板厚为 0 的虚板。

(3) 布置各个区域楼板恒荷载,楼梯井不布置荷载。

(4) 修改导荷方式,休息平台四边导荷,板式梯段对边导荷。

修改梯段板和休息平台为虚板,能够保证楼梯自重不会与智能化楼梯自动计算的重量重复,且楼板配筋图也不会绘制这部分配筋,楼梯平台配筋将来在楼梯施工图给出。

图 4-55 为一个两跑楼梯虚梁虚板布置、导荷方式示意图。这种荷载导算方案,是通过虚梁虚板模拟楼梯荷载最终传递到主体梁柱上的结果,图 4-56 为传载空间示意图,对于楼梯间真实梯段、梯梁、梯柱的设计属于楼梯构件设计方面的事情,在此可不用考虑。

需要提醒的是,"结构建模"能自动计算楼梯间梯段及平台等构件自重,智能化楼梯中的单构件自重产生的恒荷载不需重复输入。

2. 人工交互输入楼梯间荷载

人工交互输入楼梯间荷载步骤为:在楼梯间生成楼板后,楼梯间全房间开洞,不用计算机导算楼梯间荷载,把手工导算的楼梯传递到楼梯间四周主体梁柱上的荷载,交互输入到相应的构件上。这种方案处理楼梯间荷载工作量大,主要适用于前面虚梁虚板方案不能处理的复杂楼梯。

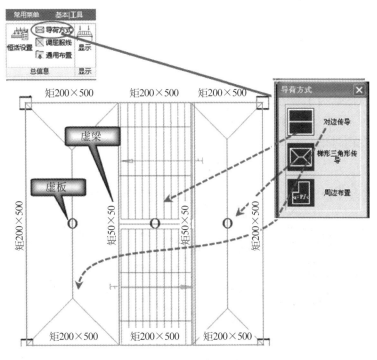

图 4-55　楼梯布置面板

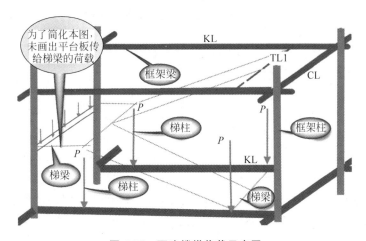

图 4-56　两跑楼梯传载示意图

3. 人机交互输入楼梯单构件

由于实际工程中楼梯形式变化万千,在特殊情况下,"结构建模"提供的参数化智能楼梯不能满足设计要求时,用户可以分梯段、梯梁、梯柱、平台板等,逐个输入创建自己的楼梯模型。人工输入楼梯时,梯段板可按斜板(SATWE 分析时斜板自动按弹性板计算),或借用PKPM2010 V2.X 方法,以梯段板中线为端点,把梯段板按扁梁输入。

在实际设计中,可根据具体情况选择利用计算机布置智能化楼梯构件,并通过软件导算楼梯间荷载。当软件智能楼梯构件不能完美处理所设计的楼梯时,人工交互输入楼梯间荷载及人机交互输入楼梯单构件可作为一种补充修正手段。

4.6 "实例商业建筑"构件模型

图 4-57~图 4-60 分别是"实例商业建筑"地框梁层、一层顶梁、二层顶梁及三层顶梁、四层顶梁布置示意图。为了节省篇幅,本书忽略了建筑首层顶部Ⓔ轴和③~④轴间的露台部分与其他楼层的不同。由于实例工程屋面为坡屋面,在本章中我们暂不讨论,坡屋面建模将在后面章节中专门讨论。

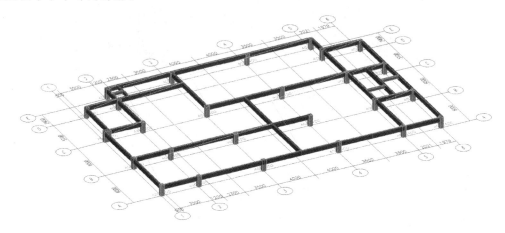

图 4-57 −0.05 标高处地框梁布置轴测图

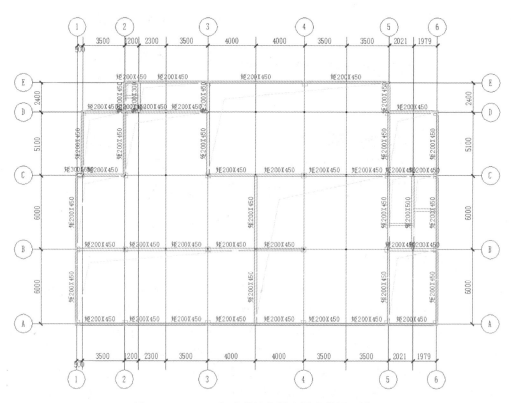

图 4-58 −0.05 标高处地框梁布置参数显示图

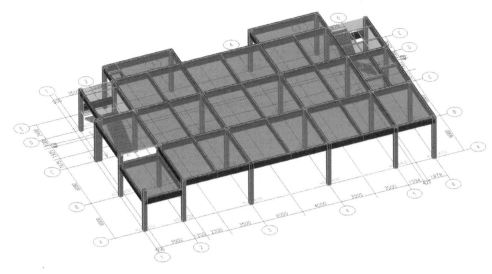

图 4-59 建筑首层、二层顶梁布置轴测图

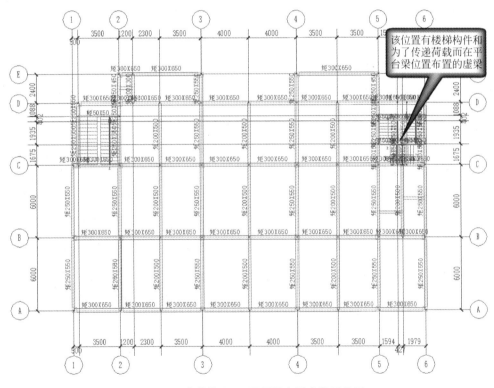

图 4-60 建筑首层、二层顶梁布置参数显示图

4.7 荷载统计与荷载输入

交互创建结构设计模型的工作主要有两个：一是确定结构布置方案并进行构件定义布置，另一个是构件荷载的统计与输入。在本节将讨论建模过程中如何进行荷载处理与输入。

4.7.1 "结构建模"的导荷特点与方式

CAD 软件在设计过程中能辅助设计人员进行大量的统计计算工作,与手工设计相比,用"结构建模"创建 CAD 设计模型时的载荷处理方式有如下特点。

1. 只需输入直接施加在结构模型中构件上的荷载

在"结构建模"所创建的结构模型中,荷载定义及输入操作只需输入直接施加在构件上的载荷,而由模型中其他构件传递过来的载荷或内力,均由计算机自动计算。比如只需输入直接作用在楼板上的载荷,而由楼板传给梁的内力、次梁传给主梁的内力、主梁传给柱的内力,都由计算机自动计算。

2. "结构建模"输入荷载标准值

在"结构建模"所创建的结构模型中,荷载定义及输入数值要求是荷载标准值。荷载的分项系数由软件自动按规范取定。

3. "结构建模"能自动计算构件自重

"结构建模"能按用户在设计参数中定义的混凝土重度,自动计算梁柱墙自重。

通常情况下,若要软件自动统计构件表面抹灰重量,则混凝土重度可取为 $26\sim28\mathrm{kN/m^3}$。若混凝土重度输入"0",则构件自重需要用户自己统计和输入。

为了避免引起歧义,"结构建模"自动计算的构件自重,不显示在荷载校核数值中。如梁恒荷载只显示用户直接输入的梁上恒荷载以及由楼板导算而来的荷载。

由于楼板有实心板、空心板之分,所以在输入楼板荷载之前,需要单击【常用菜单】或【楼板|楼梯】菜单上的【恒活设置】按钮,打开图 4-61 所示的对话框,告知计算机楼板自重是否需要由计算机自动统计。

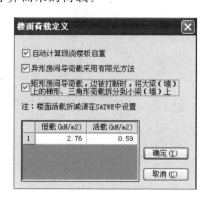

图 4-61 【楼面荷载定义】对话框

4. "结构建模"能自动导荷

在"结构建模"中,输入组成结构主体的所有构件及作用在构件上的荷载后,"结构建模"软件能根据设计内容需要,自动进行相应荷载导算工作。比如把楼板荷载导算到框架梁,从而得到结构三维整体分析的力学模型。

5. 板面满布荷载的导荷方式

楼面荷载传递限于层内传递,路径为楼板荷载传递给次梁,次梁传递给主梁。所有楼层的主梁与柱或其他需要参与计算的墙及楼板,整体进行三维空间计算。

当由于建模的需要,不同楼层同一空间位置,一个楼层布置了实梁,一个楼层布置了虚梁,软件能自动进行位置重叠判断,并把虚梁荷载合并到实梁之上。

1）"结构建模"不自动区分单向板、双向板

"结构建模"默认楼板为双向板，单向板需要通过交互修改导荷方式，修改为以短跨边界为导荷边的对边导荷。预制板"结构建模"会自动按预制板搁置方向，按单向板对楼面荷载进行导荷计算。

2）"结构建模"楼板导荷方式

针对有次梁或无次梁楼板，矩形板或异形板，斜板或楼梯间等不同的板型，软件采用了不同的导荷策略。

（1）无次梁的矩形平面形状的楼板，板上荷载默认按楼板45°塑性铰线向板四周主梁传递。

（2）有次梁的楼板按板内交叉梁系，板先传给内部次梁或板块边界的主梁，次梁再传递到边界主梁。

（3）斜板按水平投影边界区域进行荷载传递。由于 PKPM2010 软件每一个版本功能都会有改进，在使用新的 PKPM 版本时，老用户可以通过 SATWE 的【平面荷载校核】|【导荷面积】观察新版本对斜板导荷算法是否有变化。目前，"结构建模"导荷时，是按楼板水平投影面积进行的，如图 4-62 所示两个开间进深相同的斜板和平板，虽然板的实际面积并不一致，但是导荷面积都是 $21m^2$。因此，输入斜板所在房间荷载时，需要把按斜板面分布统计的板面荷载，除以斜板与水平面夹角的余弦，才能保证荷载输入正确。

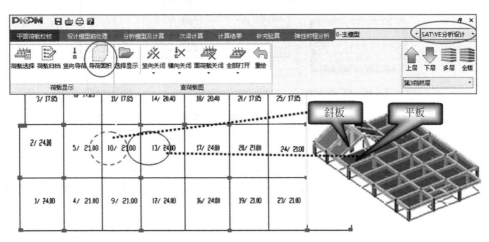

图 4-62　斜板与平板导荷面积比对

3）异形板导荷方法

对于多边形楼板（异形板），软件提供了按有限元方法进行异形板导荷的选择项，如图 4-61 所示"异形板房间导荷采用有限元方法"勾选项。

（1）导荷方式修改：用户也可以通过单击【导荷方式】选项，弹出图 4-63 所示对话框，点选需要修改导荷方式的异形板块。"周边布置"是按板内荷载总量及楼板各边界长度加权传导，边界越长，加权后分到的荷载总量越多。

（2）调屈服线：对于如图 4-64 所示凹字建筑平面凹进位置或 L 形平面凹角部位设置的板式雨篷或空调板等，可通过【调屈服线】来改变塑性铰线角度，修改导荷屈服线，使之尽量接近三边导荷，如图 4-65 所示。

图 4-63　修改导荷方式对话框

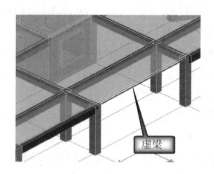

图 4-64　阴角处的雨篷

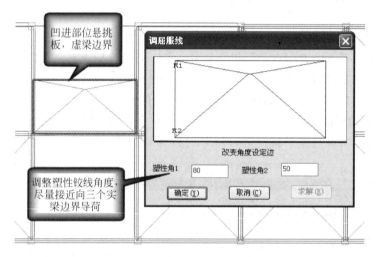

图 4-65　凹进位置空调板调屈服线角度调整

4）矩形房间边界主梁分段时的导荷选项

PKPM2010 V2.X 版本进行楼板导荷时，如果矩形房间周边网格被打断，在进行房间荷载导算时，程序会认为该板为异形板，按照每边的边长占整个房间周长的比值，将楼面荷载按均布线荷载分配到每边的梁、墙上。

PKPM2010 V3.X 版本的程序在上述方法的基础，新增加了图 4-66 的【矩形房间导荷时，边被打断…】控制项，用户勾选此选项，荷载会按位置分配到图 4-66 所示的墙段上，荷载类型为不对称梯形，各边总值不变。

图 4-66　板边界打断导荷

5）楼梯间的梯段和休息平台荷载

软件默认按双向板的屈服线导荷，所以楼梯段按梯段面统计的荷载（如楼梯天棚抹灰自重），需要除以梯段倾角的余弦，并且还要修改梯段的导荷方式。

4.7.2　楼面、屋面、楼梯间恒荷载的统计与布置

在荷载统计和荷载交互输入阶段，设计人员必须做到如下几点：正确统计构件荷载；正确理解软件导荷功能及特点；正确输入荷载作用，做到不漏项不重复；对输入的载荷认

真校核。下面我们首先介绍荷载统计方法。

1.《荷载规范》中的材料重度

统计恒荷载标准值时,依据《荷载规范》附录 A 规定的建筑材料重度取值,对于新建筑材料,可以采用实验室检测或取用规范上相近的材料重度值。图 4-67 所示的是《荷载规范》附录 A 给出的部分材料重度。

kN/m³

名　称		重　度	备　注
石灰、水泥、灰浆及混凝土	生石灰块	11	堆置,$\phi=30°$
	生石灰粉	12	堆置,$\phi=35°$
	熟石灰膏	13.5	
	矿渣水泥	14.5	
	水泥砂浆	20	
	水泥蛭石砂浆	5~8	
地面	小瓷砖地面	0.55	包括水泥粗砂打底
	水泥花砖地面	0.6	砖厚25mm,包括水泥粗砂打底
	水磨石地面	0.65	10mm面层,20mm水泥砂浆打底
	油地毡	0.02~0.03	油地纸,地板表面用
	缸砖地面	1.7~2.1	60mm砂垫层,53mm面层,平铺
	缸砖地面	3.3	60mm砂垫层,115mm面层,侧铺
杂项	普通玻璃	25.6	
	聚氯乙烯板(管)	13.6~16	
	聚苯乙烯泡沫塑料	0.5	导热系数不大于0.035[W/(m·K)]

图 4-67　《荷载规范》给出的楼面材料重度

采用《荷载规范》给定的材料重度时,要注意规范重度数值对应的量纲,对于以体积为基本单位的重度量纲为 kN/m³,对于以面积为基本单位的重度量纲为 kN/m²。

2. 统计板上满布恒荷载

直接作用在楼板上的恒荷载有楼板自重、楼面装修层质量、天棚或吊顶质量、楼面上较重的设备等。在"结构建模"中,软件默认板上分布荷载为均布荷载。如果在【恒活设置】中选择了由计算机自动计算楼板自重,则楼面恒荷载就只有楼面装修层质量,天棚或吊顶质量需要用户自己统计。

如果是在毕业设计中手工计算和 PKPM 两者都要进行,手工计算和 CAD 使用同一套荷载统计结果,则统计的板上满布恒荷载数值需要包含楼板自重,在"结构建模"的【恒活设置】中选择不用计算机自动计算楼板自重。

3. 楼梯间恒荷载统计及处理

楼梯荷载分为休息平台恒荷载和梯段恒荷载两部分。

（1）休息平台恒荷载统计与楼面相同,只统计楼梯面和天棚装饰做法自重即可。

（2）梯段恒荷载包括踢面和踏面装饰层自重、栏杆自重、楼梯天棚自重三部分。

梯段踏面及踢面装饰层自重:统计梯段梯面及踏面装饰层实际自重,再折算到水平踏面内,此数值不需除以楼梯倾角的余弦。

栏杆扶手沿梯段倾斜安置,通常按均布荷载折算到梯段面积之内,需除以楼梯倾角的余弦。楼梯天棚斜面荷载也需除以梯段倾角的余弦,如图 4-68 所示。

楼梯间由休息平台和梯段组成,如果要精确区分平台板和梯段板恒荷载值,可以在楼梯梁位置布置虚梁来分割楼梯间,分别布置楼梯段和休息平台的荷载。

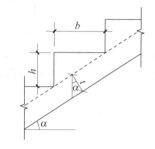

图 4-68 楼梯踏面梯面及厚度

4. "实例商业建筑"楼板、屋面板、楼梯恒荷载统计

进行荷载统计时,可用电子表格进行统计,罗列出做法位置、做法内容,计算荷载量纲、荷载计算公式及荷载统计结果,得到统计结果后,利用衬图功能,把当前结构层的上层建筑平面图作为衬图,交互输入楼面统计的恒荷载。表 4-6 为"实例商业建筑"楼面、屋面、楼梯恒荷载统计结果。

表 4-6 楼面、屋面、楼梯恒荷载统计表

内容			荷载统计/(kN/m²)		
	内容		项　次	厚度/mm	荷载标准值/(kN/m²)
楼面	楼面恒荷载	1	现浇板厚度		由计算机自动统计
		2	10 厚防滑砖地面(参照规范中水磨石地面)		0.65
		3	80 厚聚苯板上覆铝箔	80	0.5×0.08+0.01=0.05
	天棚恒荷载	1	天棚刮腻子两遍,刷乳胶漆(取两遍腻子 4 厚,按石灰膏计算重量,重度 13.5kN/m³,乳胶漆取 0.01kN/m²)	4	13.5×0.004+0.01=0.06
	合计				0.76
坡屋面	楼面恒荷载	1	现浇板厚度		由计算机自动统计
		2	小青瓦屋面		1.1
		3	20 厚水泥砂浆找平	20	20×0.02=0.4
		4	60 厚水泥蛭石	60	8×0.06=0.48
		5	两层改性沥青自粘卷材		0.05×2=0.1
		6	20 厚水泥砂浆找平	20	20×0.02=0.4
	天棚恒荷载	1	天棚刮腻子两遍,刷乳胶漆	4	13.5×0.004+0.01=0.06
	合计				2.54
	坡屋面面积聚到水平面 1:2 坡度,cos[arctan(0.5)]=0.8944				2.54/0.8944=2.84

续表

荷载统计/(kN/m²)				
内容	项次		厚度/mm	荷载标准值/(kN/m²)
平屋面	保温层平均厚度	1　保温层最薄	60	
		2　找坡方向水平长度	5700	
		3　屋面坡度	2%	
		4　保温层最厚厚度	60＋5700×2/100＝174	
		5　保温层平均厚度	(60＋174)/2＝117	
	平屋面恒荷载	1　现浇板厚度		由计算机自动统计
		2　小青瓦屋面		1.1
		3　20厚水泥砂浆找平	20	20×0.02＝0.4
		4　60厚最薄水泥蛭石,平均厚度117	117	8×0.117＝0.936
		5　一层改性沥青自粘卷材		0.05
		6　20厚水泥砂浆找平	20	20×0.02＝0.4
	天棚恒荷载	1　天棚刮腻子两遍,刷乳胶漆	4	13.5×0.004＋0.01＝0.06
	合计			2.95
楼梯板	梯板尺寸	踏步 b=270mm	踏步 h=16.7	$a=\arctan(h/b)=0.55$
		梯间宽 1600mm		
	梯段恒荷载	1　1000mm高栏杆及侧边粉刷		1.5/1.6＝0.94
		2　水磨石面层	30	0.65×(0.27＋0.167)/0.27＝1.05
		3　现浇板厚度		由计算机自动统计
	楼梯天棚	1　天棚刮腻子两遍,刷乳胶漆		0.06/cosα＝0.07
	合计			2.06
楼梯平台	休息平台恒荷载	1　现浇板厚度/mm		由计算机自动统计
		2　10厚防滑砖地面(参照水磨石地面)		0.65
	楼梯天棚	1　天棚刮腻子两遍	4	13.5×0.004＋0.01＝0.06
	合计			0.71

5. 板上荷载值修改

可通过两种方式来修改板上荷载值:

(1) 如果建筑做法改变或发现荷载统计错误需要修改荷载值,可改变【修改恒荷载】对话框中某个荷载的数值,即会改变模型中对应该数值的板块荷载,如图4-69所示。

(2) 个别板块由于建筑做法改变,导致荷载发生变化,则可在【修改荷载】对话框输入标准值,之后用鼠标单击需要修改荷载的板块。

6. 楼面局部荷载导算

单击楼板恒荷载输入菜单中的【荷载布置】,单击【增加】按钮,将弹出【选择板上荷载类型选择】对话框,可以选择板上线荷载、局部面荷载和点荷载三种类型,如图4-70所示。

对于局部荷载,程序采用"修正的有限元方法"导荷,把局部荷载导算到板块周边的梁、

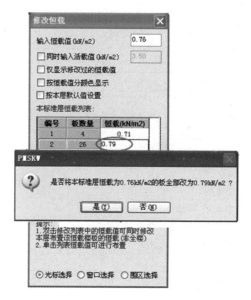

图4-69　荷载修改

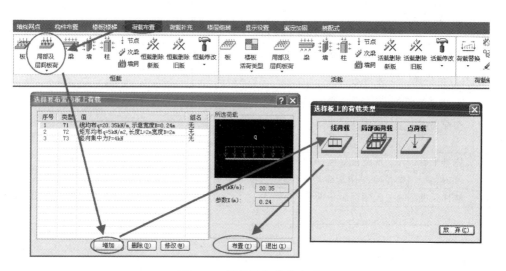

图4-70　楼板局部荷载布置

墙上。"修正的有限元方法"首先按有限元方法计算板边界荷载,当异形板某个边界出现反向导算值(梁上部受拉)时,则修正该边界导算荷载值为0,并按局部荷载总值调整其他边界导荷结果。

4.7.3　楼面、屋面、楼梯间活荷载的取值与布置

"结构建模"过程中,在楼面、屋面活荷载方面需要做的工作为:确定并输入楼面屋面活荷载值,确定活荷载折减方式及活荷载折减系数,确定活荷载不利分布计算参数等。

1. 楼面、屋面的均布活荷载取值

《荷载规范》第5.1.1条规定了民用建筑楼面活荷载取值,第5.2.1条规定了工业建筑

活荷载取值,第 5.3.1 条规定了屋面活荷载取值。在进行结构设计时,应按照《荷载规范》规定确定所设计结构的活荷载,部分楼面、屋面活荷载取值见表 4-7。

表 4-7　楼面、屋面活荷载取值表

序号	类　　　别	建筑二层房间	标准值/(kN/m²)
1	商店、展览厅、车站、港口、机场大厅及其旅客等候室	商业房间	3.5
2	浴室、厕所、盥洗室	厕所	2.5
3	多层住宅以外的其他建筑楼梯	楼梯	3.5
4	不上人屋面	所有屋面	0.5

2. 楼面活荷载折减

《荷载规范》第 5.1.2 条是与楼面活荷载及墙柱基础活荷载折减有关的条文,此条是强制性条文。

与以前版本相比,PKPM2010 V3. X 版本在楼面及屋面活荷载方面功能有较大改进。在以前版本中,对于楼面活荷载折减方式需要在"结构建模"中进行定义。PMPM2010 V3. X 版本把荷载折减方面的定义调整到了 SATWE 等结构分析模块。

SATWE 中活荷载折减有两种方式:一种是保留以前旧版本的用户自定义的整个楼层统一根据梁柱从属面积及折减系数的"传统方法";另一种是新版本 SATWE 新增的,按照《荷载规范》5.1.2 条规定,自动根据上一建筑层房间用途类型,确定构件折减系数的"自动按照荷载规范导荷"方法。

"自动按照荷载规范导荷"方法,能处理在同一建筑楼层由于存在不同房间功能类型,导致同一楼层的不同楼板存在多种折减方式的情况,如一个楼层既有办公室也有商场,或者一个楼层既有门诊室也有病房等辅助情况。

为了使 SATWE 能自动按照《荷载规范》第 5.1.2 条进行活荷载折减,需要在"结构建模"输入楼面活荷载时按要求的方式输入,定义房间的功能,并根据功能布置均布活荷载。

楼面、屋面、楼梯间均布活荷载需要不同的输入策略,下面详细讨论。

3. 楼面均布活荷载输入

与后面的 SATWE 计算活荷载折减相对应,PKPM2010 V3. X 版本"结构建模"中楼面活荷载输入有两种方式,一种是在结构平面中定义房间类型,之后由程序自动生成活荷载;另一种是用户逐个房间交互布置。

(1) 屋面活荷载的交互输入。单击【常用菜单】面板的【板活荷载】按钮,或【荷载布置】菜单【活荷载】面板的【板】按钮,打开【修改活荷载】对话框,定义活荷载值后在图形区选择楼板即可,如图 4-71 所示。

(2) 按照房间功能交互布置方式输入楼面均布活荷载。

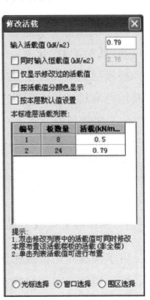

图 4-71　楼板活荷载定义

首先定义楼板活荷载属性,再根据定义了的楼板属性布置板上均布活荷载。

(3) 单击【荷载布置】面板的【楼板活荷载类型】按钮,打开【楼板活荷载属性】对话框,按图 4-72 所示操作可完成房间功能布置。

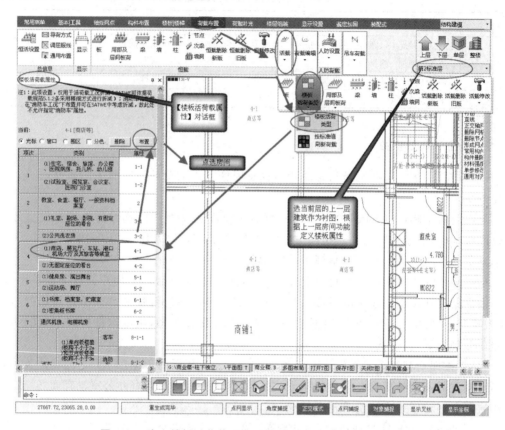

图 4-72 定义楼板活荷载属性(根据上一层建筑的房间用途)

需要根据上一层建筑平面图设计的房间功能定义当前结构标准层楼板荷载属性,此时可以通过【衬图】打开上一层建筑平面图,作为楼板活荷载属性定义的底图。

楼板活荷载属性定义完毕,可以切换到其他标准层,再更换相应建筑层的衬图,继续定义其他标准层的楼板属性。

(4) 根据楼板属性和荷载规范布置楼面活荷载。单击【荷载布置】面板的【楼板活荷载类型】下方实三角符号展开菜单,单击【按标准值刷新荷载】按钮,打开图 4-73 所示对话框,勾选需要刷新活荷载的房间类型,单击图中提示文字较多的那个按钮,选择需要刷新的标准层,即可对楼板均布活荷载自动按规范值刷新。

4.楼梯间活荷载布置

由于楼梯间活荷载作用在楼梯踏面,所以楼梯间活荷载不需要再除以楼梯段倾角的余弦。可与楼面房间一起定义楼梯荷载属性后,一起刷新活荷载。

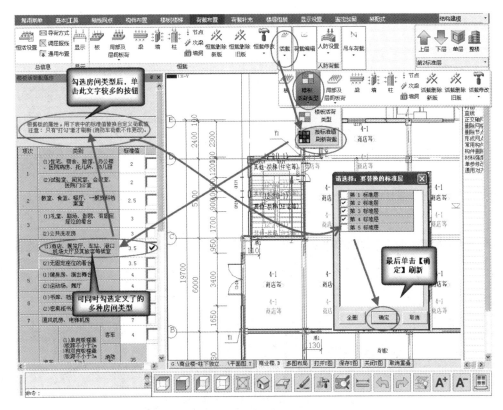

图 4-73　根据楼板活荷载属性刷新楼面活荷载

5. 屋面活荷载布置及 SATWE 屋面梁荷载折减系数交互检查

1）只有一个顶层屋面的情况

对于顶层只有一个屋面的建筑，顶层结构标准层的屋面活荷载布置不需通过定义属性，再刷新活荷载这个操作。这种屋面活荷载可以通过人机交互方式布置。

2）局部屋面及 SATWE 活荷载折减时的检查修改

当某个结构标准层的上层有局部屋面或露台时，这个结构标准层的上层有房间的部分，可以通过前面所述先定义楼板活荷载属性，再刷新荷载的方式输入荷载。有局部屋面或露台部分的屋面活荷载需要通过人机交互方式布置活荷载。

由于 SATWE 进行楼面活荷载折减时，并不判别其上层是否是屋面。只要楼层不是楼层组装的顶层，且梁的从属面积达到荷载规范规定的折减数值，该梁即会给出默认的折减系数，因此对于局部屋面需要在 SATWE 进行折减系数交互修改。

如图 4-74 所示某局部 2 层的住宅平面开间进深尺寸皆为 11m，首层楼板荷载布置如图 4-75 所示。在 SATWE 的【设计模型前处理】中【活荷载折减】【交互定义】操作时显示的软件默认的梁活荷载折减系数不完全正确，需要修改，如图 4-76 所示。

再次需要预先强调的是，对于柱墙活荷载折减，SATWE 能够判断某层柱上部与此柱联通的柱层数，可以准确计算墙柱活荷载折减系数。

图 4-74　某局部 2 层住宅楼

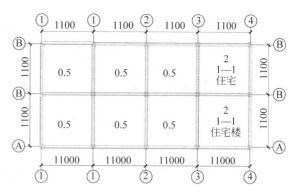

图 4-75　住宅第 2 层活荷载

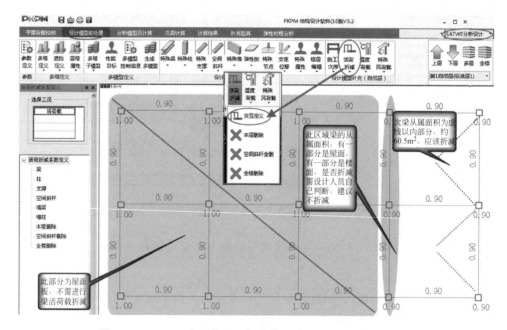

图 4-76　SATWE 中局部屋面梁荷载折减系数需交互检查修改

6. 梁跨被网点断开成多段梁时的建模处理及梁活荷载折减系数检查

当结构模型中存在一跨梁中间因存在网点而被分割为多个梁段情况时，在 SATWE 中要仔细检查其活荷载折减系数是否准确，必要时需要进行交互修改梁的活荷载折减系数。图 4-77 为局部 2 层住宅的某跨梁被网点分为 2 个梁段，在 SATWE 中检查梁折减系数的情况如图 4-78 所示，显然这个局部 2 层建筑的Ⓐ轴、①轴、③～④轴间主梁折减系数需要修正。

因此，在即将转入 SATWE 进行结构分析前，退出"结构建模"时，要勾选图 4-79 的【清理无用的网格、节点】勾选项，退出"结构建模"时，一条网线内没有布置构件也没有和其他网线公用的网点会被清除，被分成多个梁段的同跨梁会自

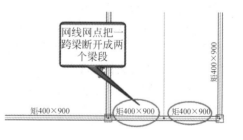

图 4-77　某梁跨被网点分为两个梁段

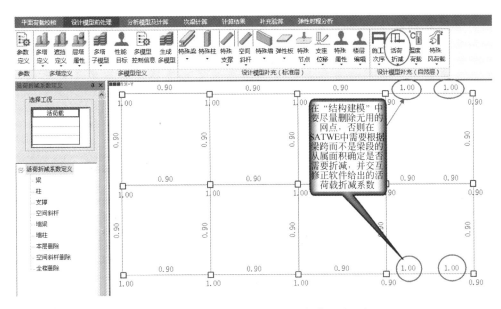

图 4-78　软件显示的两个梁段活荷载折减系数

动合并成梁跨,自动修改板的边界数据。

　　当有如图 4-80 所示的梁托上层柱情况时,"结构建模"生成 SATWE 数据时能自动进行节点下传,在下层梁上会自动生成柱的下节点,此时在进入 SATWE 后仍要交互检查、修改梁段的活荷载折减系数。

图 4-79　清理无用的节点

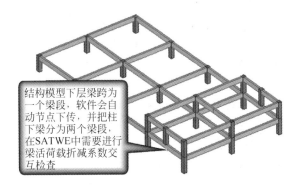

图 4-80　梁托柱节点下传

4.7.4　梁上荷载统计方法及交互输入操作

　　在"结构建模"中,梁上荷载分为梁荷载和次梁荷载。梁荷载指作用在主梁上的荷载,主梁上的荷载和次梁上的荷载统计及交互输入有一定的相似性,下面叙述主次梁荷载的相关内容。

1."结构建模"的梁上荷载菜单

　　从图 4-81 可知,通过【常用菜单】和【荷载布置】菜单面板,皆可实现对梁上荷载的交互操作。

(a)

(b)

图 4-81 梁上荷载菜单

(a)【常用菜单】面板上的荷载交互按钮；(b)【荷载布置】面板上的荷载交互按钮

1）梁上荷载的输入

单击上述菜单面板相应梁及次梁的输入、删除按钮，即可进行荷载的定义、输入和删除操作。

下面以主梁恒荷载输入为例，简单介绍荷载的输入过程。单击【梁】按钮，程序会打开如图 4-82 所示的【梁恒载布置】对话框，可以单击对话框上的【增加】按钮，打开【荷载增加对话框】，通过对话框选择不同荷载类型后，给新增荷载输入组名（便于查找）及荷载值并确认后，可向荷载列表中添加荷载项。选中列表中的荷载，单击【布置】按钮可以向模型中的梁布置荷载。

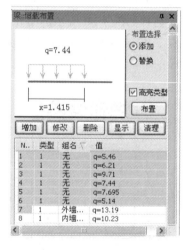

图 4-82 【梁恒载布置】对话框

2）梁上荷载修改

梁上荷载的修改操作有两种方式。一种是修改荷载列表中的荷载值。单击【修改】按钮，打开【荷载修改】对话框，从对话框中修改被选中的荷载列表项的荷载值，同时模型中布置该荷载的梁上荷载也被修改。

另一种是单击【荷载修改】按钮后，选择要修改的梁构件，在弹出的对话框中修改梁上荷载。该操作仅作用于修改选中的构件。

3）高亮显示

选中荷载列表的某项荷载后，勾选【高亮】选项，则当前标准层布置荷载的梁会被高亮显示，对修改检查荷载布置十分方便。

4）梁上荷载删除

与构件删除类似，梁上荷载删除也有两种方式。一种是删除梁荷载布置对话框中的荷载项，则结构模型中所有梁布置的此荷载项皆会被删除。第二种是通过【荷载删除】按钮，勾选弹出对话框中要删除的构件类别，之后从模型中选择要删除荷载的梁。如果荷载删除时，被选中的布置有多个荷载，系统会弹出一个对话框显示该梁上的所有同类型荷载，用户勾选要删除的荷载项即可。

5）荷载复制与层间复制

单击【荷载复制】按钮后，选择源荷载所在的梁，再在当前标准层单击荷载复制的目标梁构件，即可实现荷载的层内构件间的复制。

单击【层间复制】，弹出图 4-83 对话框，从对话框中选择荷载来源楼层以及要复制荷载的构件及类别，即可把其他层荷载复制到当前楼层。

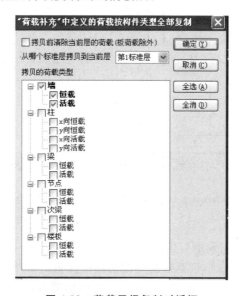

图 4-83　荷载层间复制对话框

2. 梁上恒荷载和活荷载的组成

在"结构建模"中需要交互输入的梁上荷载，是指直接作用在梁构件上，且不能由"结构建模"从其他途径导算出的梁上荷载。

（1）在通常情况下只有恒荷载。在构件自重由软件自动计算时，梁上恒荷载为上一层建筑布置在梁上填充墙、隔墙、女儿墙、檐口、栏板、玻璃幕墙及墙面装饰等重量。

（2）梁上活荷载。结构建模时为了简化建模过程，对作用在梁上的其他建筑部件进行了简化，而简化掉的部件有活荷载作用时，需要输入由该部件传递到梁上的活荷载，大多数情况下，梁上没有活荷载作用。除非特殊情况，施工荷载通常不需输入。

3. 梁上恒荷载的统计

梁上荷载的统计是计算填充墙自身及其表面装修层的每延米荷重。依照填充墙上有无洞口以及洞口类型，梁间荷载的统计可以分为下面几种：

1）无洞口满砌填充墙传递给墙下梁的恒荷载

统计满砌填充墙时的梁上荷载，可以先计算出墙体的每平方米荷重，之后再乘以墙净高即可。

具体进行设计时，只要有了墙体的每平方米荷重，统计墙体荷载就变得十分轻松了，表 4-8 为常用墙体单位面积荷重表。

表 4-8　常用墙体单位面积荷重

类　别	墙厚/mm	墙体单位面积荷重/(kN/m²)					备　注
		清水	单面	双面	外墙贴马赛克，内墙粉刷	外墙水刷石，内墙粉刷	
黏土实心砖	120	2.28	2.64	3.00	3.14	3.14	① 内墙面抹灰及涂20mm 厚混合砂浆，水泥粉刷墙面取规范值为 0.36kN/m²② 外墙饰面包括打底总厚25mm，取规范值为 0.5 kN/m²
	240	4.56	4.92	5.28	5.42	5.42	
	370	7.03	7.39	7.75	7.89	7.89	
粉煤灰砖	120	1.02	1.38	1.74	1.88	1.88	
	240	2.04	2.40	2.76	2.90	2.90	
	370	3.15	3.51	3.87	4.01	4.01	
加气混凝土	75	0.56	0.92	1.29	1.43	1.43	
	100	0.75	1.11	1.47	1.61	1.61	
	200	1.50	1.86	2.22	2.36	2.36	
	250	1.88	2.36	2.60	2.74	2.74	

注：① 机制黏土砖重度按 19kN/m³ 计算；粉煤灰泡沫砌块砌体重度按 8.5kN/m³ 计算；加气混凝土砌块重度按 7.5kN/m³ 计算。

② 填充墙的线荷载＝填充墙净高×该墙体的面荷载；有洞口时填充墙线荷载＝（墙体长度×墙体高度－洞口面积）÷墙体长度×墙体面荷载＋窗线荷载。

2）有满开或近似满开门窗洞口的填充墙

当墙上有满开门窗洞口时，只要知道门窗的单位面积荷重，就可以分别用墙单位面积荷重和门窗单位面积荷重乘以各自的净高，之后两者相加即可得到作用于梁上的荷载。常用建筑门窗单位面积荷重取值可参考表 4-9。

表 4-9　常用建筑门窗单位面积荷重取值参考表

门窗种类	荷重参考指标/(kN/m²)	附　注
钢门、钢框玻璃窗	0.4～0.5	按照3mm 厚单层普通玻璃计算，如玻璃厚度改变，荷重须适当调整
塑钢门窗	0.2～0.3	
铝合金门窗	0.2～0.3	
木门	0.1～0.2	
玻璃窗	0.2～0.3	
玻璃幕墙	1.0～1.5	根据玻璃厚度，按照单位面积玻璃自重增加 20%～30%采用

注：对于特种门窗（如变压器室钢门窗、配交电所钢门窗、防射线门窗、冷库门、人防门、保温门、隔声门等）的荷重，必须根据厂家样本提供的荷重取值。

3）有非满开门窗洞口的填充墙传递给墙下梁的恒荷载

填充墙上存在的门、窗洞时，由于门、窗洞大小及宽高各异，且洞口两侧和上部通常存在过梁、构造柱、填充墙、拉结筋等，致使填充墙传递到一级结构构件的实际荷载分布十分复杂，墙施加到柱间梁的线荷载不是等值线荷载，虽然理论上应按墙长度范围内的梁跨中弯矩相等和两端剪力相等的原则输入该"等值线载"，但在实际设计时很难准确计算出这个"等值线载"，因此在设计输入该梁荷载时一般按平均线荷载取值。

如果门窗洞口所占比例不大，可以按满砌墙考虑。当门窗洞口所占比例较大时，有经验的设计人员往往在满砌墙重基础上,最后再乘一个系数,如 0.8~0.9。设计经验不足时,应采用下面方法求得墙上墙体及门窗的平均线荷载:

$$有洞口时 = [(墙体长度 \times 墙体高度 - 洞口面积) \times 墙体单位面积荷重 +$$
$$门窗洞口面积 \times 门窗单位面积荷重] / 墙体长度$$

在进行设计时,也可以参照上面计算公式,自己编制一个计算表格,用于计算有洞口的墙上荷载。

4) 女儿墙传递给墙下梁的恒荷载

屋面女儿墙通常由砌体做成,所以屋面女儿墙作为附属构件无法直接参与主体结构的分析,故当屋面女儿墙按惯常高度设计时,可只考虑女儿墙自重属于竖向荷载,可以采用与填充墙类似的方法进行统计,这种简化方法是符合设计精度要求的,且不会影响主体结构的安全。

5) 女儿墙传递给墙下梁的地震作用及风荷载

如果屋面女儿墙较高,则应统计女儿墙地震荷载和女儿墙风荷载,屋面女儿墙风荷载可在 SATWE 中按自定义风荷载输入。

6) 栏杆、栏板和玻璃幕墙、设备恒荷载、振动设备振动荷载等没有输入到结构模型中的部件传递给梁的荷载

阳台和露台栏杆和栏板下方通常有实梁,可在统计每米荷重后,按其位置以线荷载形式布置在相应的梁上。板式楼梯的栏杆可单击【荷载布置】面板的【局部及层间荷载】|【布楼层板局部】按钮,在弹出的荷载定义对话框定义线荷载后布置到相应的位置上。

《荷载规范》给出的玻璃幕墙荷重为 $1.00 \sim 1.50 \mathrm{kN/m^2}$,规范还规定玻璃幕墙一般可按单位面积玻璃荷重增大 20%~30% 采用(规范给出的普通玻璃重度为 $25.6 \mathrm{kN/m^3}$)。当玻璃幕墙为双层中空玻璃时,宜按玻璃总厚度计算玻璃荷重,且幕墙龙骨重量比例也要适当增加。玻璃幕墙荷载通常由梁柱分担,要根据龙骨预留预埋件的个数和位置进行分配。

《荷载规范》5.6 节明确规定:对于在使用期间有可能产生振动的设备,在有充分的依据时,有必要考虑一定的动力系数,将设备的自重乘以动力系数后按照静力荷载计算。如搬运和装卸重物以及车辆起动和刹车的动力系数可采用 1.1~1.3。

如设备振动比较剧烈,或没有足够的经验参数,则应对设备本身安装必要的减振设施,或对设备基础采取必要的减振措施。

4. 梁上荷载显示校核

输入荷载后,单击【显示】面板,打开图 4-84 所示的【荷载显示设置】对话框,选取荷载显示类型为"简单(单线)"显示,再通过【高亮显示】等检查荷载输入是否正确。

4.7.5　节点荷载、墙间荷载、柱间荷载、吊车荷载

在"结构建模"中,节点荷载、墙间荷载、柱间荷载输入操作类似梁间荷载。由于这些荷载在通常建筑结构设计中较少遇到,我们在这里仅对其可能发生的情况做简单的介绍。

1. 门窗及墙面装饰形成的墙间荷载

在这里我们所说的墙对于混凝土结构而言,是指剪力墙。墙上荷载与梁上荷载类似,如

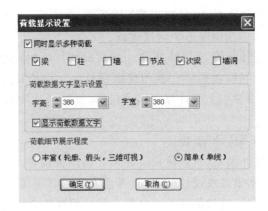

图 4-84 【荷载显示设置】对话框

果在输入混凝土重度时没有充分考虑墙上装饰的重量,则应参照填充墙荷载统计方法,补充计算漏算的墙面装饰重,并把它按均载方式施加到墙构件之上。另外,墙上门窗荷重、洞口部位的栏板或栏杆等也会在洞口部位产生荷载,在墙上布置这些载荷时要合并考虑这些因素。如果窗洞口下是用填充墙砌筑,则应在墙上布置窗台下填充墙荷载。

2.依附于柱的其他设施形成的柱间荷载

与上面情况类似,通过斜拉杆锚固在柱子上的雨篷、依附于柱子的玻璃幕墙、柱子通过牛腿支撑其他设施等产生的直接作用在柱上的荷载,应按柱间荷载输入。

3.屋顶广告牌等形成的节点荷载

顾名思义作用在网点上的不是由当前模型中其他构件传来的荷载都属于节点荷载。在实际工程中,能够产生节点荷载的情况很多,如屋顶的广告牌在屋顶锚栓处、屋顶铁塔锚固屋面处、依附外边梁上的钢制楼梯或钢制雨篷、悬挂设备、玻璃幕墙或彩钢板墙通过龙骨传来的荷载等。这些荷载要依据具体工程情况,认真统计并把它们布置在相应的网点上。

4.电梯荷载

用于乘人的电梯轿厢是靠曳引机卷动钢丝绳上下运动的,曳引机通常固定在电梯井顶部的梁或楼板上。因此电梯的主要荷载由电梯井顶部的梁或楼板承受,而设置在井内的支架梁主要起到固定导轨作用。依据《荷载规范》表 5.1.1 第 7 项规定:通风机房、电梯机房的活荷载标准值为 $7.0\text{kN}/\text{m}^2$。在进行电梯井及电梯机房设计时,应注意以下问题:

(1)电梯井道一般不考虑电梯荷载。

(2)电梯基坑底板应按照电梯资料考虑荷载,并留较大富余量。

(3)位于电梯井顶部的电梯机房楼板按 $7.0\text{kN}/\text{m}^2$ 活荷载考虑。

(4)还需要依据电梯厂家提供的土建工艺图在电梯机房顶部布置设有吊钩的承载梁(可以是混凝土梁或钢梁),并依据电梯资料上的荷载布置承载梁的荷载。

(5)电梯机房顶承载梁的吊钩仅考虑安装及维修时电梯的荷重,一般为 30kN。

另外,对于框架结构电梯井的填充墙应当为实心砖墙,因为电梯运行时有振动。电梯角部要布置同墙厚相同的构造柱。根据不同电梯厂家的要求,除楼层梁外,沿墙高度每 2~

2.5m 设混凝土圈梁,用于安装固定电梯轨道等的埋件。

4.7.6　实例商业建筑荷载的输入

输入荷载时,可先通过【衬图】打开上一层建筑图作为荷载输入底图,再根据已经统计好的不同部位梁上荷载列表,逐层逐个梁输入荷载。图 4-85～图 4-88 为"实例商业建筑"除坡屋面外的荷载截图。

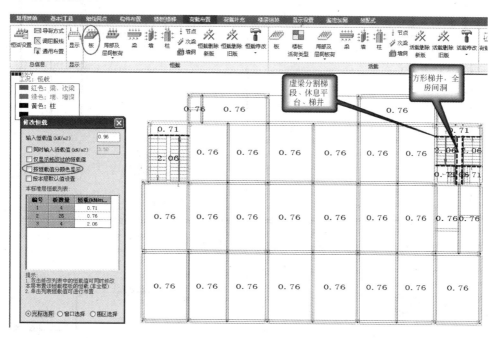

图 4-85　"实例商业建筑"设计模型第 **2**、**3** 层楼面恒荷载布置

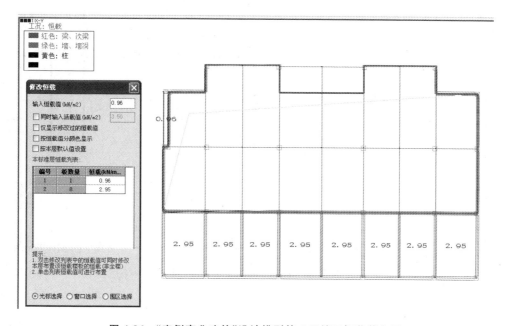

图 4-86　"实例商业建筑"设计模型第 **4** 层楼面恒荷载布置

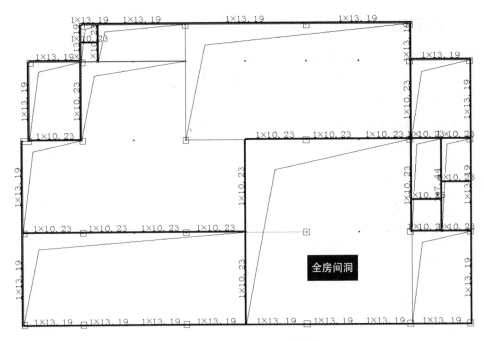

图 4-87　地框梁层梁上恒荷载

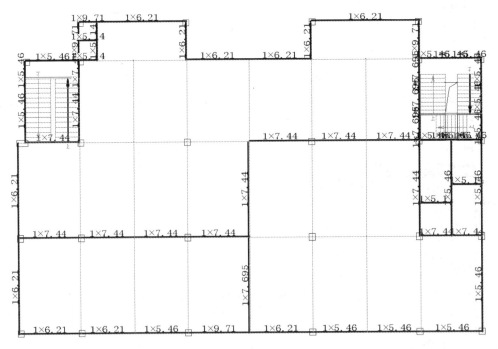

图 4-88　第 2、3 结构层梁上恒荷载

4.8　楼层组装

通过本章前面几节,我们基本掌握了建立楼层模型的方法,当楼层模型建好之后,还需要通过楼层组装,将各标准层模型组装为结构整体设计模型才算真正完成了结构建模工作。

4.8.1　楼层组装的普通组装及广义层组装

"结构建模"的楼层组装分为普通组装及广义层组装两种。一般的建筑结构只需采用普通组装即可,不论普通组装还是广义层组装都是通过单击【楼层组装】菜单实现的。

1. 普通组装

单击【楼层组装】菜单,打开图 4-89 所示的【楼层组装】对话框即可进行楼层组装。

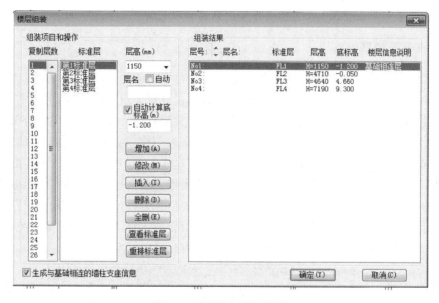

图 4-89　【楼层组装】对话框

楼层组装的方法是:

(1)向"组装结果"中添加第一层:选择【复制层数】为"1",选择【标准层】为"第 1 标准层",不勾选【自动计算底标高】,勾选【生成与基础相连的墙柱支座信息】,在其下编辑栏输入基础顶标高(本处假定基础顶标高为−1.2m),单击【增加】,向"组装结果"中添加"No1-FL1"。

如果在【楼层组装】对话框中默认勾选了【生成与基础相连的墙柱支座信息】,则程序自动判断该标准层所有节点做如下判断:若组装时标准层的最下层结构柱或墙底标高低于"与基础相连构件的最大底标高"(该参数位于【设计参数】对话框的总信息内),且与墙柱相连的节点下方均无其他构件,则该节点将自动设置成与基础相连的支座。

当结构过于复杂或建模存在错误时,可能会导致自动生成支座有误,此时则需要使用【楼层组装】下的【支座】、【设支座】或【非支座】菜单人工设置或删除错误位置的支座信息。

（2）向"组装结果"中添加其他楼层,同时输入【复制层数】,分别在【标准层】中选择相应的结构标准层,勾选【自动计算层底标高】,单击【增加】,向"组装结果"中添加其他自然层。

若要修改组装后的自然层,可单击【修改】【删除】【全删】进行修改操作。

2．楼层组装应注意的问题

在进行楼层组装时,需要注意选定正确的【复制层数】和【层高】等数据。

（1）首层层高。由于结构层的起算高度是从基础顶面开始的,在基础设计尚未开始时,可以按照事先估算的基础顶标高计算首层层高。

（2）标准层的被组装顺序和次数没有限制。在已组装好的自然层中间插入新的楼层,各层标高自动调整。在楼层组装时,可根据结构标准层实际出现的位置,多次穿插使用同一个结构标准层。但是,对于普通楼层组装,不管结构标准层的组装顺序如何,自然楼层组装必须按照从低到高的顺序进行。

（3）除第一自然层之外,普通楼层组装由软件自动计算被组装楼层的底标高。

3．广义层及楼层组装

广义楼层组装方式可用来组装更加复杂的不对称多塔结构、连体结构,或者楼层不是很明确的体育场馆等建筑形式。广义楼层组装方式不仅改变了用户的操作,也使 PKPM 软件内部的数据结构和数据组织发生了革命性改变。广义层是通过在楼层组装时为每一个楼层增加一个"层底标高"参数来完成的,这个标高通常是参照建筑的第一自然层的层底标高而来的。有了每一个参与组装的标准层的"层底标高"这个参数,参与组装的楼层在整体结构模型中空间位置可以由用户自行确定,程序不再需要像普通楼层组装那样,依照组装的先后顺序来判断楼层的空间位置,而改为依靠用户给定的位置进行整体模型的组装与生成。

由于采用这种楼层组装时,层模型可以高度自由化地实现层间连接及传载关系,故称之为广义层。图 4-90～图 4-93 为广义层组装例子及相关图形模型。

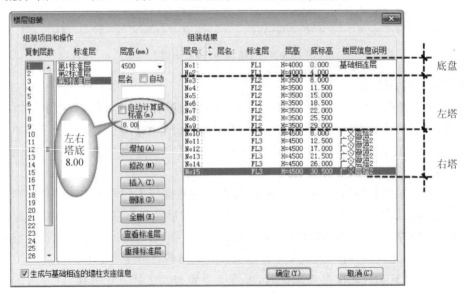

图 4-90　广义层组装参数

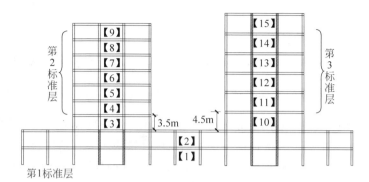

图 4-91　广义层组装模型剖视说明

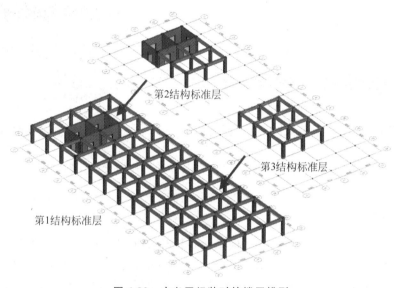

图 4-92　广义层组装时的楼层模型

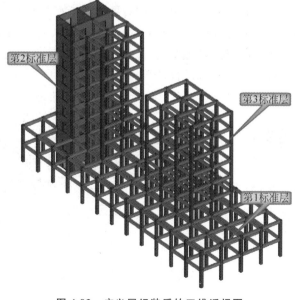

图 4-93　广义层组装后的三维透视图

4.8.2 退出保存与数检定位

退出"结构建模"时,软件会弹出图 4-94 所示对话框,提示用户保存模型数据。

1. 保存退出选项及模型数据检查

单击"结构建模"界面左上角【PKPM】菜单浏览器(PKPM 彩色文字)的【EXIT】,单击"结构建模"界面的叉形退出键或选择切换到其他软件模块之前,"结构建模"也会弹出【请选择】对话框。单击【退出保存】,系统会继续弹出图 4-95 所示对话框,选择【检查模型数据】勾选项,"结构建模"会对模型进行数据错误检查。

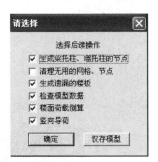

图 4-94　退出保存选择

图 4-95　退出保存时操作选择

2. 数检定位

还可通过单击【基本工具】菜单的【模型检查】按钮进行模型数据错误检查。

"结构建模"发现错误后,会弹出图 4-96 所示对话框,用户若单击【返回建模并显示检查结果】,可以自动回到"结构建模"交互建模界面,双击错误名称,"结构建模"会自动显示错误所在,如图 4-97 所示,以便用户进行修改查错。

在此需要进一步指出的是,由于"结构建模"对模型的检查仅限于常规检查,如在后续执行 SATWE 等其他模块的深度数检时,还可能会显示其他模型错误,则仍需要返回"结构建模",通过【基本工具】面板的【数检定位】按钮,打开错误文件,双击错误所在行,"结构建模"能自动定位到错误所在楼层及位置,供用户检查修改。

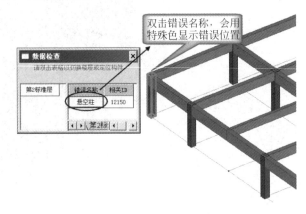

图 4-96　退出保存操作选择

图 4-97　显示错误位置

4.8.3 对"结构建模"模型数据异常损坏的恢复

在创建结构模型时,有时难免会出现一些异常情况导致所做工作没有保存而退出了程序(如建模的时候突然停电,导致模型损坏),可以通过 PKPM 的自动保存功能,恢复前面已建好的模型数据。

1. 备份工程数据

先将工程数据拷贝至另一目录,把当前工作目录改到备份目录,然后再进入"结构建模"进行操作。

2. 进行数据恢复

执行"结构建模"【基本工具】菜单的【恢复模型】按钮,在对话框中选择需要恢复的记录序号,单击【恢复】,恢复以前保存的模型数据。

3. 模型意外损坏的恢复

模型文件出现异常时,也可按下述方法恢复:

(1) 新建一个空目录,在新目录位置进行恢复。

(2) 将当前工作目录中的备份压缩包如 aa. zip(其中: aa 为工程名)复制到空目录中,并解压缩。如无压缩包 aa. zip,则可将下面步骤(3)中的文件复制到新目录。

(3) 在交互建模过程中,"结构建模"会循环创建备份文件 aa. 1ws,aa. 2ws,…,aa. 9ws(最多 9 个),可以依次打开这些创建时间最近的备份文件,直接改后缀为 JWS 文件,用"结构建模"打开。可按时间排序,找出最接近出错时间的文件,直接改名为 AA. JWS。

(4) 在 PKPM 主菜单中更改当前工程目录为第(1)步中新建空目录,进入"结构建模"看是否恢复。

(5) 如不能恢复,还可尝试把工作目录中的 aa. BWS 文件复制到新建目录中,再把其改名为 aa. JWS,重新进入"结构建模",打开该文件。

(6) 如还是不能恢复且模型数据十分重要,则可将工作目录压缩后,把压缩包发送至 pub@pkpm. cn,标题写"PM 模块需要恢复数据",PKPM 软件技术人员会帮您尝试恢复。

4.9 本章小结

在本章通过"实例商业建筑"的结构建模,熟悉了相关的规范条款,学习了利用建筑 DWG 条件图和衬图,识别轴网和交互创建轴网的方法,掌握结构设计参数确定方法,学习柱、梁、板、墙、构件等交互输入操作方法,了解对模型交互检查的基本操作,掌握了在创建结构模型时如何输入参数化楼梯,为后续计算楼梯对主体结构的影响做了必要的准备。另外,还学习了楼层组装的基本方法,了解广义层的作用,掌握根据数据检查修改模型及模型恢复方法。在本章我们还学习了构件荷载的统计、输入、交互修改方面的内容,掌握了梁间载荷及楼面载荷的统计及布置方法,对楼面按照房间功能交互布置方式,输入楼面均布活荷载的操作及注意问题有了比较深刻的认识。

在后面章节中,我们还将继续学习坡屋面和错层结构的建模方法。

思考与练习

思考题

1. 请简述"结构建模"的主要流程,它的【交互建模与荷载输入】界面主菜单有哪些?

2. "结构建模"人机交互建模的常用热键是哪几个? 各有何作用?

3. PKPM 中如何实现对三维轴测模型的实时平滑旋转观察和平移观察操作?"结构建模"中如何用鼠标转换模型轴测观察角度?

4. 什么是结构标准层? 用 PMPM2010 交互创建结构设计模型时,如何划分结构标准层?

5. 建筑结构的首层层高如何确定?"结构建模"的【设计参数】中的【与基础相连的最大底标高】有何作用?

6. 如何创建复杂的轴网? 如何创建定义轴线名? 如何删除或修改一个轴线名? 请说明"结构建模"轴网识别的操作过程。

7. 请说明轴网在创建结构模型和生成力学分析模型时的作用。

8. 结构标高与建筑标高有何区别? 同一建筑楼层做法相同而板厚不同时,如何在"结构建模"中定义其标高?

9. 在"结构建模"围板和导荷时,主次梁的作用有何区别? 什么样的梁宜按次梁布置?

10. 结构建模中,异形板是如何导算荷载的? 斜板和水平楼板导荷及荷载输入应注意什么问题?

11. "结构建模"能否在同一根网线上布置两个梁?

12. 如何进行梁、柱截面初选与定义?"结构建模"中如何定义异形柱截面?

13. "结构建模"对构件进行编辑操作的方式有哪些? 各有何要点或特点?

14. 什么是降板错层? 高烈度区如何提高降板错层位置构件的抗震性能?

15. 如果自动生成楼板后又改变了梁的布置,是否需要重新生成楼板操作? 为什么?

16. "结构建模"中楼板开洞操作有哪些? 创建结构模型时,什么情况下可以忽略楼板上的小洞口?

17. "结构建模"中如何布置悬挑板? 有何特点?

18. 如何统计填充墙的荷重? 开洞和不开洞的填充墙荷载统计方法有何不同?

19. 板上位置不定的轻质隔墙等效荷载应如何确定? PKPM2010 V3. X 中这种隔墙是按恒荷载输入还是按活荷载输入? 如何输入?

20. 什么时候需要统计柱间和节点荷载?

21. 承重墙上的荷载有哪些需要统计输入?

22. "结构建模"在哪里定义楼面活荷载折减?《荷载规范》对宿舍和商店建筑的活荷载折减规定有何不同?

23. 楼梯的活荷载是多少? 教室的活荷载是多少? 对于《荷载规范》未做规定的房间活荷载如何确定?

24. "结构建模"在进行楼板导荷运算时,平板和斜板是否有区别? 设计时应如何应对?

25. 什么是广义层？广义层楼层组装的特点是什么？

26. "结构建模"地下室层数参数的作用是什么？

27. 在"结构建模"中，如何定义风荷载和地震作用参数？

28. "结构建模"对模型进行查错修改操作有哪些？如何操作？

29. 如果"结构建模"模型出现打开异常或数据损坏，怎样进行修复？

30. 地下室外侧挡土墙荷载包括哪些？如何确定室外地坪附加活荷载？地下车库顶板施工活荷载确定应考虑哪些情况？

31. 为何要按照房间功能交互布置方式输入楼面均布活荷载？按照房间功能交互输入楼面活荷载时，如何处理屋面活荷载及一个梁跨分为多段时的情况？

练习题

1. 请自己寻找一套或多套多层办公楼或教学建筑施工图进行设计练习，并通过"结构建模"的【DWG 转模型】操作，用交互识别方式生成轴网系统。

2. 请在上面操作基础上，划分结构标准层，对该结构采用框架结构体系和现浇楼盖进行结构设计，在第 1 标准层进行梁、柱、板截面初选及定义，选定主次梁设计方案，以第 2 层建筑平面图为参考底图进行第 1 结构层的构件布置。

3. 显示构件截面尺寸，对已经布置的构件进行必要的编辑和修改。

4. 统计计算楼面、梁上恒荷载，依据规范确定楼面活荷载，以建筑图为衬图，进行构件荷载布置，并在界面上显示荷载数值。

5. 创建新的标准层，通过层间关联编辑，依据建筑图定位，对梁柱进行偏心对齐操作。

6. 结合该设计，定义"结构建模"的设计参数。

7. 进行楼层组装，并进行校核检查修改。

8. 请用"结构建模"随意创建一个正交轴网，再通过"网格平移"改变某个开间或进深。

第 5 章

坡屋面、错层结构及多塔结构

学习目标

了解坡屋面结构的受力特点；

掌握无阁楼层、带阁楼层、带气窗和平改坡结构建模技巧及处理方法；

掌握坡屋面结构屋面荷载及风荷载处理方法；

了解错层结构的特点；

掌握局部错层、整体错层、跃层结构的三种建模方法；

掌握楼梯参与结构整体分析的智能楼梯输入方法；

了解复杂楼梯的模拟建模过程及方法；

了解相关结构规范条文及掌握软件操作方法。

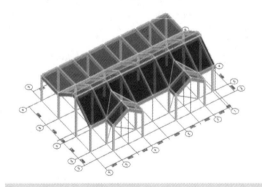

本章叙述的坡屋面、错层结构、楼梯对主体作用与影响等内容，是学习结构CAD中比较重要的内容，通过对这些结构设计中常遇的较复杂问题的深入学习理解，能帮助读者早日成为一位结构设计的行家里手。

在深入学习建筑结构CAD过程中，宜把软件操作、设计方法、规范条文、实例操作的四条主线同时展开，相互融汇。

因为只有这样才能在学习的思辨中，领会CAD的真正内涵——CAD软件仅是辅助工具，而人的专业素养和态度才是关键。

5.1　坡屋面结构

坡屋面是中国古建筑不可或缺的一部分，在现代建筑中，由于混凝土材料的广泛使用，使得现代建筑的坡屋面结构有了新的变化。与古建筑相比，现代建筑的坡屋面建筑风格或造型已不同于传统的飞檐斗拱、四坡顶或歇山建筑。现代坡屋面建筑多采用钢筋混凝土结构，而不再像古建筑那样以砖木结构为主。

5.1.1　坡屋面的分类

从建筑学专业角度来说，坡屋面按照坡数分为单坡、两坡、四坡，特殊情况也有 $6 \sim 8$ 坡的情况。具体工程中复杂的坡屋面均由以上各种基本单元组合而成。

从结构专业角度，通常我们认为坡度大于或等于 $10°$ 且小于 $75°$ 的结构屋面为坡屋面。图 5-1 为框架结构坡屋面的轴测示意图。依照对结构设计的不同影响，坡屋面可划分为如下几种类型。

1. 无阁楼层的坡屋面

从结构布置方式上看，无阁楼层坡屋面的屋脊有平脊和斜脊两种。图 5-2 给出的是无阁楼层的坡屋面。不管是平脊坡屋面还是斜脊坡屋面，其结构内力分布与拱、壳类结构具有相似性，这种屋面，在坡屋面檐口支撑处会产生水平推力。在条件允许时，可在坡屋面檐口标高以上位置设置水平拉梁，这样可以抵消屋面斜梁的部分外张力。

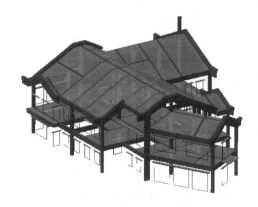

坡屋面无阁楼层，
其屋面荷载传递给
自己楼层的梁柱

図 5-1　框架结构坡屋面　　　　　　図 5-2　无阁楼层的坡屋面

无阁楼层的坡屋面与平屋面结构既有相似之处也有截然不同的方面：虽然与平屋面建筑一样，坡屋面的屋顶结构与檐口四周的支撑梁或柱都属于同一个结构层，但是无阁楼层坡屋面在受力方面与平屋面有着本质区别，设计时应在受力分析的基础上进行人工调整。

(1) 在计算坡屋面板配筋时，除了荷载应按水平投影的方式进行集聚折算之外，由于坡屋面板的空间作用和平面内外的综合受力，设计人员还应自行考虑屋面板可能出现轴向力，配筋应双层双向拉通，并适当加密钢筋间距。

(2) 没有设置拉梁的斜屋面屋脊梁(包括三叉折梁)，除受弯矩外还承受较大的轴向压力,而 PKPM 软件在计算配筋时尚没有自动考虑梁构件轴向压力的影响,同时屋脊梁的楼板翼缘作用有限,不应按 T 形梁计算配筋,而应按矩形梁考虑。因此,设计时对屋面斜梁应进行弯压设计校核。若调整屋面斜梁配筋,还应按照"强柱弱梁、强剪弱弯"原则,对柱做相应的调整。

（3）坡屋面在设计时考虑了空间整体作用,各构件之间相互作用明显,对施工也应提出相应要求,整个坡屋面包括下弦拉梁应同时浇筑,以保证坡屋面的整体作用不被削弱。

2. 有阁楼层的坡屋面

阁楼层或暗楼,是指在房屋建造时,因各种需要,利用房间内部空间的上部搭建的楼层。无采光、通风窗的阁楼层称为暗楼,有采光或通风窗,可以居住的称为阁楼,图 5-3 为有阁楼层建筑的剖面图,从图中可以看出其顶层设有阁楼层,阁楼层屋面结构可采用轻钢结构或混凝土结构,图 5-4 为某阁楼层装饰效果图。当阁楼层屋面采用轻钢结构而其他层采用混凝土结构时,阁楼层部分可与下部混凝土结构分开设计,此时的结构就退化为平屋面结构,但是设计时,不能漏失阁楼层轻钢结构施加在下部结构上的荷载。

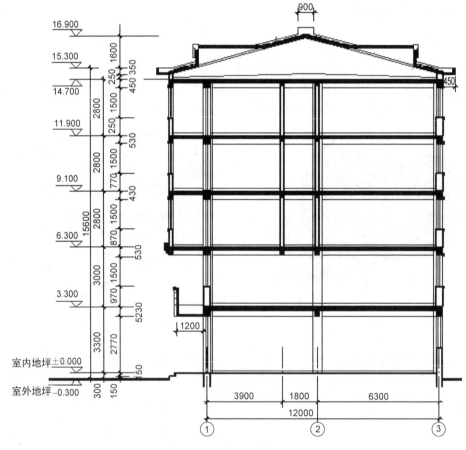

图 5-3　带阁楼层的坡屋面

当阁楼层屋面采用混凝土结构时,阁楼层在用"结构建模"创建结构模型时,应按照一个独立的结构层进行处理。由于其侧向墙高度较小或接近于零,可能会使阁楼层斜屋面梁板与下一层结构共用一根主梁或框架柱,从而使阁楼层建模时的围板、传载带来一些复杂变化。

3. 带小气窗的坡屋面

小气窗通常指为通风换气而在屋顶设置的突出屋面的窗。由于气窗通常较小,在结构上通常仅由折板构成,如图 5-5 所示。小气窗配筋可以采用与坡屋面板相同的配筋,采用钢筋遇气窗弯折连续通过方式布筋,楼板弯折处可以视情况附加一定数量的钢筋。

图 5-4　某阁楼层装饰效果图

图 5-5　带小气窗的坡屋面

在坡屋面上开设的窗户还有两种,一种是与屋面平齐的天窗或天井,结构处理为板上开洞;另一种是老虎窗,较大尺寸的老虎窗可能需要布设折梁,如图 5-6 所示。

4. 平改坡

"平改坡"是指在建筑结构许可条件下,将多层住宅平屋面改建成坡屋面,并对外立面进行整修粉饰,达到改善住宅性能和建筑物外观视觉效果的房屋修缮行为。

平改坡设计时首先要观察原建筑是否有裂缝、沉降不均匀等现象,判断建筑物的沉降是否已经稳定或者尚在进行中,如果存在以上问题,应慎重处理。必要时平改坡设计之前需要对原建筑结构构件的承载力、地基承载力等进行检测,依据检测报告进行平改坡设计。平改坡需要保证原有结构的安全,必要时需依据平改坡所增加的荷载,对原有建筑结构承载力及地基基础承载力进行验算。

平改坡建筑设计可参照《平屋面改坡屋面建筑构造》(03J203)。平改坡可依据情况采用轻钢结构平改坡、轻型木桁架平改坡等多种结构形式。采用轻钢结构平改坡时,其平改坡结构设计主要包括改坡增加结构的基脚设计(锚固与屋顶的)、骨架设计、山墙设计和屋面设计几个方面。

对于砖混结构建筑,平改坡部分的基脚通常采用在与原有承重墙重合的位置增设卧梁或架空梁(梁两端搁置在原有承重墙的位置上)方式。对于框架结构,可在原有框架柱上直接起钢筋混凝土立柱。卧梁、圈梁、架空梁及立柱均采用植筋方式与原屋面的承重构件连接牢靠。坡屋面山墙采用配筋约束砌体,坡屋面骨架多采用轻钢结构屋架和檩条体系,轻钢屋架要与卧梁或短柱预埋件连接牢靠,坡屋面多采用油毡瓦屋面、合成树脂瓦屋面、彩钢板屋面和彩色混凝土瓦屋面等。某住宅建筑的平改坡施工现场如图 5-7 所示。

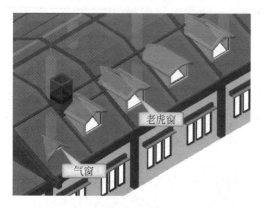

图 5-6　坡屋面老虎窗　　　　　　　　　　图 5-7　某建筑平改坡施工现场

5. 跃层坡屋面

跃层坡屋面如图 5-8 所示。跃层坡屋面结构多出现于别墅建筑中，由于 PKPM2010 允许梁跨层传载，其建模方法与其他坡屋面基本类似，只要设定了正确的梁端标高和柱顶标高即可，具体方法可参照本章后面设计实例。

图 5-8　带跃层的坡屋面

5.1.2　构件空间位置与节点之间的关系

坡屋面结构由于有斜梁及以斜梁为边界的斜板或折板构件，所以其设计模型的创建及分析都比普通的平层楼层要复杂，在创建设计模型过程中，用户首先需要依照建筑条件布设正确的斜梁，之后才能生成正确的斜板构件。斜梁布置可通过调整网点空间位置或梁顶标高来实现。

1. "结构建模"中构件空间位置与节点之间的关系

在"结构建模"中，结构构件是依附在每一层网格和网点之上的，下面首先了解一下梁柱墙构件与网点间的关系。

1) 网格点的上节点与下节点

网格是构件定位的基本依据，处于楼层平面某个坐标 (X,Y) 位置中的网点实际隐含有两个点位,一个是处于楼层底部的下节点,一个是处于楼层顶部的上节点。软件默认网点的下节点位于楼层的底部,网点的上节点位于楼层顶部。下节点位置通常固定不动,上节点位置可通过用户调整,使之高出或低于楼层顶。

2)梁柱墙构件与上下节点之间的关系

"结构建模"中,梁的两端节点默认位于网点的上节点位置,柱的两端节点位于网点的上下节点之间,墙构件位于两端网点上下节点组成的竖向平面上。

3)上节点高

上节点高是指网点的上节点在楼层组装层高处相对于楼层的高差。程序隐含每一网点的上节点高为 0,即网点的上节点位于层顶位置,因此在普通平层楼层构件输入时,可以只关心梁柱构件的平面位置以及构件的偏心或偏轴数值,而在坡屋面和错层结构建模时则要关心上节点高这个参数值的作用。

由于梁柱墙构件的端点依附于网点的上下节点,所以,如果改变网点的上节点高,尽管梁柱墙构件布置参数里的梁顶标高皆默认为 0,该节点处的柱高和与该上节点相连的墙、梁的空间位置也会随上节点高变化而变化,如图 5-9 所示。

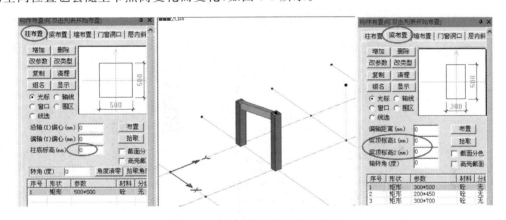

图 5-9　改变了网点的上节点高度

4)梁顶标高

梁构件两个端点坐落在网点的上节点上,仅有名义上的意义,在实际布置构件时,可设置梁顶标高使之离开端部上节点一定高度。在【梁布置】对话框修改梁顶标高,是相对其端部上节点而言的,这是在结构布置时必须加以注意的。图 5-10 是一端梁顶标高为非零数值的轴测示意图,对话框中输入的 1000mm,表示该梁的这个端点空间位置在网点上节点高基础上再高出 1m,若上节点高度默认的 0,则该梁端高出楼层组装层高 1m。

5)柱底标高

柱构件处于网点的上下两个节点之间,与梁构件类似,柱顶在本层的空间位置由楼层组装层高、上节点高数值决定,柱的平面位置由柱所布置的网点位置及其 X、Y 方向的偏心值决定。

调整柱所在网点的上节点高,可使柱的上节点高出或低于本层组装层高位置。当调整了下一楼层网点的上节点高,则在布置本层柱时,通常需设置柱底标高为非零值,使其下端离开下节点一定距离,以便与已经调整了上节点高度的下层柱形成连续整柱,否则会产生悬空柱或上下层柱出现重叠等模型错误。如图 5-11 所示,此柱底高于楼层底 1m。

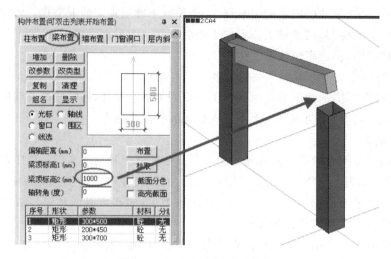

图 5-10　梁顶标高相对上节点

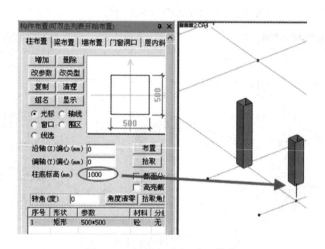

图 5-11　柱底标高相对下节点

6）墙底及墙顶标高

墙构件兼具柱构件和梁构件两者的特性。墙相对于下节点，有墙底标高参数，墙顶两端相对于上节点可以有不同的标高，所以"结构建模"可以构造墙底处于同一标高位置的斜墙，如图 5-12 所示。

2．构件空间位置由上节点高和构件端点标高共同决定

从前面内容可以知道，构件的空间位置是由上节点高、构件端点标高和构件偏心值共同决定的，通过调整节点上标高和构件的顶底标高，可更方便地进行像坡屋面这样构件空间位置有变化的结构建模。梁在本楼层的空间位置实际是由楼层组装层高、上节点高、梁偏心值等几方面数值共同决定的。梁端节点竖向位置是梁顶标高与其所在网点上节点高度之和。对于柱构件，柱底相对楼层层底位置是构件本身的柱底标高。柱顶相对层顶（楼层组装层高位置）是柱所在网点的上节点高。

在结构建模时，要布置一个斜梁，到底是调整梁顶标高还是调整梁段网点的上节点高，

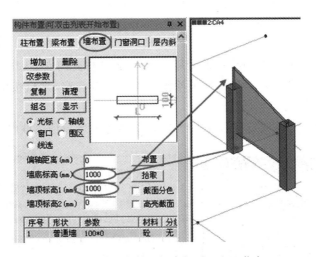

图 5-12　墙底与墙顶标高相对于上下节点

取决于梁与柱的连接情况。

（1）如果梁端与柱顶连接，则只需调整网点的上节点高度，既可抬高柱顶，同时也把梁构件端点抬高。

（2）如果一段斜梁端点连接在柱上下节点之间，则不能调整网点的上节点高，而是要调整梁顶标高。

（3）对于复杂的结构模型，也许同时存在既需要调整网点的上节点高度，也需要调整梁顶标高、柱底标高的情况，具体采取哪种建模策略，取决于工程的具体情况。

对于墙构件建模时的具体策略类同梁柱构件，在此不再赘述。

3. 调整上节点高的不同方式

【轴线网点】菜单面板上的【上节点高】包括【上节点高】和【上节点高（错层）】两个选项，如图 5-13 所示。

PKPM2010 V3. X 设置上节点标高方式有多种。单击【上节点高】按钮，系统弹出如图 5-14 所示对话框，默认为前次选择的设置上节点标高方式。

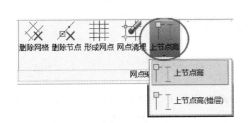

图 5-13　上节点高按钮

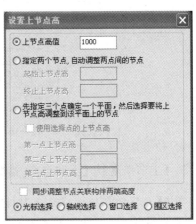

图 5-14　设置上节点高

（1）单节点抬高：直接输入抬高值（单位：mm），并按【光标选择】等选择方式，抬高或降低上节点高度。

（2）指定两个上节点高，按同一坡度用内插法，自动将此两点之间的其他节点调高。

（3）先在图5-15所示对话框中分别给出三点的上节点高，之后按图所示操作，形成所需的斜面。

利用前面所述的几种调整网点的上节点高，可以很方便地创建坡屋面结构模型。

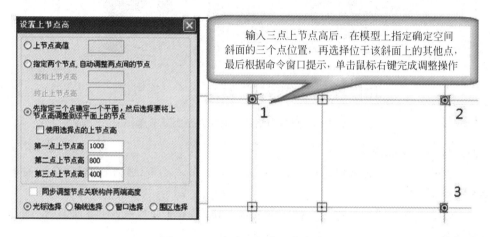

图5-15　三点定面调整上节点高

4. 上节点高调整操作

单击【上节点高】按钮，在弹出的【设置上节点高】对话框，输入要调整的高度后，按光标、轴线或窗口等方式，选择要调整的网点，则这些网点的上节点高度即被调整。图5-16为调整上节点高度后网点的上下节点位置轴测显示。如果错误地调整了上节点，可输入新的调整值重新调整高度即可。

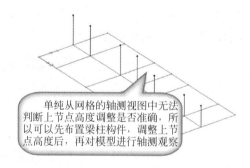

图5-16　调整上节点高后轴测示意图

5.【上节点高】与【上节点高（错层）】

单击【上节点高（错层）】按钮，软件默认执行"同步调整节点关联构件两端高度"选项，勾选了该选项，则设置上节点高的梁两端、墙两端将保持同步上下平动，具体操作效果如图5-17所示。

在通过【上节点高】按钮调整上节点高度时，勾选"同步调整节点关联构件两端高度"，效

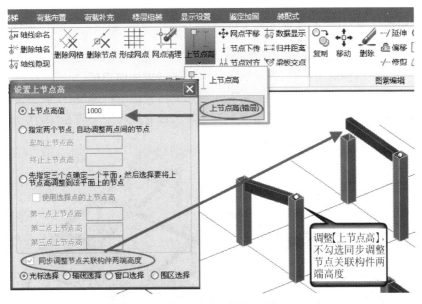

图 5-17 【上节点高(错层)】操作效果

果与【上节点高(错层)】一致。【上节点高(错层)】用于错层结构建模时,既要调整上节点高,又要调整梁顶标高的情况。

5.1.3 坡屋面结构方案的选择及多模型包络设计的概念

在进行屋面结构建模前及设计过程中,可以根据建筑条件、结构受力等多方面因素,综合考虑选择合适的坡屋面结构方案。

1. 坡屋面层的结构方案及基准层高选择

当存在多个坡屋面方案可供选择时,首先要根据建筑条件,选择一个适当的坡屋面结构方案。以"实例商业建筑"为例,在建筑条件允许的情况下,可以选择"无阁楼层的坡屋面"和"有阁楼层坡屋面"两种坡屋面结构方案。"无阁楼层的坡屋面"和"有阁楼层坡屋面"两种坡屋面结构方案轴测图如图 5-18 所示。

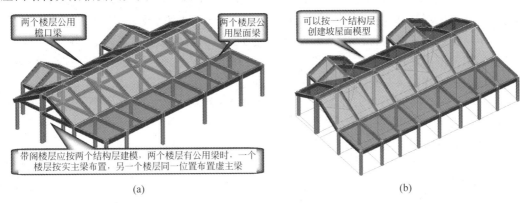

(a)   (b)

图 5-18 两种不同坡屋面轴测示意图

(a) 有阁楼层结构方案;(b) 无阁楼层结构方案

2."有阁楼层坡屋面"的建模方法

图 5-18 中,"有阁楼层坡屋面"方案需把屋面部分划分为两个结构层,该方案中,坡屋面外沿檐口梁与下层的楼面梁重合,可按照下面思路进行坡屋面建模。

(1)先按第 4 章所述方法,创建如图 5-19 所示下层楼面结构模型,在下层按梁的实际尺寸输入与坡屋面的共用梁,并按实际情况布设楼板。没有楼板的房间在自动生成楼板后,要通过布置"全房间洞"把楼板删除掉。

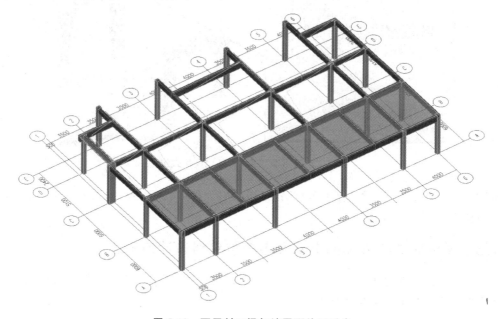

图 5-19　下层封口梁与坡屋面外延重合

(2)确定坡屋面基准层高。进行坡屋面层建模调整部分网点的上节点高度分为两步:第一步要选定楼层组装时的组装层高,该层高称为基准层高;第二步以这个高度为基准水平面,判断哪些网点的上节点不在这个水平面上,并计算这些网点需要调整的上节点高度值,调整其上节点高度。

坡屋面基准层高的取值不仅决定了哪些网点需要调整上节点高度,也影响楼层侧向刚度、层刚比等结构分析结果。坡屋面楼层组装层高,可以取层高至山尖的一半,也可取其屋脊高度。

由于一栋建筑的结构特性其实是唯一的,楼层划分和坡屋面基准层高取不同的数值,带来的楼层侧向刚度变化,只是一种表象,在设计过程中如何处理这些表象,使得设计结果既安全经济又满足规范条文限制,需要设计师根据工程具体情况变通处理。

(3)创建图 5-20 所示坡屋面斜板结构层。创建该结构层的模型前,需先确定层高及上节点调整方案。

从"实例商业建筑"的建筑剖面图可知,其第三自然层至檐口的层高为 4.64m,坡屋面檐口位置标高为 13.30m,ⓒ轴屋脊结构标高为 15.85m,故其顶层坡屋面屋脊高出檐口 2.55m,取其楼层组装层高为 2.55m,则凡坡屋面上低于该屋脊高度的网点均需向下调整上节点高度,其调整值为负数。取层高至山尖顶,将来计算层间位移角及楼层侧向刚度时,其值也许会比实际稍小一些,但是这样的情况并不违反规范条文。

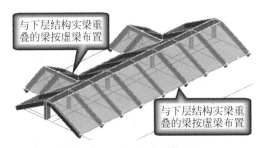

图 5-20　上层封口梁与坡屋面外延重合

在坡屋面檐口处布置 100×100 的虚梁，就能形成封闭的屋面房间，"结构建模"能自动生成坡屋面斜板。

（4）"实例商业建筑"的"有阁楼层坡屋面"方案楼层组装情况如图 5-21 所示。

楼层组装					
组装结果					
层号：	层名：	标准层	层高	底标高	楼层信息说明
No1:	FL1	H=1150	-1.200		基础相连地下1层
No2:	FL2	H=4710	-0.050		
No3:	FL3	H=4000	4.660		
No4:	FL4	H=4640	8.660		
No5:	FL5	H=2550	13.300		

确定(Y)　　取消(C)

图 5-21　"有阁楼层坡屋面"楼层组装

PKPM2010 中的梁能以与其相连的其他层的柱顶为支座，且会判别出本结构层虚梁与下层同位置框架梁的重叠关系，并把屋面斜板传递给虚梁的荷载合并到下层的同位置框架梁上，软件在进行后续分析与绘图时，会仅保留重合处的实梁。

但需要注意的是，由于该结构方案中的坡屋面单独作为一个结构层，且层高较小，会显得屋盖处侧向刚度远大于其下部楼层刚度，有可能会使结构分析呈现为结构竖向特别不规则，但是这个竖向特别不规则结构有一定的虚假性，如果图审不能通过，可考虑把两层结构合并到一个楼层，适当减少阁楼层梁的根数，阁楼层的梁按层间梁输入。

3. "无阁楼层的坡屋面"结构方案

图 5-22 为"实例商业建筑"坡屋面部分的"无阁楼层"方案轴测示意图。

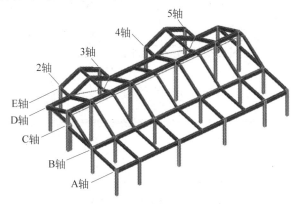

图 5-22　"无阁楼层屋面"轴测图

该方案坡屋面部分应该按一个结构层建模,在设计计算分析过程中,为了减小层位移角,改善结构自振周期以及减小柱的内力等,设置了水平层间梁。

该方案的屋面基准层高层顶位置暂取为屋脊位置,故其基准层高是建筑第三自然层层高及檐口到屋脊高度之和,为 7190mm,楼层组装情况如图 5-23 所示。此方案组装层高层顶位置还可取在坡屋面檐口与屋脊之间,这样基准层高数值会有所减小。不过,需要注意的是,楼层基准层高不同,调网点的上节点高度方案是不同的。

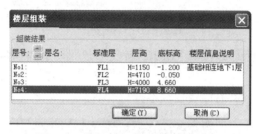

图 5-23　"无阁楼层坡屋面"楼层组装

4．"实例商业建筑"有阁楼层的坡屋面建模过程

对于"实例商业建筑"中存在折板的坡屋面,创建结构模型时还需要考虑楼板受力及传载方式等情况。

1）把屋顶平面图作为衬图

创建坡屋面结构设计模型时,可以利用【衬图】功能读入屋顶建筑平面图,把屋顶平面图作为建模的衬图,能够更方便、准确地构造网点的上节点标高。

单击【衬图】按钮,读入屋顶建筑平面图,且使之与既有的结构层基点对齐,"实例商业建筑"坡屋面如图 5-24 所示。

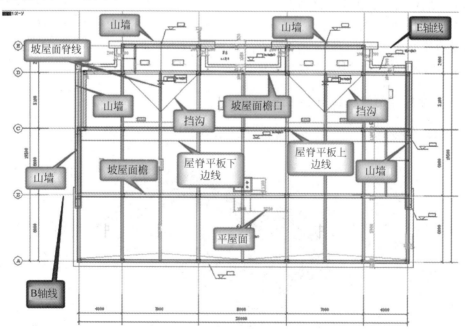

图 5-24　屋顶建筑平面图衬图

2）在屋面的屋脊线、汇水线（挡沟）、屋面板变坡度线位置绘制网线

输入梁柱构件之前，屋顶平面图上的屋脊线、汇水线（挡沟）、屋面变坡度线位置，都需要绘制网线。这些绘制在屋脊线、汇水线（挡沟）、屋面变坡度线上的网线，有一部分需要在其上布置实梁，以便于与柱形成框架，还有一部分尽管不布置实梁，但尚有其他重要用途。从前面给出的坡屋面模型轴测图可以看出，复杂坡屋面上的实梁可能是折梁，即一跨梁由网点分割成多个梁段，每个梁段与不同方位的斜板板块在同一个斜面上。不布置实梁的网线的一个作用是用于在折梁转折处生成网点。

"实例商业建筑"的"无阁楼层坡屋面"的第 4 结构层（屋顶层）网线完成后，有衬图时的网格显示如图 5-25 所示，关闭衬图后的网格显示如图 5-26 所示。

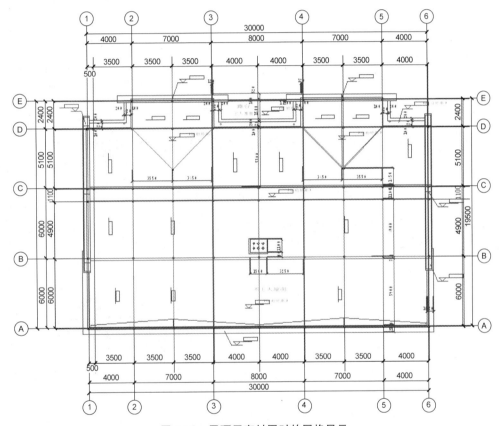

图 5-25　屋顶层有衬图时的网格显示

5. 分析坡屋面板荷载传递路径，判断与相邻楼层有无公用梁，合理确定梁布置方案

当坡屋面板与下层楼板有公用梁时，可在其中一个楼层布置实主梁，在另一个楼层的同一个位置布置虚主梁。

6. 调整网点的上节点高或梁端顶标高

按照平层模型，在需要布置梁的网线上布置屋面梁之后，依据建筑条件图，在已选定的结构层基准层高基础上，调整网点的上节点高度或梁端顶标高，形成与建筑条件基本相符的梁布置方案。

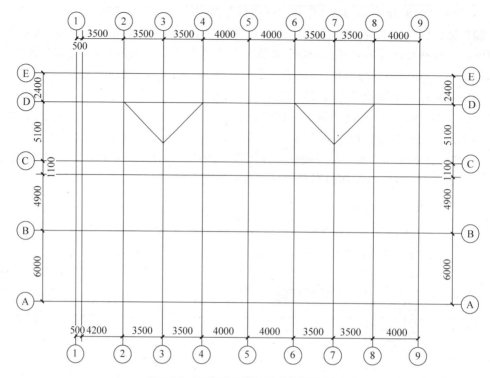

图5-26 屋顶层关闭衬图后的网格显示

在具体操作时,如果屋面斜梁端点搁置在柱顶时,需选择调网点的上节点高方式来布设斜梁,如图5-27所示。

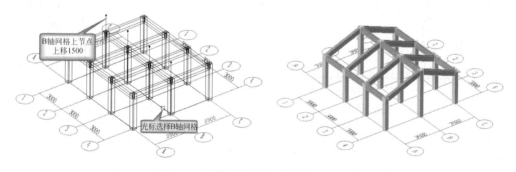

图5-27 设置上节点高定义坡屋面斜梁

当坡屋面为图5-28所示的歇山型坡屋面时,在调整网点的上节点高之后,属于平屋面部分的屋面梁也将随网点的上节点高度变化变为斜梁,所以还需要调整这些梁的梁端顶标高,使其变为一端支撑在柱间的水平梁,同时还要在平屋面错层位置布置平屋面板的水平封边梁。布置平屋面错层位置的水平封边梁时,设置正确的梁端顶标高。

7. 有斜折板及折梁的多面坡屋面的受荷及传载特性上有两难选择

设计人员在创建平层楼板的结构模型时,只需输入作用在楼板上的恒荷载和活荷载,并保证楼板有正确的导荷方式即可。这是因为,没有大开洞或错层的平层楼板,不需参与结构

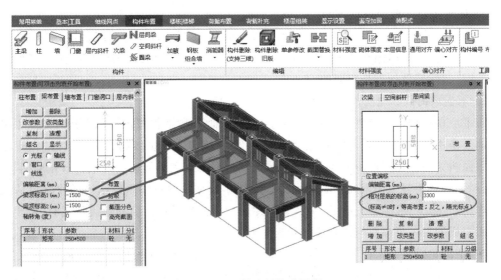

图 5-28　平屋面板的边界梁

三维空间整体分析,"结构建模"软件在生成模型数据时,能自动把这些平层楼板上的恒活荷载传递到其边界主梁上,并且 SATWE 还能根据用户输入的风荷载和地震作用参数,自动生成作用在楼层外周节点上的普通风荷载,正确计算地震作用。对于坡屋面板,在恒活荷载输入及恒活荷载导算方面与平层楼板是一致的。

但是,由于坡屋面具有一定的倾斜度,导致屋面斜板会承受风荷载和地震作用,这些作用使屋面斜板受力与平层楼板有较大差异。

1) 传递竖向作用的恒荷载和活荷载方面

由于"结构建模"在自动生成楼板板块(PMCAD 房间)时,是以主梁的水平面投影所构成的封闭区域作为一个板块。每个板块只能拥有一个板平面,且构成一个导荷单元,软件会按照设定的导荷方式,把楼板上的恒活荷载导算到边界主梁上。因此,如果单纯从保证楼板的恒荷载和活荷载导算的正确性来说,在创建坡屋面结构模型时,只要输入的恒活荷载值考虑了坡屋面投影到水平面上的积聚效应,且对板的导荷方式进行了正确的设定,则不必关心斜板或折板板块的空间位置。即拥有相同的水平投影范围,承受相同恒活荷载且具有相同主梁边界的斜板,只要其竖向倾斜角度相同,不管空间位置是东高西低还是南高北低,其导算到边界主梁上的荷载一定是相同的,如图 5-29 和图 5-30 所示。

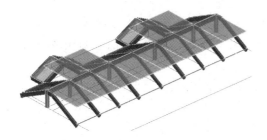

图 5-29　屋面斜折板折线处没有
　　　　　虚梁建模方案轴测图

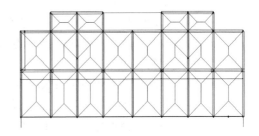

图 5-30　屋面斜折板折线处布没有
　　　　　虚梁方案的导荷方式

2）楼板本身的配筋设计方面

在楼板配筋设计方面，拥有相同的水平投影范围、承受相同恒活荷载且具有相同主梁边界的斜板，只要其竖向倾斜角度相同，不管空间位置是东高西低还是南高北低，在仅考虑竖向荷载时，其配筋设计也是相同的。

3）承受风荷载和地震作用方面

与平层楼板相比，不仅屋面斜梁要承受较大的轴力，屋面斜板还要承受额外的水平风荷载和地震作用，这些水平风荷载和地震作用，会由斜板传递到主体结构上。另外，由于屋面板与屋面斜梁间存在变形协调关系，所以屋面斜板的刚度和质量还会对结构自振周期、层刚比、周期比等产生较大影响，此时若用图 5-29 所示模型来计算坡屋面结构的水平风荷载和地震作用显然是不准确的。因此，在计算坡屋面斜板的水平风荷载和地震作用时，需要尽量使屋面斜板的每一个部位与结构实际情况一致。

在"结构建模"中，若在实际结构的楼板转折处布设虚梁，即能把一个板块一分为二，若坡屋面上所有梁的位置调整到真实位置，则能使楼板接近真实状态，如图 5-31 和图 5-32 所示。但是，布置虚梁之后，虽然在计算风荷载和地震作用时能保证计算结构的正确性，但是虚梁作为主梁改变了屋面板的导荷结果和配筋设计结果，使得竖向荷载导荷和配筋设计变得不再准确。

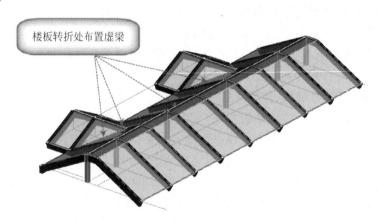

楼板转折处布置虚梁

图 5-31   屋面斜折板折线处布设虚梁建模方案轴测图

8. 复杂斜屋面多模型建模前包络设计策略

通过前面分析可以发现，要使坡屋面结构得到正确的设计结果，应创建如图 5-29 和图 5-31 所示的两个设计模型。图 5-29 用于竖向荷载作用下的结构分析，图 5-31 用于水平荷载作用下的结构分析。

较之于以前的 PKPM 版本，PKPM2010 V3.X 的 SATWE 模块支持用户创建多个设计子模型，并据此进行多目标分析与包络设计，如图 5-33 和图 5-34 所示。

所以，在创建复杂坡屋面结构时，可以根据屋面结构的具体情况，创建多个设计模型，实现不同的设计意图。

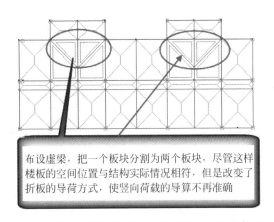

图 5-32 屋面斜折板折线处布设虚梁方案的导荷方式

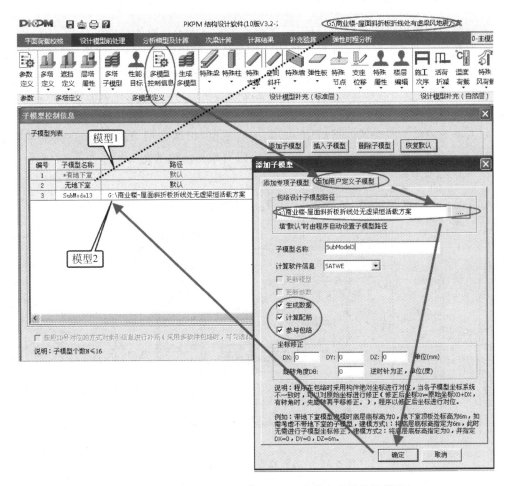

图 5-33 PKPM2010 V3.2 的 SATWE 支持多模型设计策略

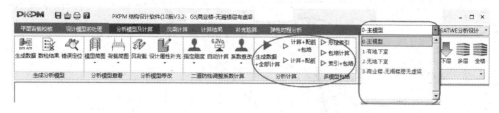

图 5-34　PKPM2010 V3.2 的 SATWE 多模型分析计算与包络设计

5.1.4　坡屋面结构恒活荷载、特殊风荷载及地震作用

坡屋面结构与平层楼盖结构在恒活荷载、风荷载及地震作用下,具有不同的力学特性,下面介绍坡屋面荷载方面的有关知识。

1. 坡屋面结构的恒荷载和活荷载

坡屋面结构楼板由于是结构找坡,所以通常其保温层等建筑做法厚度是相同的,所以其板上恒荷载统计不必像平屋面那样分板块计算找坡层平均厚度。不过需要注意的是,由于"结构建模"楼板荷载导算面积是按其水平投影面积计算的,所以在统计了不包括楼板自重的楼板恒荷载数值之后,该数值应除以屋面坡度的余弦值,作为楼板荷载的输入值。同样屋面板活荷载也需要除以屋面坡度的余弦值。

屋面梁上的恒荷载为屋面檐口、女儿墙、屋脊造型、山墙造型等的自重,在此不再赘述。"实例商业建筑"屋面板恒活荷载输入值及梁上恒荷载输入值如图 5-35～图 5-37 所示。

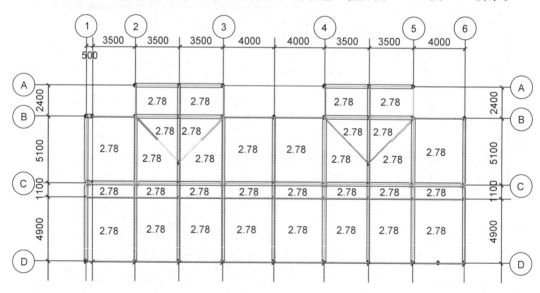

图 5-35　"实例商业建筑"屋面板恒荷载

2. 坡屋面风荷载和地震作用

普通平屋面风荷载可以施加在结构楼层节点处,而坡屋面的风荷载需要施加在斜梁之上才能使结构分析计算更加准确。在"结构建模"创建坡屋面结构模型时,我们尚不能确定

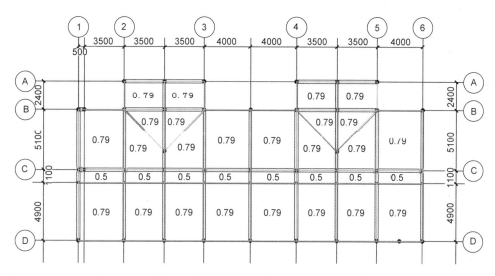

图 5-36　"实例商业建筑"屋面板活荷载

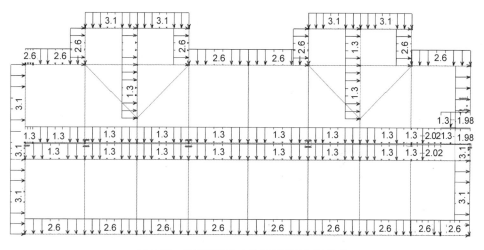

图 5-37　"实例商业建筑"屋面梁上恒荷载

坡屋面的风荷载和地震作用,还需要在结构分析计算时,通过输入坡屋面特殊风荷载和选择坡屋面楼板弹性板方案,经过分析设计模块的计算才能获得。

在 SATWE 中处理风荷载时有两种方法:一是 SATWE 程序依据《荷载规范》风荷载计算公式在其"生成 SATWE 数据和数据检查"时自动计算的水平风荷载,习惯称为"水平风荷载"或"普通风荷载",它作用在整体坐标的 X 和 Y 方向;另一个是在 SATWE 的"设计模型前处理"中,通过"特殊风荷载"输入作用在坡屋面等部位的特殊风荷载。用户可以根据结构的具体情况,在 SATWE【参数定义】的"总信息"中确定是只计算普通风荷载或特殊风荷载,还是两种风荷载都计算。

关于 PKPM 风荷载的计算策略参见图 5-38,特殊风荷载计算将在 SATWE 一章中继续讨论。

178

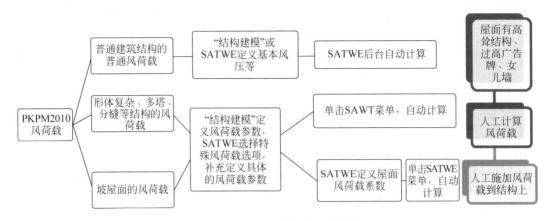

图 5-38　PKPM 风荷载处理策略

5.2　错层结构

在 PKPM05 版以前,结构层内的同一网线上不允许创建两条标高不同的梁,这样当某自然层错层高差超过梁高时,为了实现错层位置的围板,往往需要把这个错层划分为两个结构层。PKPM2010 版本中,"结构建模"2010 允许在同一网线布置两条标高不同的梁,这样处理错层时就不必把一个自然层分为两个结构层。

5.2.1　错层结构的概念

在建筑中同层楼板不在同一高度,并且高差大于梁高的结构,这类需要布设不同标高的梁来实现楼板错层的结构简称为错层结构。

1. 错层结构分类

按照错层的性质,错层结构大致可以分为局部错层、整体错层和跃层三种。

局部错层是指建筑平面内有个别房间错层的情况。该类错层的特点是错层部位边缘位置的框架柱上有不同标高的框架梁与之相连。

整体错层通常指建筑平面同一投影范围内的很多楼层大量房间出现错层的情况,此类错层建筑往往在某些高层住宅、高层写字楼等建筑中出现,图 5-39 为整体错层剖视图。

跃层结构也属于错层结构的一种类型。建筑上出现跃层的原因很多,比如功能要求、空间构成要求等都能造成建筑跃层,图 5-40 为某跃层住宅的示意图。

从结构建模的角度可把局部错层、整体错层和跃层归纳为"屋顶错层""中间楼层错层"两种。

2. 错层结构的受力特点

错层结构由于在错层位置梁和楼板不连续、存在高差,因而引起构件内力传递方式及内力分布复杂化,特别是水平地震作用下与非错层结构的差异更加明显。

对于错层结构,一般认为其不利的因素有两个方面:首先由于楼板分成数块,且相互错

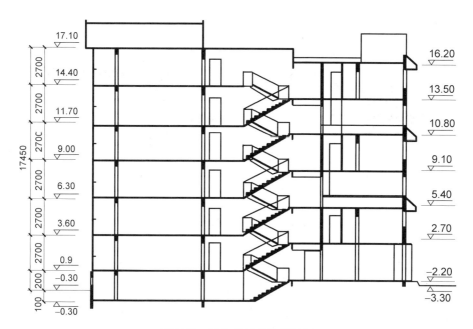

图 5-39 整体错层结构剖视图

置,削弱了楼板协调结构整体受力的能力;其次,由于楼板错层,在一些部位形成竖向短构件,受力集中,不利于抗震。由于错层楼板的相对变位,而在错层构件中产生很大的变形内力,错层部位的结构楼板地震反应不同步,且构件易产生应力集中现象,如图 5-41 所示。

图 5-40 跃层建筑

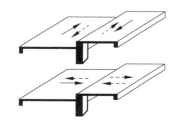

图 5-41 错层楼板地震反应不同步

多年来,国内学者对错层结构进行了大量卓有成效的研究。针对错层结构可能出现的短柱破坏,研究者提出"抗"和"调"相互结合的设计方法。

以"抗"为主的技术措施,主要是对错层处构件局部处理,通过采用如图 5-42 所示梁加腋构造加强处理方法,提高错层处构件的刚度、承载力、抗变形能力,改变传力方式来抵制破坏发生,同时加强错层处短柱配筋。

而"调"的技术措施不是从单个构件角度出发,主要是从错层结构体系整体布置的角度出发来解决问题,通过增加抗侧力构件,调整结构布置方案使结构的受力和变形向有利方向转变,控制整体结构的水平位移限值和位移比(即最大层间位移角)限值等,去弱化错层所导致的不利因素。

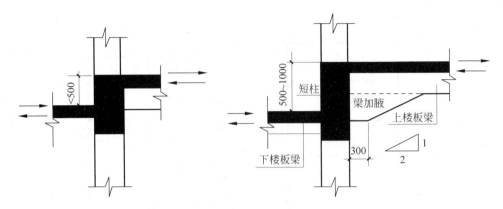

图 5-42　错层位置局部加强处理

3．有关规范条文

由于错层结构属于复杂建筑结构，《高层规范》在其"复杂高层建筑结构设计"一章中专门用 10.4 节列出了错层结构设计的有关规定。

（1）抗震设计时，高层建筑沿竖向宜避免错层布置。当房屋不同部位因功能不同而使楼层错层时，宜采用防震缝划分为独立的结构单元。错层两侧宜采用结构布置和侧向刚度相近的结构体系。

（2）错层结构中，错开的楼层不用归并为一个刚性楼板，计算分析模型应能反映错层影响。

（3）抗震设计时，错层处框架柱应符合：截面高度不应小于 600mm，混凝土强度等级不应低于 C30，箍筋应全柱段加密配置；抗震等级应提高一级采用，一级应提高至特一级，但抗震等级已经是特一级时应允许不再提高。

（4）在设防烈度地震作用下，错层处框架柱的截面承载力宜按第 2 性能水准结构的耗能构件设计。

在设计多层建筑结构时，可以借鉴《高层规范》有关条文规定。

5.2.2　梁错层结构的建模方法与注意问题

错层结构按错层发生的位置不同，分为屋顶错层、中间楼层错层和整体错层三种。创建结构模型时所用到的建模方法有调整网点的上节点高、修改梁端标高方式、布置层间梁和增加结构层方式等，下面具体介绍这些错层结构的建模方法和操作。

1．"屋顶错层"建模方法

"屋顶错层"，可通过调整错层位置网点的上节点高度，修正错层区域与非错层区域交界处的梁顶标高，布置层间梁等实现错层结构建模。

（1）首先按通常方式创建图 5-43 所示结构基础模型，并确定楼层的组装层高。

（2）根据楼层的组装层高、建筑做法、建筑图高差等信息，计算错层位置网点上节点高调整数值，按照图 5-44 所示方式，调整屋顶边缘错层区域内部网点的上节点高，得到如图 5-45 所示结构模型。从图中可以发现，网点的上节点高度调整后，柱的长度发生变化，但是未调整上节点高一端相连的梁变成了斜梁。下一步需要对斜梁进行调整。

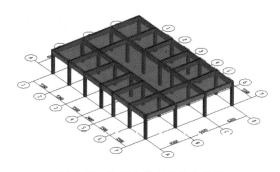

图 5-43　普通方法创建结构模型

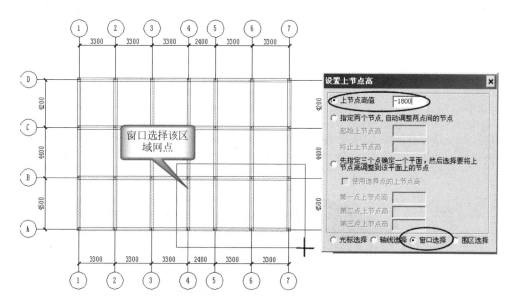

图 5-44　设置网点上节点高

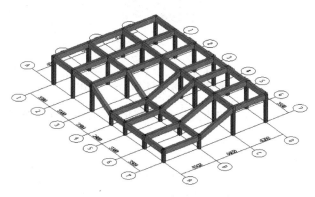

图 5-45　调整网点上节点高后模型轴测

（3）按照前面调整的梁柱所在网点的上节点高度，采用图 5-46 方式反向修改图 5-45 中错层边缘梁端标高，使之变成水平梁。操作时可在轴测方式下（线框显示），点选梁下网线后单击鼠标右键，弹出【构件信息】对话框，在该对话框中输入要调整的梁端顶标高数值，单击对话框中的【应用】按钮修改梁端顶标高。轴测显示方式下即可看到修改结果。

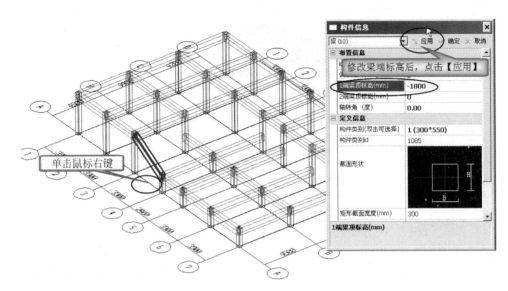

图 5-46　修改端梁顶标高

（4）由于错层楼板四周需要有主梁承受楼板荷载，所以在错层位置需要布置两道标高不同的梁。自动生成楼板后的本层错层模型如图 5-47 所示。

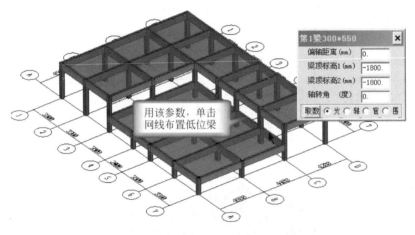

图 5-47　外侧局部错层模型轴测

（5）由于错层梁布置后，楼板的边界发生了变化，需要重新生成楼板。

2．"中间楼层错层"的建模方法

由于"中间楼层错层"发生在建筑结构的中间楼层，其错层会与其他楼层发生一定关联。"中间层错层"可以通过调整错层区域内部网点的上节点高度，调整错层区域内部柱底标高和修改梁端标高相结合的方法来实现错层。

（1）首先按照创建平层结构模型操作，创建所有结构层模型，并确定错层区域相邻两个结构层的楼层组装时的层高，进行楼层组装。

（2）把错层楼层设置为当前结构标准层，按照前面"屋顶错层"操作调整错层区域内部网点的上节点高度，调整梁端标高，布置层间梁，得到图 5-47 所示的错层结构层模型。

由于 PKPM2010 的结构建模每一个结构标准层都有各自独立的网格系统,在前面调整了错层结构标准层在错层区域内的网点上节点高度之后,错层区域相应上部结构标准层的节点高度并未发生变化,这样就导致上部结构层在该位置出现了悬空柱,如图 5-48 所示。

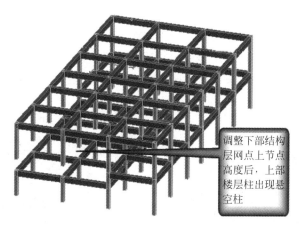

调整下部结构层网点上节点高度后,上部楼层柱出现悬空柱

图 5-48　错层区域上部楼层柱悬空

(3)单击【构件布置】面板的【单参修改】按钮,如图 5-49 所示,对该错层区域的上部结构标准层的柱底标高进行调整,使之与下部错层位置的柱顶相连,得到错层区域上部结构层构件布置,如图 5-50 所示。

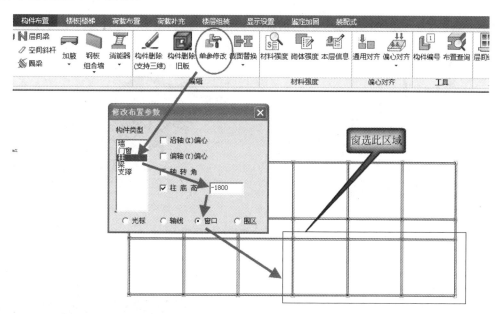

图 5-49　降低错层楼层的上一层柱底标高

如果中间其他结构标准层还需要进行错层调整,重复上述操作即可。多个中间层都有错层时,可以在先完成一个错层结构标准层建模后,通过创建新结构标准层时复制已经完成的错层模型到新建楼层,之后修改模型来实现其他错层的建模。

3．用增加标准层方法创建整体错层框架结构模型

在"结构建模"输入模型时，结构层的划分原则是以楼板为界，当错层建筑属于跃层建筑时，则要通过增加标准层，将错层部分的楼板人为地分开，实现相同楼层梁板标高不同的目的。对于在错层标高处的跃层柱，SATWE 将来计算时能在该处柱上自动设置弹性节点，从而使跃层柱不受错层楼板的作用，使结构计算结果更准确。下面举例说明该类错层结构的建模过程。

某框架跃层结构如图 5-51 所示，该建筑首层层高部分区域为 7.2m，局部 2 层，层高 3.6m。该错层结构由于有两个不同标高的楼板，通过增加标准层后按两个标准层建立模型。

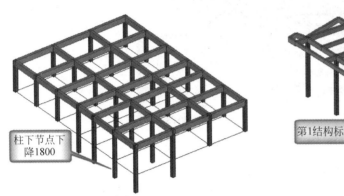

图 5-50　错层楼层的上部结构标准层　　　　图 5-51　某框架跃层结构

首先创建轴网系统，定义梁柱截面，创建第 1 结构标准层、第 2 结构标准层模型，如图 5-52 所示，之后按照层高进行楼层组装，创建错层结构模型。

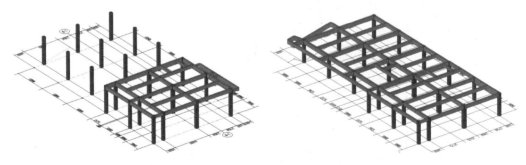

图 5-52　按两个结构标准层输入

4．错层区域边界位置梁荷载的输入

由于图 5-47 错层区域边界位置有两道标高不同的梁，单击图 5-47 中的③轴或Ⓒ轴要布置荷载位置的梁之后，"结构建模"将弹出图 5-53 所示窗口，用户选择当前荷载值所作用的梁即可。

采用本节所述的方法都可以创建错层结构模型，但在具体应用上各种方法都有其优缺点。采用调整网

图 5-53　多道梁荷载布置选择

点的上节点高和梁端标高方法的缺点是建模工作量较大。采用增加结构层方式创建错层结构模型比较简单,但是由于结构层的增加,使得层高变小,在计算分析时可能会使层间位移比、层间刚度比等结构宏观控制参数失真,在后期用 SATWE 计算时,对计算结果要充分利用其他方法加以判断和手工校核。另外,用增加结构层方法绘制的施工图纸校核(同根柱的配筋选柱段钢筋最大者),合并和修删(删除跃层处多余的柱头)工作量也会增加,这是在选择建模方法时要注意的。

5.3　多塔结构或分缝结构的建模策略

PKPM2010 中的“塔”是个工程概念,指的是四边都有迎风面且在水平荷载作用下可独自变形的建筑。将多个独立的塔楼建在同一个大底盘上,叫独立多塔结构。设有伸缩缝、抗震缝等变形缝的建筑结构为分缝结构,分缝结构也可视为多塔结构的一种特殊形式,可称为分缝多塔结构。

5.3.1　多塔结构建模

考虑到创建的多塔结构模型要与后续的 SATWE 软件的多塔定义及多塔多模型包络设计相配合,在“结构建模”中,可用多塔整层建模方法创建多塔或分缝结构的设计模型。

1. 多塔整体建模

多塔整体建模是指在“结构建模”时,处于同一标高的不同塔楼的结构构件,按平面位置输入到一个标准层内,最后通过楼层组装创建结构模型后,再通过 SATWE 进行多塔定义形成的多塔建筑结构模型。图 5-54 为一个多塔建筑三维整体模型轴测示意图,图 5-55 为其正立面投影示意图。

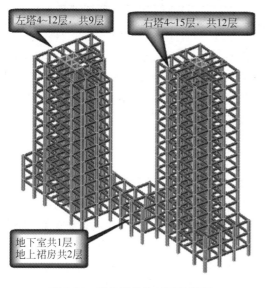

图 5-54　某多塔结构三维轴测图

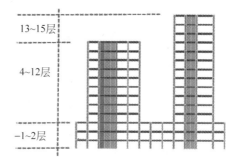

图 5-55　某建筑结构正立面图

为了简化,忽略楼面和屋面荷载的区别,在结构建模中共分为三个标准层,各标准层构件轴测示意如图 5-56 所示,各标准层构件及楼层组装如图 5-57 所示。

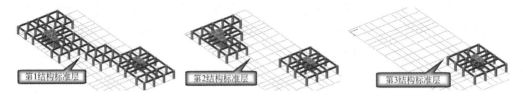

图 5-56　多塔结构各标准层轴测图

按整层模型创建各个标准层模型之后,进行楼层组装,各楼层数参照图 5-55 进行设置,楼层组装情况如图 5-57 所示。多塔模型整体建模,要采用普通楼层组装方式组装结构模型。

图 5-57　多塔整体建模楼层组装

普通楼层组装适合于各塔层相同、自然层标高平齐的多塔结构,如分缝多塔。当多塔结构的各塔层高不同时,一般不能按错层处理,应统一层高建模,再到 SATWE 中通过【层塔定义】修改各塔层高,如图 5-58 所示。对于多塔高位连体结构,则要具体分析结构的实际情况,如果比较复杂,最好采用空间结构 SpasCAD 建模。

2. 多塔结构分拆单塔模型

当塔楼距离较大,通过裙房传递的塔楼间相互影响较小时,可以采用分拆单塔建模方法。

对于独立多塔结构,进行动力时程分析及周期比控制时,可能需要创建分拆的单塔结构设计模型,在 SATWE 中对各个单塔结构进行动力时程分析,并通过【地震参数】|【调整信息 2】把动力时程分析结果导入 SATWE,再对各个单塔结构进行分析设计。

分拆单塔建模时,为了充分考虑裙房对塔楼的作用,在各个单塔结构模型中,需要输入足够范围的裙房。在实际设计中,可能需要通过独立多塔整体建模或多塔分拆建模等,对不同分析设计结果进行比对整合,才能得到复杂多塔结构的最终设计。

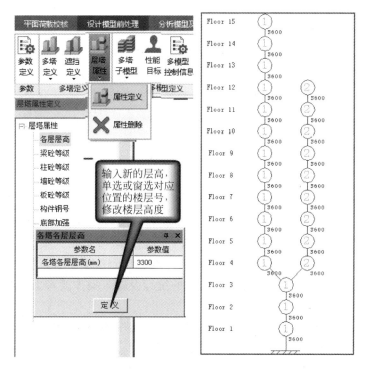

图 5-58　修改各塔层高

3. 分缝结构建模

从结构建模角度,不论是独立多塔结构还是分缝结构,其建模方法是相同的。对于初学者来说,在创建分缝结构模型时要注意的是,在结构缝上不能布置梁板构件,结构缝两侧的上部结构要完全分开。

5.3.2　多塔结构整体建模和多塔结构分拆建模的异同点

《高层规范》第 5.1.14 条规定:"对多塔楼结构,宜按整体模型和各塔楼分开的模型分别计算,并采用较不利的结果进行结构设计。当塔楼周边的裙楼超过两跨时,分塔模型宜至少附带两跨的裙楼结构。"依据规范条文,多塔结构应采用拆分建模和整体建模分别计算。多塔整层建模和多塔分拆建模有如下异同点。

1. 建模操作有所不同,SATWE 结构分析过程不同

多塔结构整体建模在 SATWE 中需要进行多塔定义,还可以通过软件进行多塔自动多模型包络设计。多塔结构整体建模适合裙房层数较多,塔楼间相互作用显著的大底盘建筑。整体多塔结构建模对分缝结构设计比较方便。

分拆多塔建模不能通过软件进行自动多塔包络设计,适合裙房层数较少,塔楼相互作用较弱的楼盘。如果各塔传递给裙房的荷载差异明显,建议裙房结构上要合理设置沉降后浇带或设置结构缝。

2．施工图表达形式不同

由于施工图绘制模块是按"结构建模"时的标准层和 SATWE 配筋结果绘制施工图,所有多塔整体建模在同一张施工图上会同时绘制各个塔的构件,而多塔分拆建模是按塔绘制施工图。因此,创建多塔设计模型时,应综合考虑施工图绘制及施工流水等多个方面,选择合适的多塔结构建模策略。

5.4　本章小结

在本章我们学习了坡屋面、错层结构和多塔结构的基本概念和建模方法。

坡屋面建模时需考虑创建用于竖向结构荷载和水平风荷载与地震作用的两种设计模型,并在 SATWE 中自定义多模型进行包络设计。创建坡屋面结构模型,可以把建筑屋面平面图作为衬图,在屋脊线及汇水线绘制网格线,调整网点的上节点标高,在坡屋面板屋脊线和汇水线布置虚梁。坡屋面恒荷载、活荷载的统计及输入操作要考虑"结构建模"是按板块的水平投影面积进行荷载导算这一特点。

错层结构大致可以分为局部错层、整体错层和跃层三种,按位置分为"屋顶错层"和"中间楼层错层"两种。创建错层结构模型的操作有调整网点的上节点高度、调整柱底标高、修改梁端标高方式、布置层间梁、增加结构层方式等方法或操作。

在多塔结构建模部分,介绍了多塔整层建模和多塔分拆建模的基本操作思路。因为广义层创建的多塔模型在 SATWE 中不能自动或交互生成多塔数据,所以不能采用广义层建模方法创建多塔结构模型。多塔整体建模应采用本章介绍的多塔整层建模方法创建设计模型。当要计算各塔的自振周期时,需采用多塔分拆建模方法创建结构设计模型。

思考与练习

思考题

1．坡屋面主要有哪几种类型?创建结构模型时的主要操作要点是什么?

2．PKPM 是如何处理坡屋面风荷载的?

3．错层结构有哪些种类?创建错层结构模型的方法有哪些?试简述其具体操作要点。

4．多塔结构有哪几种类型?多塔结构建模的方法有哪几种?如何进行分缝多塔结构建模?

练习题

1．请自行用一个有坡屋面的建筑施工图,练习坡屋面建模操作。

2．请自行练习整体错层建筑、内部错层建筑、跃层建筑的建模操作。

3．请自行练习一个设有伸缩缝的建筑结构建模操作,并试着在 SATWE 中对其进行多塔定义。

第6章

SATWE 软件分析设计上部结构

学习目标

掌握 SATWE 参数的设置方法,熟悉与其相关的规范条文;

掌握 SATWE 设计模型补充的操作要领;

掌握 SATWE 分析结果输出检查、评价及常规的模型调整方法;

理解 SATWE 多模型概念、包络原则及包络设计操作流程;

了解 SATWE 计算上部结构的方法及性能设计的相关规定;

了解通过计算结果显示检查结构宏观性能及构件性能的方法。

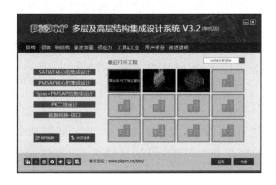

SATWE是中国建筑科学研究院开发的基于壳元理论的三维组合结构有限元分析软件。SATWE可用于多层、高层钢筋混凝土结构以及钢-混凝土组合结构的分析和设计,能处理多塔、错层、转换层及楼板局部开洞等多种复杂结构形式的分析和设计。

PKPM2010 V3.X的SATWE具有程序内置的专项多模型包络设计和用户自定义多模型包络设计能力,在分析结构宏观性能指标和构件设计、楼梯参与整体结构分析、有地下室结构等能根据用户设置的参数,自动进行多模型包络设计,设计人员不再需要像以往版本那样反复进行多种模型分析。

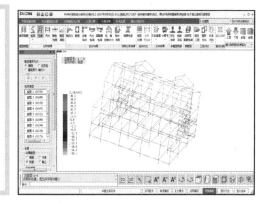

6.1 SATWE 软件的基本功能与使用范围

SATWE 是一款依托现行《荷载规范》《混凝土规范》《抗震规范》《高层规范》的三维空间组合结构有限元分析软件。本章将介绍 PKPM2010 V3.X 的"SATWE 核心的集成设计"中 SATWE 模块的基本操作和相关设计知识。

6.1.1 SATWE 软件的特点和适用范围

SATWE 软件是 PKPM2010 中具有十分重要地位的软件模块,当结构设计模型创建完毕,即可选择 PKPM 主界面右上角下拉框中的"SATWE 分析设计"模块对结构进行分析与计算。下面简要介绍 SATWE 软件的特点和主要功能。

1. SATWE 软件的特点

SATWE 模型化误差小、分析精度高。SATWE 以壳元理论为基础,构造了一种通用墙元来模拟剪力墙,具有较好的适用性,可以方便地与任意空间梁、柱单元连接,而无须任何附加约束。对于楼板,SATWE 支持弹性楼板等多种计算假定,在应用中可根据工程的实际情况采用其中的一种或几种假定,对结构进行分析计算。

SATWE 计算速度快、解题能力强、前后处理功能强。SATWE 前处理模块可以读取"结构建模"生成的建筑物几何及荷载数据,补充输入诸如特殊构件(弹性楼板、转换梁、框支柱等)、温度荷载、支座位移、特殊风荷载、多塔,以及局部修改原有材料强度、抗震等级或其他相关参数,完成墙元和弹性楼板单元自动划分等操作,完成结构建模。

2. SATWE 软件的适用范围

SATWE 具有强大的分析计算能力,其适用范围为:结构层数≤200,每层梁数≤12000,每层柱数≤5000,每层墙数≤4000,每层支撑数≤2000,每层塔数≤20,每层刚性板数≤99,结构总自由度不限。

6.1.2 SATWE 软件的基本功能

SATWE 对结构进行分析与设计的主要操作为:设计模型前处理、分析模型及计算、次梁计算、输出计算结果、补充验算和弹性动力时程分析等。

1. SATWE 软件的基本功能

SATWE 适用于高层和多层钢筋混凝土框架、框架-剪力墙、剪力墙结构,以及高层钢结构或钢-混凝土混合结构,考虑了多层、高层建筑中多塔、错层、转换层及楼板局部开大洞等特殊结构形式。SATWE 可完成建筑结构在恒荷载、活荷载、风荷载、地震作用下的内力分析、动力时程分析及荷载效应组合计算,可进行活荷载不利布置计算、底框结构空间计算、吊车荷载计算,并可将上部结构和地下室作为一个整体进行分析,对钢筋混凝土结构可完成截面配筋计算,对钢构件可作截面验算。

SATWE 完成内力分析和配筋计算后,可连接"砼结构施工图"和"AutoCAD 版砼施工图 PAAD",并可为基础设计 JCCAD 等软件提供设计数据。

2. PKPM2010 V3.X 的 SATWE 功能得到极大提升

PKPM2010 V3.X 的 SATWE 在对以往的多塔分析设计、弹性板、特殊风荷载、施工模拟加载等能力进一步提升之外,还主要增加如下新的功能。

1) 用户自定义风荷载

PKPM2010 V3.X 的 SATWE 程序除了能根据结构模型的外形参数及用户输入的风荷载基本参数自动计算结构所承受的风荷载、风振外,还可以通过补充自定义风荷载,补充输入在创建设计模型时简化掉的屋面女儿墙、屋面高耸附属结构等传递给主体结构的风荷载。通过读入风洞试验数据功能,根据风洞试验数据确定风荷载体型系数等,对于特殊外形建筑的风荷载计算更加准确。

2) 自动实现多模型包络设计,具有基于性能设计的包络设计能力

PKPM2010 V3.X 的 SATWE 新增有"带楼梯参与整体计算"或"不考虑楼梯刚度的整体计算""带地下室""不带地下室"等自动专项包络设计,能根据用户参数选择和模型特点,在用户创建的结构设计主模型基础上,自动创建多个子模型,并自动对子模型进行分析及包络设计。SATWE 还具有用户自定义多模型包络设计能力。

SATWE 具有按照《高层规范》进行性能设计的能力,使得用户在设计时,能更方便地实现"中震不屈服""中震弹性""大震不屈服""大震弹性"设计性能目标。

3) 自动读入动力时程分析程序分析地震效应放大系数

对所设计的建筑结构进行动力时程分析后,PKPM2010 V3.X 的 SATWE【调整信息 2】能读取动力时程分析计算结果,分楼层对地震效应进行自动放大,而不再像 PKPM2010 V2.X 那样,需要用户自己分析动力时程分析计算结果,手工设置唯一的全楼地震效应放大系数。

4) 新增用户自定义内力组合功能

SATWE 还新增了用户自定义内力组合功能,使得一些特殊情况下的设计策略能够得以实现。另外,SATWE 还具有丰富的计算结果查看功能。

6.2 参数设置及定义

SATWE 软件【参数定义】属于 SATWE 的【设计模型前处理】的内容,其主要功能是在"结构建模"生成的模型数据的基础上,补充结构分析所需的部分参数,并对一些特殊结构形式、特殊构件类型、特殊荷载、构件施工次序等进行补充定义。SATWE 前处理菜单如图 6-1 所示。

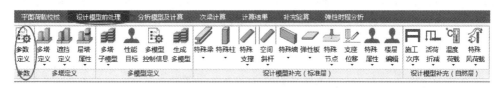

图 6-1 SATWE 前处理菜单

对于新建工程,"结构建模"中已经设置了部分设计参数,这些参数可以为 PKPM 系列的多个软件模块所公用,但对于结构分析而言尚不完整。

建筑结构设计与 PKPM2010

单击【参数定义】菜单,弹出【分析和设计补充参数定义】对话框,该对话框包括【总信息】【多模型及包络】【计算控制信息】【风荷载信息】【地震信息】等 16 个内容,对于"结构建模"和 SATWE 共有的参数,程序是自动联动的,若在某个软件模块中修改了软件的共有参数值,则进入另一个软件模块后这些参数也会同步改变。

6.2.1 【总信息】中的整体性能控制与多模型包络设计参数

【总信息】内包含结构分析所必需的最基本的参数,如图 6-2 所示。【参数导入】【参数导出】功能,可以将自定义参数保存在一个文件里,方便用户统一设计参数时使用。

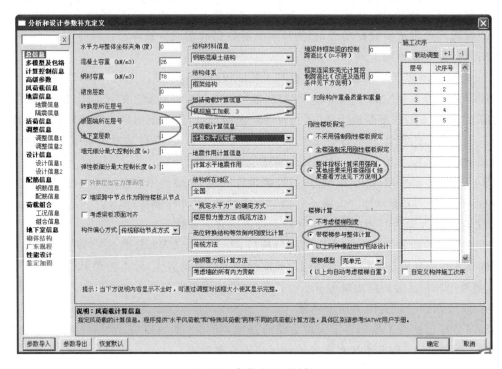

图 6-2　参数定义对话框

1. 水平力与整体坐标夹角(程序默认为 0,试算后根据分析结果二次修改复算)

结构地震反应是地震作用方向角的函数,存在某个角度使得结构地震反应取极大值,这个方向就称为最不利地震作用方向。

《抗震规范》第 5.1.1 条和《高层规范》第 4.3.2 条规定:"一般情况下,应允许在建筑结构的两个主轴方向分别计算水平地震作用并进行抗震验算;有斜交抗侧力构件的结构,当相交角度大于 15°时,应分别计算各抗侧力构件方向的水平地震作用。"

SATWE 可以自动计算出地震作用的最不利方向角,并在【计算结果】的【文本结果】中输出"最不利地震作用方向角"。该角度以逆时针方向为正。

在 PKPM2010 V3.X 以前版本中,通常当试算结果中的"最不利地震作用方向角"绝对值大于 15°时,需要用户把这个角度回填到【地震信息】的"斜交抗侧力构件相应角度"栏(下称"抗侧力附加角"),而不是输入到【总信息】的"水平力夹角"中之后,再重新对结构进行分析计算。

PKPM2010 V3. X 在 SATWE【地震信息】页面增加【程序自动考虑最不利水平地震作用】的参数选项,勾选该选项,程序能自动考虑用最不利水平地震作用方向,计算结构的最终地震效应。

2. 混凝土重度、钢材重度

为能自动计算抹灰荷重,混凝土重度一般取 $26\sim27kN/m^3$。

3. 裙房层数

裙房层数包含地下室层数;没有裙房,则填 0。

4. 嵌固端所在层号(按规范要求布置构件,试算后根据输出结果调整层号设置)

在第 3 章中我们已经学习了嵌固层、嵌固端、嵌固部位的概念及与嵌固部位相关的"强柱根""弱柱根"设计相关知识,当用户输入嵌固端所在层号后,SATWE 能依照规范条文,自动确定底部加强区,将嵌固端下一层柱纵向钢筋放大 10%,梁端弯矩放大 1.3 倍(梁端弯矩放大 1.3 倍的做法与《抗震规范》第 6.1.14 条、《高层规范》第 12.2.1 条规定不太一致,属于自行处理的偏保守做法)。

5. 地下室层数(据实填写,无地下室时填 0)

计算风荷载、地震作用效应、基坑回填土对地下室侧墙的侧压力,确定底部加强区要用到该参数。通过该参数,程序在计算风荷载时,能自动扣除地下室部分的高度,并激活【分析与设计参数补充定义】中的【地下室信息】参数栏。当地下室局部层数不同时,应按主楼地下室层数输入。在进行 SATWE 分析设计时,地框梁层可当成地下室。

6. 墙元、弹性板细分最大控制长度

工程规模较小时,墙元细分最大控制长度及弹性板细分最大控制长度建议在 $0.5\sim1.0$ 之间填写。

7. 转换层指定为薄弱层

《抗震规范》第 3.4.4 条、《高层规范》第 3.5.8 条对转换层及薄弱层有相关规定。不论层刚度比如何,转换层都应强制指定为薄弱层。

8.【全楼强制采用刚性板假定】与【整体指标计算采用强刚,其他指标采用非强刚】

刚性板为 SATWE 中楼板计算模型的一种,后面会详细叙述。在计算位移比、周期比、刚度比等指标时一般选择【全楼强制采用刚性板假定】。PKPM2010 V3. X 新增了【整体指标计算采用强刚,其他指标采用非强刚】勾选项,勾选此项,程序自动对强制刚性板假定和非强制刚性板假定两种模型分别计算,并对计算结果进行整合。

实际工程应用时要注意:检查判断是否存在原薄弱层,计算构件内力和配筋、错层或带夹层的结构、不规则坡屋面、体育馆看台、错层建筑或跃层建筑、大底盘建筑时,不应勾选【全楼强制采用刚性板假定】,否则会造成计算结果失真。

9.构件偏心方式

PKPM2010 V3.X 之前的 SATWE 是通过将节点移动到墙的实际位置,来消除模型中存在的墙偏心,该方法可能会产生很多竖向斜墙或不共面墙。PKPM2010 V3.X 增加了刚域变换方式,该方式能保持墙体在其实际位置。但新的偏心方式对于部分模型在局部可能会产生较大的内力差异,因此建议设计时用新旧两种方法进行对比设计。

10.墙倾覆力矩计算方法

程序提供了墙倾覆力矩计算方法的三个选项,分别为"考虑墙的所有内力贡献""只考虑腹板和有效翼缘,其余部分计算框架""只考虑面内贡献,面外贡献计入框架"。当需要界定结构是否为单向少墙结构体系时,建议选择"只考虑面内贡献,面外贡献计入框架"。当用户无须进行是否为单向少墙结构的判断时,可以选择"只考虑腹板和有效翼缘,其余部分计算框架"。

11.恒活荷载计算信息

SATWE 在【恒活荷载计算信息】中给出了【不计算恒活荷载】【一次性加载】【模拟施工加载 1】【模拟施工加载 2】【模拟施工加载 3】等几种选项。

1)【不计算恒活荷载】

该选项主要用于对水平荷载效应的观察和对比。

2)【一次性加载】

一次性加载即在计算竖向荷载单项内力时,把结构各个楼层上的单项竖向荷载一次性施加到结构模型上,来计算结构内力的方法。一次性加载适用于小型结构、钢结构或由于特殊结构要求,需要一次性施工的建筑结构。多层、高层现浇钢筋混凝土结构需要混凝土分层浇筑、分层拆除模板以及楼面结构施工支模的层层找平,才能使结构竖向变位对结构内力分布的影响较小。如果采用一次性加载,会使计算模型与结构实际相差较大,当楼层较高时,甚至会导致顶层走廊楼面梁弯矩符号与实际情况完全相反,故现浇混凝土结构通常不采用一次性加载计算方案。

3)【模拟施工加载】

《高层规范》第 5.1.9 条规定:"高层建筑结构在进行重力荷载作用效应分析时,柱、墙、斜撑等构件的轴向变形宜采用适当的计算模型考虑施工过程的影响;复杂高层建筑及房屋高度大于 150m 的其他高层建筑结构,应考虑施工过程的影响"。

"模拟施工加载 1"和"模拟施工加载 3"能模拟层层找平施工过程,可用于大多数上部结构的设计分析。由于以前计算机计算能力有限,"模拟施工加载 1"是生成一个结构的整体刚度矩阵,结构分析计算时仅仅是分层加载,这样会导致荷载作用"外溢"使计算结果有一定的误差;"模拟施工加载 3"是对"模拟施工加载 1"的改进,采用逐层累加刚度及分层加载模型进行结构分析,故"模拟施工加载 3"是现阶段理论上最为准确的加载模式。

"模拟施工加载 2"是根据试验分析成果,将柱的刚度放大 10 倍后再按"模拟施工加载 1"方法对上部结构进行计算分析,以削弱上部结构计算时竖向荷载按刚度重分配的影响,使柱、墙传给基础的荷载与试验测试更加接近、更加合理。"模拟施工加载 2"可用于计算上部结构传递给基础的荷载数据。

4）实际工程应用的几点建议

进行上部结构内力分析与设计时，SATWE 用户手册建议一般对多、高层建筑结构首选"模拟施工加载 3"；计算上部结构传递给基础的内力时，宜用"模拟施工加载 2"分析上部结构。进行现浇混凝土结构设计时，建议按照图 6-3 所示策略对上部结构进行模拟加载分析计算。

图 6-3 模拟加载策略的运用

没有严格的标准楼层概念的钢结构、大型体育场馆建筑结构、长悬臂结构或有吊车结构，一般是采用模块化拼装和悬挑脚手架的施工工艺，故对这些结构宜采用"一次性加载"进行设计。

12. 风荷载计算信息（视结构具体情况而定）

一般工程建议直接选用"计算水平风荷载"，如需考虑更细致的风荷载、多塔建筑立面有遮挡、坡屋面建筑和曲面外形建筑，则需要计算"特殊风荷载"。

13. 地震作用计算信息（根据规范条文确定）

依照规范，SATWE 的该选项共有【不计算地震作用】【计算水平地震作用】【计算水平和规范简化方法竖向地震】【计算水平和反应谱方法竖向地震】四个选项。

1）【不计算地震作用】

依据《抗震规范》第 3.1.2 条，地震设防烈度 6 度区，除规范特别说明外（甲类建筑或中小学建筑等需提高 1 度），乙、丙、丁类建筑可不进行地震作用计算。

2）【计算水平地震作用】

《抗震规范》第 5.1.1 条规定：各类建筑结构的地震作用，应至少在建筑结构的两个主轴方向分别计算水平地震作用。

3）【计算水平和规范简化方法竖向地震】

依据《抗震规范》第 5.3.1 条，计算地震设防烈度 9 度时的高层建筑应选择此选项。

4）【计算水平和反应谱方法竖向地震】

计算规范规定的大悬臂、大跨度等结构时，需选用此选项。大跨度、大悬臂结构的具体界定详见《抗震规范》第 5.1.1 条及条文说明，《高层规范》第 4.3.2 条、第 4.3.14 条。

14. 规定水平力的确定方式

SATWE 总体参数的规定水平力的确定方式有两个选项："楼层剪力差方法（规范算法）"和"节点地震作用 CQC 组合方法"。"楼层剪力差方法（规范算法）"适用于大多数结构。

1）规定水平力的概念

对于何为"规定水平力"，《高层规范》第3.4.5条条文说明给出了详细定义。"规定水平力"是取上下两层地震剪力差的绝对值作为一个水平作用力。其使用范围主要体现在以下两处：一是结构在地震作用下的位移比计算；二是结构的倾覆力矩计算。

2）SRSS及CQC方法

SRSS和CQC方法是计算结构水平地震作用效应时的两种计算方法，其计算公式分别详见《抗震规范》第5.2.2条和第5.2.3条。SRSS是平方和开平方的简称，它要求参与数据处理的各个事件之间是完全相互独立的，不存在耦合关联关系。当振型的分布在某个区间内比较接近时，这一部分的振型就不适合采用SRSS方法。CQC方法即完全二次项组合方法，这种方法不仅考虑到各个主振型的平方项，而且还考虑了振型阻尼引起的邻近振型间的静态耦合效应，CQC方法对于比较复杂的结构比如考虑平扭耦连的结构，其地震效应计算结果比较精确。

计算"扭转位移比""层间位移比""抗倾覆力矩"时要用"规定水平力"，具体详见《抗震规范》第3.4.3条、第6.1.3条和《高层规范》第8.1.3条。

"规定水平力"为规范方法，轴力方式是《高层规范》编写专家提高的方法，在进行比较特殊的建筑结构设计时，轴力方式可用于对比分析。

15. 楼梯计算

PKPM2010 V3.X不再需要像PKPM2010 V2.X那样把楼梯转化为扁梁模型，而是在SATWE计算时，自动生成用户选择的计算模型（壳单元模型或梁单元模型），并进行包络设计。

6.2.2 SATWE多模型及包络设计策略控制选项

包络设计通常是指内力包络，是对构件某种受力状态采用不同分析方法、构件不同工况、不同设计模型或力学分析模型等得到多个内力值，取最大值，用此最大值作为构件内力代表值进行结构设计的方法，包络设计是结构设计过程中保证结构安全度的一个重要手段。

1. SATWE多模型包络设计的概念

从设计过程中进入内力包络的不同时机来区分，包络设计分为内力组合前对单项内力的包络（我们称之为"前包络"）和内力组合后的组合内力包络（我们称之为"后包络"）。在设计中采取前包络还是后包络，取决于具体的设计状况。

当单一模型不能全面反映结构实际时（如第5章坡屋面建模存在"竖向荷载"与"风荷载地震作用"两难选择时），此时的结构分析需要进行"前包络"设计。而当一个建筑结构进行结构分析时，由于存在不同的工况（如考虑楼梯参与整体结构分析或不参与整体结构分析、活荷载不利分布的不同工况等），需要对同一个结构模型进行多种方案分析，这时的包络设计应进行"后包络"设计。

通过算例分析我们发现，PKPM2010 V3.X的SATWE多模型包络设计具有良好的"前包络"和"后包络"能力（由于分析及手工包络过程比较烦琐，在此不做过多叙述）。

2．SATWE 专项多模型包络设计

PKPM2010 V3.X 的 SATWE 多模型包络设计,分为专项多模型和用户自定义多模型两种类型。专项多模型包络设计是 SATWE 软件内置的自动包络多模型设计方案,是在"分析模型及计算"阶段实现的,程序根据用户在"多模型及包络"参数设置,在"结构建模"创建的"主模型"基础上,自动生成的其他计算模型。专项多模型包括地下室专项包络设计、楼梯专项包络设计、多塔结构专项包络设计等。SATWE 参数定义的【多模型及包络】可以设置的内容如图 6-4 所示。

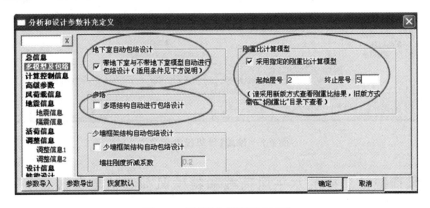

图 6-4　设置【多模型及包络】

"实例商业建筑"采用地框梁层结构方案,把地框梁层按地下室进行分析设计,勾选【地下室自动包络设计】,并在 SATWE 的【设计模型前处理】创建【多模型控制信息】后,软件即可自动生成"有地下室"与"无地下室"两个专项子模型并进行包络设计。软件默认"有地下室"子模型的嵌固端在地框梁顶位置,"无地下室"子模型嵌固端在基础顶。

3．用户自定义多模型

PKPM2010 V3.X 的 SATWE 支持用户创建多个设计模型,并据此进行多目标分析与包络设计,本部分内容在 5.1.3 节坡屋面多模型建模中已有叙述。

6.2.3　计算控制信息中传基础刚度及自定义补充风荷载

PKPM2010 V3.X 中 SATWE 增加了计算控制信息参数定义,其参数大部分来源于PKPM2010 V2.X 的结构内力、配筋计算,如图 6-5 所示。

1．传基础刚度

如需要进行上部结构与基础共同分析,应勾选"生成传给基础的刚度"选项,在选择上部结构生成传给基础的刚度后,在基础分析时,即可实现上部结构与基础共同分析。

2．自定义风荷载信息

勾选"保留分析模型上自定义的风荷载"后,若 SATWE 后期执行生成数据命令,程序将保留全楼所有用户自定义风荷载数据。

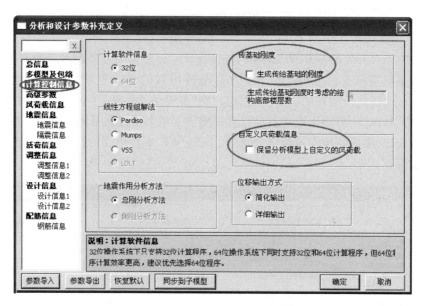

图 6-5 设置【计算控制信息】

6.2.4 风荷载信息中的水平风荷载和特殊风荷载信息参数

SATWE 能依据《荷载规范》和《高层规范》，以及用户输入的风荷载参数，自动计算风荷载。

SATWE 风荷载的计算分为水平风荷载和特殊风荷载两种。当用户在【总信息】中只选择【计算水平风荷载】选项时，【特殊风体型系数】为虚显状态，不能进行设置。同样，如果只在【总信息】中勾选了【计算特殊风荷载】，则【水平风体型系数】处于虚显状态，如图 6-6 所示。坡屋面结构和分缝多塔结构需要计算特殊风荷载。如果结构体型比较复杂，需要对各层各塔的风荷载进行精细计算，可导入风洞数据。下面简要介绍风荷载相关参数。

1. 地面粗糙度类别和基本风压

《荷载规范》第 8.2.1 条把地面粗糙度分为 A、B、C、D 四类。海滨为 A 类，乡村为 B 类，城市市区为 C 类，市区密集高层区域为 D 类。基本风压依据《荷载规范》附录 E.5 确定。

2. 结构基本周期

结构设计时可从【计算结构】菜单的【文本查看】中查询程序试算输出的 X、Y 方向基本周期，并把该周期回填到参数定义中。

3. 分缝多塔结构设计时迎风面的遮挡定义

在计算带变形缝的结构时，如设计人员将该结构以变形缝为界定义成多塔结构后，若不进行遮挡定义，程序在计算各塔的风荷载时，会把变形缝两侧的结构立面作为迎风面，这样会造成计算的风荷载偏大。若指定了变形缝两侧各塔的遮挡面，程序在计算风荷载时，将按照【设缝多塔背风面体型系数】对遮挡面的风荷载进行扣减。如果设计人员将此参数填为

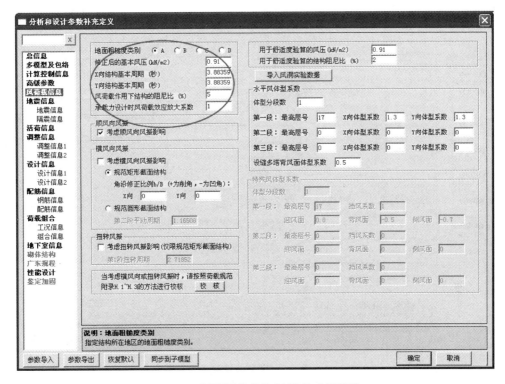

图 6-6 设置【风荷载信息】的特殊风荷载

0,则相当于不考虑挡风面的影响。遮挡面的指定需在【分析模型及计算】的【遮挡定义】中进行。

6.2.5 地震信息中的地震区划图等参数

地震信息包含设防烈度、场地类别、抗震等级信息等众多地震信息参数,如图 6-7 所示。

1. 据规范设定设计地震分组、设防烈度、场地类别

根据结构所处地区,按《抗震规范》附录 A 选用抗震设防烈度和设计地震分组。应注意"场地类别"自地质勘查报告中查得后,应按照《抗震规范》第 4.1.6 条复核。

2. 特征周期、水平地震影响系数最大值 α_{max}

依据抗震规范,由【总信息】【地震信息】输入的【结构所在地】和【设防烈度】两个参数,自动按抗震规范重新确定特征周期或地震影响系数最大值。

当采用地震动区划图确定 T_g 和 α_{max} 时,可直接在此处填写,也可采用"区划图"工具辅助计算并自动填入。

3. 区划图(2015)工具及《抗震规范》(局部修订)工具

通过【区划图(2015)】和【抗规(修订)】按钮,可导入中国地震动参数区划图(GB 18306—2015)和《建筑抗震设计规范》(GB 50011—2010),进行局部修订内容。

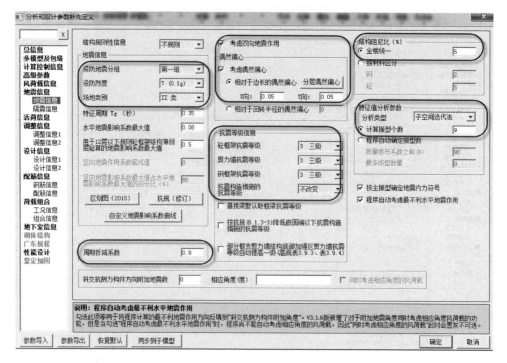

图 6-7　定义地震信息

4．根据规范设定混凝土框架、剪力墙、钢框架抗震等级

抗震等级根据《抗震规范》表 6.1.2 或《高层规范》表 3.9.3 和表 3.9.4 确定。在 SATWE 地震参数选项中，0 代表特一级；5 代表不考虑抗震构造要求。表 6-1 给出的是《抗震规范》表 6.1.2 的部分内容。

表 6-1　现浇钢筋混凝土房屋的抗震等级（《抗震规范》表 6.1.2）

结构类别		设防烈度							
		6		7			8		9
		≤24	>24	≤24	>24	≤24	>24		≤24
框架结构	高度/m	≤24	>24	≤24	>24	≤24	>24		≤24
	框架	四	三	三	二	二	一		一
	大跨框架	三		二		一			一
框架-剪力墙结构	高度/m	≤60	>60	≤24	25~60	>60	≤24	25~60	>60	≤24	25~60
	框架	四	三	四	三	二	三	二	一	二	一
	抗震墙	三		三	二		二	一		一

结构局部构件抗震等级与结构总体设定的抗震等级不同时，需要到【设计模型前处理】菜单下进行定义补充。

5．抗震构造措施的抗震等级

根据《抗震规范》第 3.1.2 条、第 3.3.2 条、第 3.3.3 条、第 6.1.3 条、第 6.1.4 条设定建筑构造的抗震等级。

6．考虑偶然偏心

《抗震规范》第 3.4.3 条的条文说明：计算扭转位移比时，取"规定水平力"计；该水平力一般采用振型组合后的楼层地震剪力换算的水平作用力，需考虑偶然偏心。《高层规范》第 4.3.3 条规定：计算单向地震作用时应考虑偶然偏心的影响。《高层规范》第 3.4.5 条规定：计算位移比时，必须考虑偶然偏心影响。

7．双向地震作用及如何考虑双向地震作用及偶然偏心

根据《抗震规范》第 5.1.1 条第 3 款及《高层规范》第 4.3.2 条第 2 款规定：质量和刚度分布明显不对称的结构，应计入双向地震作用下的扭转影响。

SATWE 允许用户同时选择"偶然偏心"和"双向地震"，两者取不利，结果不叠加。

8．特征值分析方法及计算振型个数

SATWE 的特征分析方法有子空间迭代法和多重里兹向量法两种。对于大体量结构，如大规模的多塔结构、大跨结构，以及竖向地震作用计算等，多重里兹向量法采用相对精确特征值算法。当选择子空间迭代法进行特征值分析时，计算振型数可勾选【程序自动确定振型数】。

《抗震规范》第 5.2.2 条的条文说明规定："振型个数一般可以取振型参与质量达到总质量的 90% 所需的振型数"。若用户指定【计算振型个数】，需注意振型数不能超过结构的固有振型总数，一般取 3 的倍数，如楼层数的 3 倍。如果【计算振型个数】填写为 0，则程序会根据结构规模及特征值计算的可用内存自动确定一个振型数上限值。

9．根据填充墙情况确定周期折减系数

《高层规范》第 4.3.6 条给出自振周期折减系数建议值。对于框架结构，若填充墙较多，周期折减系数可取 0.6～0.7，填充墙较少时可取 0.7～0.8；对于框架-剪力墙结构，可取 0.7～0.8，纯剪力墙结构的周期可不折减。在实际设计时，有经验的设计人员会根据砌体填充墙在结构平面纵横两个方向的分布、窗洞口开洞大小、是否采用配筋砌体等具体情况，对规范建议值酌情调整。

10．程序自动考虑最不利水平地震作用

用户勾选【程序自动考虑最不利水平地震作用】后，程序将自动完成最不利水平地震作用方向的地震效应计算，一次完成计算，无须手动回填"水平力与整体坐标夹角"或"抗侧力附加角"。

6.2.6　活荷信息中的按房间属性折减活荷载

《荷载规范》第 5.1.2 条规定了设计楼面梁、墙、柱及基础，楼面活荷载标准值的折减要求。为避免活荷载在"结构建模"和 SATWE 中出现重复折减的情况，在"结构建模"中活荷载数值不能折减输入，而是统一在 SATWE 中进行梁、柱、墙和基础设计时的活荷载折减。活荷载信息参数如图 6-8 所示。

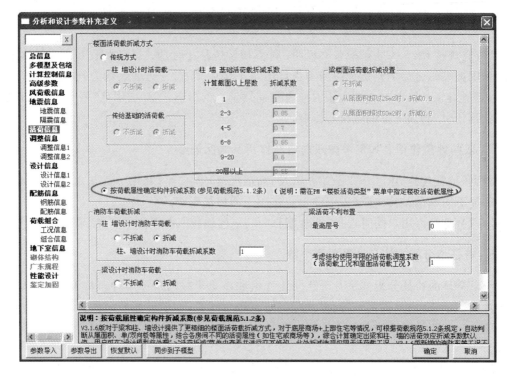

图 6-8 设置【活荷信息】

1．楼面活荷载折减方式

PKPM2010 V3.X 中楼面活荷载折减方式除了原有方式（对应"传统方式"选项），增加了【按荷载属性确定构件折减系数】选项。按照房间功能交互布置方式输入楼面均布活荷载，并按照房间属性，依据规范进行楼面活荷载折减功能，4.7.3 节已经详细叙述，在此不再赘述。

2．柱、墙、基础设计时活荷载是否折减及折减系数

需要注意的是，此处指定的传给基础的活荷载是否折减，仅用于 SATWE 设计结果的文本及图形输出，在连接 JCCAD 时，SATWE 传递的内力为没有折减的标准内力，由用户在 JCCAD 中另行指定折减信息。

3．梁楼面活荷载折减设置

选择【按荷载属性确定构件折减系数】进行活荷载折减时，【楼面活荷载折减设置】处于虚显状态，不需要定义。

不按荷载属性确定构件折减系数或"结构建模"中未定义房间属性时，则需依据规范规定，选择不折减或者相应的折减方式。在此需要再次提醒读者，在 4.7.3 节我们已经讲过，由于程序无法全面判断上下层房间属性的对应关系，所以选择【按荷载属性确定构件折减系数】折减，需要在【设计模型前处理】中通过【活荷折减】|【交互定义】，对软件自动生成的梁柱等构件的折减系数进行仔细核对。

4. 梁活荷载不利布置

SATWE 仅对梁作活荷载不利布置作用计算,对柱、墙等竖向构件并未考虑活荷载不利布置作用,只考虑了活荷载一次性满布作用。建议一般多层混凝土结构应取全部楼层进行计算。

6.2.7 【调整信息】中的地震作用调整及自动读入动力时程分析结果

PKPM2010 V3.X 的 SATWE【调整信息】分为【调整信息 1】和【调整信息 2】两个部分,输入参数对话框内容如图 6-9 和图 6-10 所示。

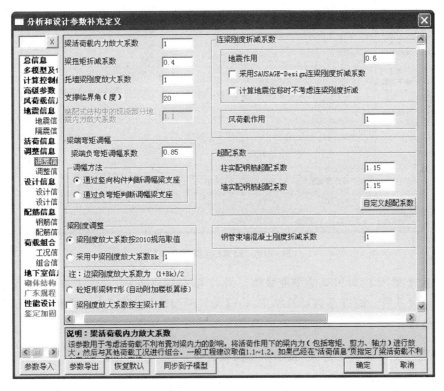

图 6-9　设置【调整信息 1】

1. 梁端负弯矩调幅系数、梁活荷载内力放大系数、梁扭矩折减系数、超配系数

软件默认按规范为上述系数取值,详见《高层规范》第 5.2.3 条、《高层规范》第 5.2.4 条、《抗震规范》第 6.2.2 条。

超配系数是"强柱弱梁"的一种体现。根据《抗震规范》第 6.2.2 条取值,对框架结构,一、二、三、四级可分别取 1.7、1.5、1.3、1.2;其他结构类型中的框架,一级可取 1.4,二级可取 1.2,三、四级可取 1.1。

2. 梁刚度调整

勾选梁刚度调整后,程序将根据《混凝土规范》第 5.2.4 条的表格,自动计算每根梁的楼

图 6-10　设置【调整信息 2】

板有效翼缘宽度,确定每根梁的刚度系数。当采用《高层规范》第5.2.2条规定时,可自定义中梁刚度放大系数。刚度系数计算结果可在【设计模型前处理】|【特殊梁】中查看,也可以在此基础上修改。

3. 混凝土矩形梁转 T 形梁（自动附加楼板翼缘）

勾选此项后程序能自动考虑楼板翼缘对混凝土矩形梁的刚度和承载力的影响。

4. 调整各楼层地震内力、自定义调整系数

《抗震规范》第5.2.5条和《高层规范》第4.3.12条的强制性条文规定:抗震验算时,结构任一楼层的水平地震的剪重比不应小于《抗震规范》表5.2.5给出的最小地震剪力系数λ。勾选该项后,程序将自动进行调整。

5. 强轴和弱轴方向动位移比例（依据初算情况而定）

根据《抗震规范》第5.2.5条及该条的条文说明规定,SATWE设置了动位移比例参数。实际设计时可以根据【计算结果】菜单下的"文本结果"输出的结构周期进行判断。弱轴对应结构长周期方向,强轴对应结构短周期方向。

对于两个方向,根据弱轴和强轴方向的第一个平动周期 T 在反应谱曲线的位置,可判

断其位于哪一段,如在加速度控制段($T{\leqslant}T_\mathrm{g}$,T_g 为特征周期),需要填 0;速度控制段($T_\mathrm{g}{\leqslant}T{\leqslant}5T_\mathrm{g}$),填 0.5;位移控制段($T{>}5T_\mathrm{g}$),需要填 1。

6. 按刚度比判断薄弱层

SATWE 程序提供了"按抗规和高规从严判断""仅按抗规判断""仅按高规判断""不自动判断"四个选项供用户选择,默认值仍为"从严判断"。依照《高层规范》第 3.5.3 条规定,受剪承载力突变形成的薄弱层自动进行调整。

7. 全楼地震作用放大系数(一般采用默认值1.0)

为提高某些重要工程的结构抗震安全度,可通过此参数来放大地震力,一般采用默认值1.0,其经验取值范围是 1.0~1.5。PKPM2010 V2.X 不能自动读取动力时程分析结果,用户可根据此参数考虑动力时程分析结果。

8. 读取动力时程分析地震效应放大系数

根据《抗震规范》第 5.12 条第 3 款要求,对于一些高层建筑应采用弹性动力时程分析法进行补充验算。SATWE V3.X 弹性动力时程分析计算完成后,图 6-9 处于虚显状态的【读取时程分析地震效应放大系数】按钮被激活,单击该按钮,程序自动读取弹性动力时程分析得到的地震效应放大系数作为最新的分层地震效应放大系数。在没有进行动力时程分析时,该选项为虚显状态。

9. 二道防线调整

《抗震规范》第 6.2.13 条的规定即属于此处的二道防线调整,通常称为 $0.2V_0$ 调整。

6.2.8 【设计信息】定义结构重要性系数及梁柱配筋方式等参数

PKPM2010 V3.X 的 SATWE 中【设计信息】分为【设计信息 1】和【设计信息 2】两个部分,【设计信息 1】输入各参数如图 6-11 所示,【设计信息 2】主要为剪力墙边缘构件参数设置,本节从略。

1. 结构重要性系数

设计使用年限为 50 年的结构构件,结构重要性系数不应小于 1.0。该参数用于非抗震组合的构件承载力验算,详见《混凝土规范》式(3.3.2-1),《高层规范》式(3.8.1-1)。

2. 框架梁端配筋考虑受压钢筋

框架梁端配筋详见《混凝土规范》第 11.3.6 条和《抗震规范》第 6.3.3 条,一般建议考虑受压钢筋。

3. 结构中框架部分轴压比限值按纯框架结构的规定采用

根据《高层规范》第 8.1.3 条,框架-剪力墙结构,底层框架部分承受的地震倾覆力矩的比值在一定范围内时,框架部分的轴压比需要按纯框架结构的规定采用。

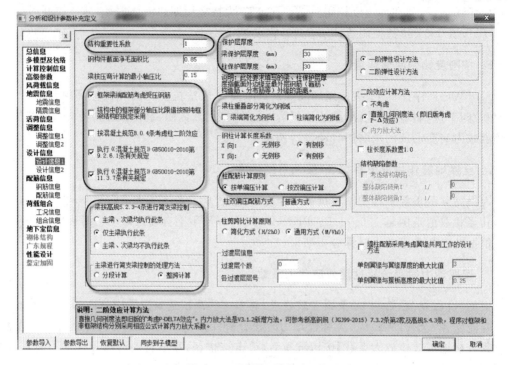

图 6-11　设置【设计信息 1】

4．考虑柱轴压力二阶效应

《混凝土规范》第 6.2.4 条规定：除排架结构柱外，其他偏心受压构件应考虑柱轴压力二阶效应，排架结构柱应按《混凝土规范》B.0.4 条计算其轴压力二阶效应。

5．梁、柱保护层厚度

实际工程必须先确定构件所处环境类别，然后根据《混凝土规范》第 8.2.1 条填入正确的保护层厚度。构件所属的环境类别见《混凝土规范》表 3.5.2。

6．梁柱重叠部分简化为刚域

刚域效应影响梁柱线刚度，梁端弯矩可取刚域端弯矩，详见《高层规范》第 5.3.4 条。

7．柱配筋计算原则、柱双偏压配筋方式

选择"柱双偏压配筋时进行迭代优化"后，对于按双偏压计算的柱，在得到配筋面积后，会继续进行迭代优化。通过二分法逐步减少钢筋面积，并在每一次迭代中对所有组合校核承载力是否满足要求，直至找到最小全截面配筋面积配筋方案。

8．二阶效应计算方法

《高层规范》第 5.4.3 条规定，对框架和非框架结构分别采用相应公式计算内力放大系数。

6.2.9　地下室信息

无论在【总信息】中地下室层数是否为零，PKPM2010 V3.X 的【地下室信息】参数总是允许用户修改，因为在此需要定义用于所有结构设计的【室外地面与结构最底部的高差】。【地下室信息】设置对话框内容详见图 6-12。

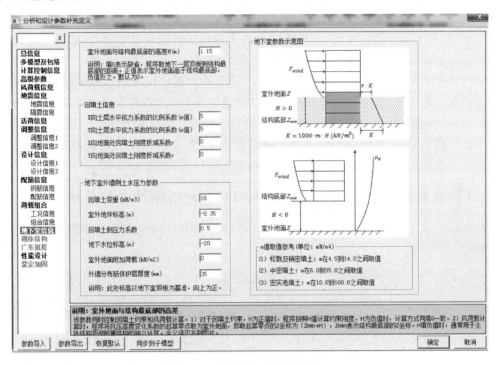

图 6-12　【地下室信息】对话框

1. X、Y 向土层水平抗力系数的比例系数（m 值）

m 值是考虑土体对地下室约束大小的一个指标，不管地下室顶板是否为嵌固端都应正确填写。SATWE 说明书建议，松散及稍密填土的 m 值为 4.5～14，中密填土的 m 在 6～35 间取值，密实老填土的 m 值在 10～100 之间取值。若用户填入负值 m，则认为有 m 层地下室无水平位移。

2. X、Y 向地面处回填土刚度折减系数 r

该参数主要用来调整室外地面回填土刚度。程序默认计算结构底部的回填土刚度 $K=1000mH$，并通过折减系数 r 来调整地面处回填土刚度为 rK。也就是说，回填土刚度的分布允许为矩形（r=1）、梯形（0＜r＜1）或者三角形（r=0）。

当 r=0 时，回填土刚度分布为三角形分布，与 SATWE 以前版本的分布方式一致。

3. 回填土重度、回填土侧压力系数与室外地面附加荷载

回填土重度及回填土侧压力系数用来计算回填土对地下室侧壁的水平压力。回填土侧压力系数一般情况可取 0.5。当地下室施工采用护坡桩或连续墙支护时，地下室外墙的土

压力计算可考虑基坑支护与地下室外墙的共同作用,可按静止土压力乘以折减系数 0.66 计算,即 $0.5 \times 0.66 = 0.33$。

室外地面为通行车道则应考虑行车荷载的影响,故室外地面附加荷载应考虑作用其上的恒荷载和活荷载,通常取 $5.0 \sim 10.0 \mathrm{kN/m^2}$。

6.2.10 性能设计中的专项包络设计参数

根据《抗震规范》《高层规范》等规范提出的建筑抗震性能设计要求,SATWE 增加了性能设计参数定义。【性能设计】页面详见软件,此处暂略。

软件提供了中震不屈服、中震弹性、大震不屈服和大震弹性四种性能设计子模型,当用户勾选中震弹性子模型,同时在前处理【性能目标】菜单中指定构件性能目标为中震弹性时,程序会自动从此模型中读取该构件的结果进行包络设计。

勾选采用 SAUSAGE-Design 刚度折减系数选项,各子模型会自动读取相应地震水准下弹塑性时程动力分析程序 SAUSAGE-Design 计算得到刚度折减系数。

6.2.11 需要经过多重分析修改的 SATWE 分析设计参数总结

从上面介绍中还可以发现,部分参数需要经过 SATWE 初步分析或多次分析后逐步修正,如图 6-13 所示。

【总信息】	【风荷载参数】	【地震参数】	【调整信息】

水平力与整体坐标夹角
可通过【地震信息】的"程序自动考虑最不利水平地震作用"设置

结构基本周期
应当试算后,从 WZQ.OUT 文件中查询程序输出的第一平动周期值

双向地震作用
根据《抗震规范》第5.1.1条第3款及《高层规范》第4.3.2条第2款,初算后,若该值超过扭转位移比下限1.2较多,则可认为扭转明显,需考虑双向地震作用下的扭转效应

强、弱轴方向动位移比例
考虑地震作用时,根据弱轴和强轴方向的第一个平动周期 T 与特征周期 T_g 的关系,确定参数值

嵌固端所在层号
按规范要求布置构件,试算后据输出结果调整层号设置

【设计信息】

考虑 $P-\Delta$ 效应
当结构在地震作用下的重力附加弯矩大于初始弯矩的10%时,应计入重力二阶效应的影响

计算振型个数
计算 WZQ.OUT 给出的有效质量的参与数是否达到90%,来决定是否增加振型数;新版程序新增"程序自动确定振型数"选项

薄弱层调整相关参数
多遇地震下的薄弱层,可在计算结果文件中查看结果并加以判断

恒活荷载计算信息
一般情况下,建议上下部结构都用模拟加载3,为基础设计准备数据采用模拟加载2

斜交抗侧力构件方向附加地震数与相应角度
参见【总信息】的"水平力夹角"

全楼地震作用放大系数
可读入时程分析计算出的各楼层剪力放大系数

图 6-13 SATWE 中需要初算后再重新确定的参数

6.3 设计模型补充处理

通过【设计模型前处理】的【设计模型补充】选项,可进一步补充指定构件的特殊属性信息,补充定义温度及特殊风荷载等信息,如图 6-14 所示。

图 6-14　设计模型补充处理面板

在如图 6-15 所示的【特殊构件定义】停靠面板勾选【层间编辑】选项,单击【楼层选择】按钮,在弹出的【标准层选择】对话框中选择需关联的标准层,SATWE 会以当前结构标准层为基准,对关联结构标准层进行特殊构件定义关联操作。单击界面右下角工具条按钮 来切换是否进行文字和图形显示,可以更直观便捷地观察特殊构件定义的完成情况。

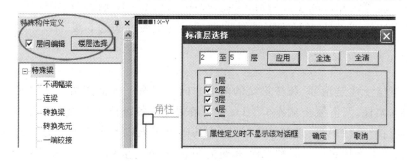

图 6-15　多层关联设计模型补充

6.3.1　特殊梁及特殊柱补充定义

特殊梁补充定义包括连梁补充定义、梁端铰接设置、不调幅梁设置、构件抗震等级补充定义,特殊柱定义包括角柱定义等。常用的特殊梁定义包括连梁、一端铰接和两端铰接定义。

1. 连梁

单击【特殊构件定义】停靠面板的【连梁】菜单后,用鼠标选择相应的梁则可把其定义为连梁,如果再次单击已经定义为连梁的梁,则可以把其还原为原来的梁。对于在"结构建模"中按梁构件输入的深受弯梁,需要在此设置为连梁。

2. 铰接梁设置

按主梁输入的连续次梁或单跨次梁的两端,应设置为铰接,如图 6-16 所示。可通过【一端铰支】或【二端铰支】菜单来设置和去除梁端铰。

3. 不调幅梁

SATWE 能依据《混凝土规范》第 5.4.1 条规定,自动判断梁两端的支撑情况,当梁两端的

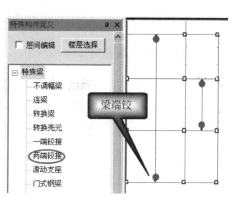

图 6-16　梁端设铰

支座均为钢筋混凝土墙或柱时,隐含定义为调幅梁;非框架梁和悬挑梁为不调幅梁。如要设置其他不调幅梁,可以通过【不调幅梁】菜单进行交互操作。

4. 【单缝连梁】和【多缝连梁】

当计算显示跨高比较小的连梁超筋或承载力不足时,可通过分缝降低连梁刚度,增大剪跨比,减小其与剪力墙变形协调产生的内力,提高连梁构件的延性,改善计算分析结果。分缝连梁在考虑与剪力墙变形协调时,采用的是同一个平截面假定,不能用双梁模型替代。

5. 梁的抗震等级补充

通常情况下不需进行此项操作。因为在实际工程中,可能会出现梁设计抗震构造不同于结构整体抗震等级相应的抗震构造,因此,程序允许用户单独设定梁构件的抗震等级。非框架梁可不考虑抗震设计,SATWE默认非框架梁的抗震等级为5级。

6. 角柱

角柱是指位于建筑角部、与柱正交的两个方向各只有一根框架梁与之相连接,且不与剪力墙相连的框架柱。《混凝土规范》第11.4.5条规定:各级抗震等级的框架角柱,其弯矩、剪力设计值应在"墙柱弱梁、强剪弱弯"调整的基础上再乘以不小于1.1的增大系数。《抗震规范》第6.3.9.4条规定:一级和二级框架的角柱箍筋应全程加密。SATWE不进行角柱自动判断,因此需要设计人员对角柱交互补充定义。角柱定义可通过【特殊柱】的【角柱】菜单来交互完成,如图6-17所示。

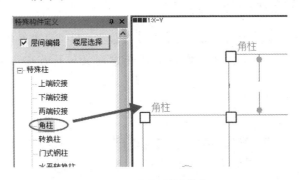

图6-17 【特殊柱】菜单

7. 柱的抗震等级补充

《抗震规范》第10.1节条文说明指出,对于单层空旷房屋,"当大厅采用钢筋混凝土柱时,其抗震等级不应低于二级。当附属房屋低于大厅柱顶标高时,大厅柱成为短柱,则其箍筋应全高加密"。当整个结构抗震等级低于二级时,则应在这里对大厅内的柱子单独进行抗震等级设置。

6.3.2 弹性板补充定义

在建筑结构中,楼板的主要作用是承受竖向荷载。但是由于楼板既有平面内刚度,又有平面外刚度,在水平或竖向力作用下楼板都会产生一定的变形,它对结构的整体刚度、竖向构件和水平构件的内力都有一定的影响。根据楼板所处位置及对构件或结构体系影响程度的不同,SATWE 对楼板的平面内刚度和平面外刚度进行了不同的假定,并将楼板分为多种类型。

1. 楼板计算模型的类型及适用情况

SATWE 程序以房间为单元指定楼板类型。SATWE 程序将楼板划分为"刚性板""弹性板 3""弹性板 6""弹性膜"四种计算模型。

1) 刚性板

对于刚性板,程序假定其平面内无限刚,平面外刚度为 0。SATWE 程序默认楼板为刚性板,楼层内相互临近房间的刚性板构成一个刚性板块。SATWE 通过"梁刚度放大系数""梁扭矩折减系数"来提高梁面外弯曲刚度、折减梁的设计扭矩,来弥补"刚性板假定"没有考虑板面外刚度的不足。

刚性板的适用范围:绝大多数结构只要楼板没有特别的削弱、不连续,均可采用这个假定。

2) 弹性楼板 3

对于弹性板 3,SATWE 假定其平面内无限刚,平面外有限刚,程序真实地计算楼板平面外刚度。弹性板 3 适用于厚板转换。厚板转换类结构在"结构建模"时,与板柱结构一样布置虚梁,输入层高时,应将厚板的板厚均分给与其相邻两层的层高。

3) 弹性楼板 6

对于弹性板 6,SATWE 用壳单元真实反映平面内、平面外的刚度。由于弹性板 6 考虑了楼板的面内、面外刚度,则梁刚度不宜放大,梁扭矩不宜折减。板的面外刚度将承担一部分梁柱的面外弯矩,而使梁柱配筋减少。由于采用弹性板 6 的结构分析时间大大增加,按照《高层规范》第 5.3.3 条的要求,弹性板 6 可用于板-柱结构或板柱-剪力墙结构。

4) 弹性膜

SATWE 用应力膜单元真实反映楼板的平面内刚度,同时忽略平面外刚度。弹性膜适用于狭长结构、转换层、楼板开大洞、楼板弱连接的情况。弹性膜不能用于板-柱结构。

SATWE 中各种楼板特征及适用范围见表 6-2。

表 6-2　楼板假定的特点及适用范围

楼板类型	楼板平面内刚度	楼板平面外刚度	适用范围
刚性板	无限刚	0	常规楼板
弹性板 3	无限刚	真实刚度	厚板结构
弹性板 6	真实刚度	真实刚度	板柱结构、厚板结构
弹性膜	真实刚度	0	狭长板带、空旷结构

2. 楼板刚性板与弹性板假定的不同

对于板柱体系、厚板转换结构、狭长结构、楼板大开洞以及楼板弱连接结构,如果采用"结构建模"或 SATWE 默认的刚性板方案,会导致结构分析出现较大的误差。

当采用弹性板 6 或弹性膜方案时,由于楼板平面内刚度得到真实反映,从而使得框架柱内力更接近真实状态。在上部结构分析中,如何考虑楼板的作用,应根据工程的特点来审慎选择。

3. 弹性板定义操作应注意的问题

弹性楼板应用时应注意以下问题:

(1) 不能出现弹性楼板和刚性板相间或包含布置的情况。

(2) 梁两侧是弹性楼板时,程序在进行弹性板划分时自动实现梁、板边界变形协调,梁刚度放大系数及扭矩折减系数仍然有效,所以弹性板方案应审慎选定梁刚度放大系数及扭转折减系数。

(3) 在计算位移比、周期比等控制参数时,应选择强制刚性板假定。

(4) 采用弹性板 3 或弹性板 6 时,会影响梁配筋的安全储备,使用时一定要注意他们适用的结构类型。由于弹性板 6 为一种理想态的板力学计算模型,在实际设计板-柱结构及板抗冲切设计时,宜与其他板假定计算结果或其他软件计算结果进行对比。

(5) 对于坡屋面的斜板,SATWE 默认采用弹性膜假定。

以本书"实例商业建筑"为例,在 SATWE 的【弹性板】定义交互界面,分别进入第 2、3标准层,单击【特殊构件定义】停靠面板的【刚性板号】菜单,可以看到 SATWE 默认楼板为刚性板,如图 6-18 所示。切换到屋面第 4 标准层,SATWE 默认的楼板类型如图 6-19 所示,从图中可知 SATWE 默认斜板为弹性模,屋脊平板为刚性板。上述各个标准层软件默认的楼板类型,符合要求,无须更改。

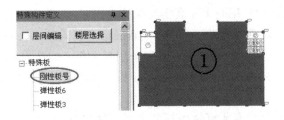

图 6-18　第 3 层默认为刚性板

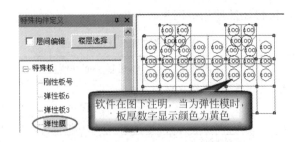

图 6-19　第 4 层坡屋面部分默认为弹性模

4. 弹性板补充定义检查

单击【分析模型及计算】菜单的【模型简图】|【平面简图】或【空间简图】按钮,可以显示设定弹性板后的楼板网格划分情况,如图 6-20 所示。

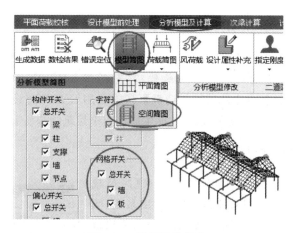

图 6-20　楼板网格划分

6.3.3　结构局部抗震等级调整

由于建筑高度和设防烈度的具体情况不同,在同一建筑结构中构件的抗震等级可能不同,因此抗震等级确定尚应注意如下内容。

1. 结构局部抗震等级的确定依据

在通过 SATWE 的【特殊构件补充定义】对结构局部梁柱墙的抗震等级进行调整时,首先需要依据规范条文对需要调整的内容作出具体的判断。

(1)《抗震规范》第 6.1.3 条、《高层规范》第 8.1.1 条对框架-剪力墙结构框架承受的地震倾覆力矩大于结构总地震倾覆力矩到达某些限值时,要按规范规定的结构类型重新确定结构的抗震等级。此项限制的判别要等到 SATWE 对结构分析设计之后,根据程序输出的分析结果加以判断,如果触发规范条文规定的修改条件,需要重新设定结构整体或框剪结构的框架部分抗震等级,并重新分析计算。

(2)裙房与主楼相连,除应按裙房本身确定抗震等级外,位于主楼下部的裙房部分不应低于主楼的抗震等级。

(3)当地下室顶板作为上部结构的嵌固部位时,地下一层的抗震等级应与上部结构相同,地下一层以下可根据情况采用三级或四级。程序已在【地震信息】参数中新增【按抗规(6.1.3-3)降低嵌固端以下抗震构造措施的抗震等级】选项,设计时可勾选该参数。

(4)无上部结构的地下室或地下室中无上部结构的部分,可根据情况采用三级或四级。

(5)乙类建筑时,应按照提高一度的设防烈度查表确定抗震等级。

(6)设计人员还可根据具体工程情况,自行对某部分构件抗震等级进行提高调整,如处于错层部位的柱、楼梯柱等。

2. 结构局部抗震等级的交互调整

单击【设计模型前处理】菜单【特殊属性】|【抗震等级】子菜单,切换到需要局部调整抗震等级的结构标准层,在屏幕右侧停靠面板选择要调整的构件,通过交互方式调整。

6.3.4　特殊风荷载补充定义

通过对前面章节的学习,我们知道 SATWE 把风荷载分为普通风荷载和特殊风荷载两种。如果所设计的结构需要计算特殊风荷载,首先要在 SATWE 总信息参数定义里选择【计算特殊风荷载】或【计算水平和特殊风荷载】,还需要用 SATWE【设计模型补充(自然层)】的【特殊风荷载】菜单进行相关操作,程序才能生成作用于建筑结构所有楼层的特殊风荷载。

1. 特殊风荷载的生成过程

在生成特殊风荷载时,SATWE 能根据在【风荷载信息】中所定义的迎风面体型系数、背风面体型系数、侧风面体型系数及挡风系数,自动搜索各塔楼平面,找出每个楼层的封闭多边形,然后生成特殊风荷载,如图 6-21 所示。

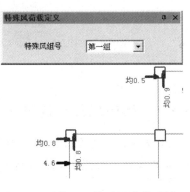

单击【特殊风荷载】的【自动生成】菜单,程序将对各自然层自动生成 4 组特殊风荷载,分别为 W_x、$-W_x$、W_y 和 $-W_y$。如果需要查看不同方向风荷载的作用情况,可单击【特殊风荷载定义】对话框的【特殊风组号】下拉选项,选择需要的组号后,图形即显示当前组号下的风荷载分布。

图 6-21　结构立面特殊风荷载(局部)

2. 自定义风荷载

用户可通过【风荷载】菜单,补充或修改程序自动生成的风荷载数据,按图 6-22 操作。

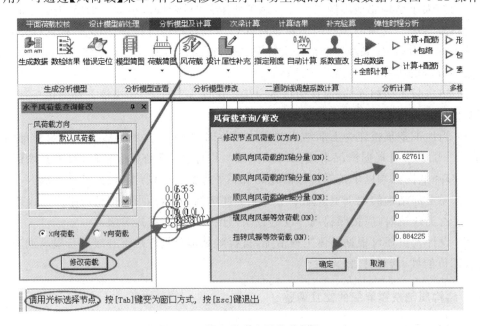

图 6-22　补充自定义风荷载操作

在【参数定义】的【计算控制信息】勾选【保留分析模型上自定义的风荷载】后，重新执行【生成数据】，程序将保留全楼所有用户自定义风荷载数据。

3. 坡屋面风荷载输入、生成与编辑

坡屋面结构不应按照 SATWE 计算一般平层结构风荷载那样，将风荷载均匀作用在楼层节点处。对于屋面特殊风荷载，需要补充以下两个参数。

在【特殊风荷载】的【屋面体形系数】子菜单中，可指定屋面层各斜面房间的迎风面、背风面的体型系数。图 6-23 为《荷载规范》给出的封闭式双坡屋面风荷载体型系数。

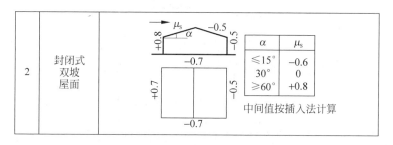

图 6-23　规范给出的封闭式双坡屋面风荷载体型系数

"实例商业建筑"坡屋面风荷载体型系数定义过程如下：

（1）建筑屋面坡度系数为 0.5，通过计算得到屋面坡度角为 25.57°，依据《荷载规范》屋面体型系数，通过插值方法计算得到坡屋面迎风面体型系数 $\mu_s = -0.14$。

（2）单击【特殊风荷载】的【屋面体型系数】子菜单，在弹出的【屋面体型系数】对话框分别按迎风面为 -0.14，背风面为 -0.5 输入屋面体型系数，得到如图 6-24 所示屋面体型系数布置图。

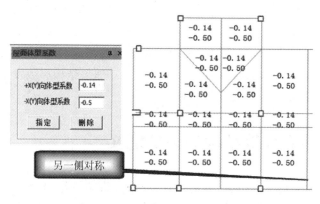

图 6-24　屋面体型系数布置图

（3）自动生成坡屋面特殊风荷载结构横向方向：X 向/Y 向。

单击【特殊风荷载】的【自动生成】菜单，把结构横向方向选为"X 向"，确定后自动生成全楼特殊风荷载，屋面特殊风荷载如图 6-25 所示。

当选择横向为 X 方向时，屋面层与 X 方向平行的梁所在房间的屋面风荷载体型系数非零时，就生成梁上均布风荷载。反之，当选择横向为 Y 方向时，屋面层与 Y 方向平行的梁所

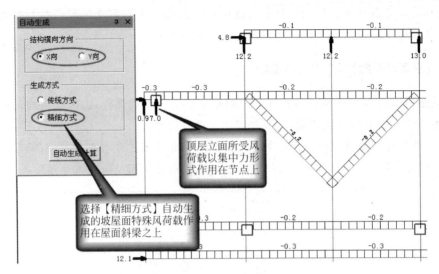

图 6-25   自动生成的屋面特殊风荷载

在房间的屋面风荷载体型系数非零时,就生成梁上均布风荷载。

对于多面坡屋面,如果不能明确确认特殊风荷载作用的主方向,可考虑创建多个设计模型,生成不同方向的特殊风荷载,进行自定义多模型包络设计。

4. 特殊风荷载自动生成需要注意的问题

对于不需要考虑屋面风荷载的结构,可直接单击【自动生成】菜单,生成各楼层的特殊风荷载。对于需要考虑屋面风荷载的结构,必须在【自动生成】之前补充有关风荷载的屋面体形系数,并在自动生成风荷载时选择【精细方式】。

自动生成的特殊风荷载是针对全楼的,每次执行【自动生成】命令,程序都会生成整个结构的特殊风荷载。

若在"结构建模"中对某一标准层的平面布置进行过修改,须重新生成特殊风荷载。所有平面布置未被改动的构件,程序会自动保留其荷载。如果结构层数发生变化,应对各层风荷载重新进行定义,否则可能造成计算出错。

6.4   多塔结构或分缝结构的多塔定义

多塔结构与独栋结构受荷特征、分析设计方式、分析结果输出等多方面都有很大区别,故需要在分析计算之前,通过 SATWE 程序的【多塔定义】补充定义结构的多塔信息。

6.4.1   多塔定义

SATWE 进行多塔结构多模型包络设计之前,必须顺序执行【多塔定义】【多塔子模型】【生成多模型】三个操作。

1. 多塔定义的操作步骤

对于运用第 5 章所述的多塔整体建模方法创建的多塔模型,进行多塔定义时,可单击【多塔定义】|【自动生成】菜单,软件即可自动搜索各层塔的外廓,自动生成各塔定义。

2. 多塔【交互定义】和【多塔检查】

【自动生成】多塔之后,可以通过【交互定义】观察各个结构标准层各个塔的定义情况。

通常情况下,对于独立多塔结构,软件自动生成的多塔信息无须修改。当对如图 6-26 所示相连体双塔结构进行多塔定义时,软件自动生成的多塔定义可能会出现同一个竖向投影范围的楼层划分到不同塔号的情况,此时需要进行交互修改。多塔定义的交互修改过程从略,参见图 6-27 中的文字说明。

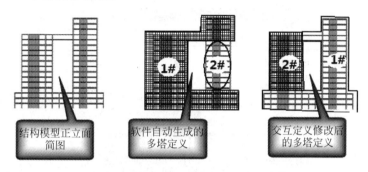

图 6-26　多模型控制信息及生产多模型

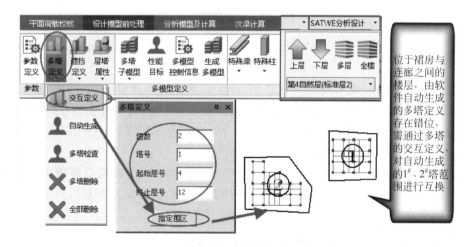

图 6-27　多塔交互定义修改

在对软件自动生成的多塔定义时,要逐个结构标准层进行切换,检查楼塔的定义是否正确。当多塔定义有错误时,在交互修改时要注意一个原则,就是 $1^{\#}$ 塔总是要从最底层开始至最高层为止, $2^{\#}$ 为 $1^{\#}$ 塔范围之外的剩余结构楼层及剩余的结构平面。

当用户进行了多塔交互定义后,应进行多塔检查,如果检查显示存在多塔定义错误,则应对多塔定义进行修改。SATWE 对多塔定义的要求是:各层构件及节点必须分配到唯一的一个塔楼中,且不同的塔不能重叠,不能共用构件和节点。

3.层塔属性定义

单击【层塔属性】|【属性定义】菜单，打开【层塔属性】对话框，可以根据需要按照图 6-28 定义层塔属性。

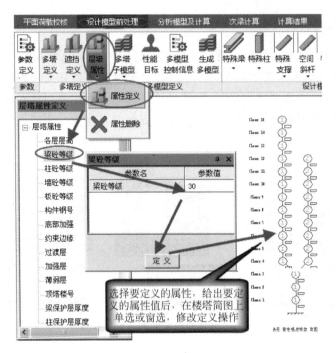

图 6-28　层塔属性定义

4.定义遮挡面

对于分缝结构，由于结构缝尺寸比较小，且大多在建筑外立面设有结构缝盖板，所以在结构缝两侧的结构外立面不会受到风荷载作用。在 6.2.4 节的【风荷载信息】菜单中介绍了分缝多塔迎风面或背风面【遮挡数】的含义及作用，为了使 SATWE 计算风荷载时能考虑遮挡效应，需要进行遮挡面交互定义。

遮挡面定义操作过程如图 6-29 所示。图中分缝结构为一个横向贯通结构平面的结构缝，该结构在遮挡定义中需要分别定义两个遮挡面。每个遮挡面需要在结构平面上通过绘制区域进行定义。

6.4.2　多塔多模型控制信息及生成多模型

多塔定义完毕，再依次单击【多塔子模型】|【自动生成】【多模型控制信息】【生成多模型】按钮，执行相应操作，即可由软件自动生成多模型数据。数据生成后，可进入【分析模型及计算】环节。

如果需要，在生成多模型数据之前，单击【多模型控制信息】按钮打开【子模型控制信息】对话框，可以对各子模型是否参与包络设计等进行交互配置，如图 6-30 所示。

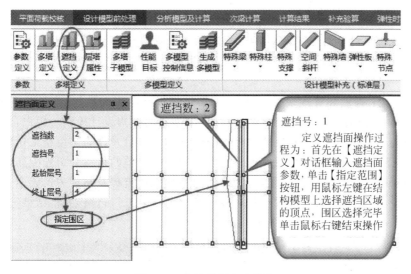

图 6-29　分遮挡面定义操作

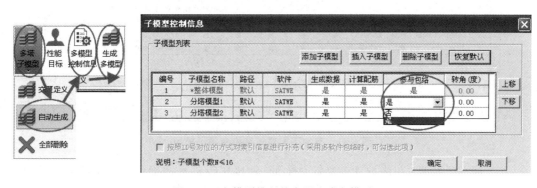

图 6-30　多模型控制信息及生成多模型

6.5　多模型包络设计与构件性能指标定义

《抗震规范》第 6.2.13-4 条规定：设置少量抗震墙的框架结构，其框架部分的地震剪力值，宜采用框架结构模型和框架-抗震墙结构模型二者计算结果的较大值。

6.5.1　SATWE 多模型包络设计功能

PKPM2010 V3. X 的 SATWE 较之于以前较低版本的一个重大改进，就是具有了多模型包络设计能力。为了减少设计人员的工作量，提高设计效率和质量，SATWE 软件提供了包络设计功能。我们已经知道，SATWE 的包络设计指软件能自动进行的多模型包络设计和用户自定义的多模型包络设计。SATWE 软件自动进行的包络设计叫做专项包络设计。

1．多模型概念及包络原则

软件实现包络设计的原理是对用户指定的不同设计模型分别进行计算分析及配筋设计，并将各模型的结果取较大值，为了实现上述目标，程序用到了主模型、子模型和基本子模型的概念。

（1）主模型：存储和管理多模型信息，记录包络设计结果的模型，本身并不进行计算分析。专项包络设计时的主模型为在"结构建模"中创建的结构设计模型。用户自定义多模型包络设计时的主模型，可由用户任意选择一个模型的工作目录作为主模型工作目录。

（2）子模型：SATWE 软件对每个子模型分别进行完整的计算分析和配筋设计，在后处理中可查看每个子模型完整的结果，与传统的单模型设计流程及结果表达完全一致，区别仅在于在包络设计流程中，软件会进一步对各子模型的结果进行包络，并将结果记录在主模型上，如图 6-31 所示。

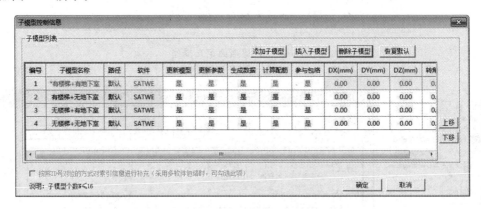

图 6-31　有地下室建筑结构专项子模型

（3）基本子模型：包络设计主要针对配筋、轴压比等具有明确包络意义的设计结果或指标取较大值，但对于如周期、振型等结果，其包络是无意义甚至是原则错误的。主模型中为保证分析和设计结果的完备性，对于不具备包络意义的数据，需指定其子模型来源，该模型即为基本子模型。程序默认子模型列表的第一个子模型，并在其名称前面冠以"＊"。基本子模型可以理解为最主要的子模型。

2．SATWE 交互包络功能

在计算结果后处理阶段，SATWE 提供了交互包络功能，用户可根据需求对指定构件进行灵活的交互包络。程序在包络计算时默认对全楼所有构件的正截面和斜截面同时进行包络计算，且默认所有子模型均参与包络，如果用户有特殊需求，可通过"计算结果"下的【交互包络】菜单实现更灵活的包络方式。

6.5.2　SATWE 多模型包络设计操作

软件针对五种常见包络需求，提供了专项子模型包络计算功能，用户也可以通过自定义子模型的功能实现更灵活的包络设计需求。

1．SATWE 多模型包络设计操作流程

SATWE 多模型包络设计操作流程如图 6-32 所示，用户可以根据实际工程的需要完成

相应的操作。

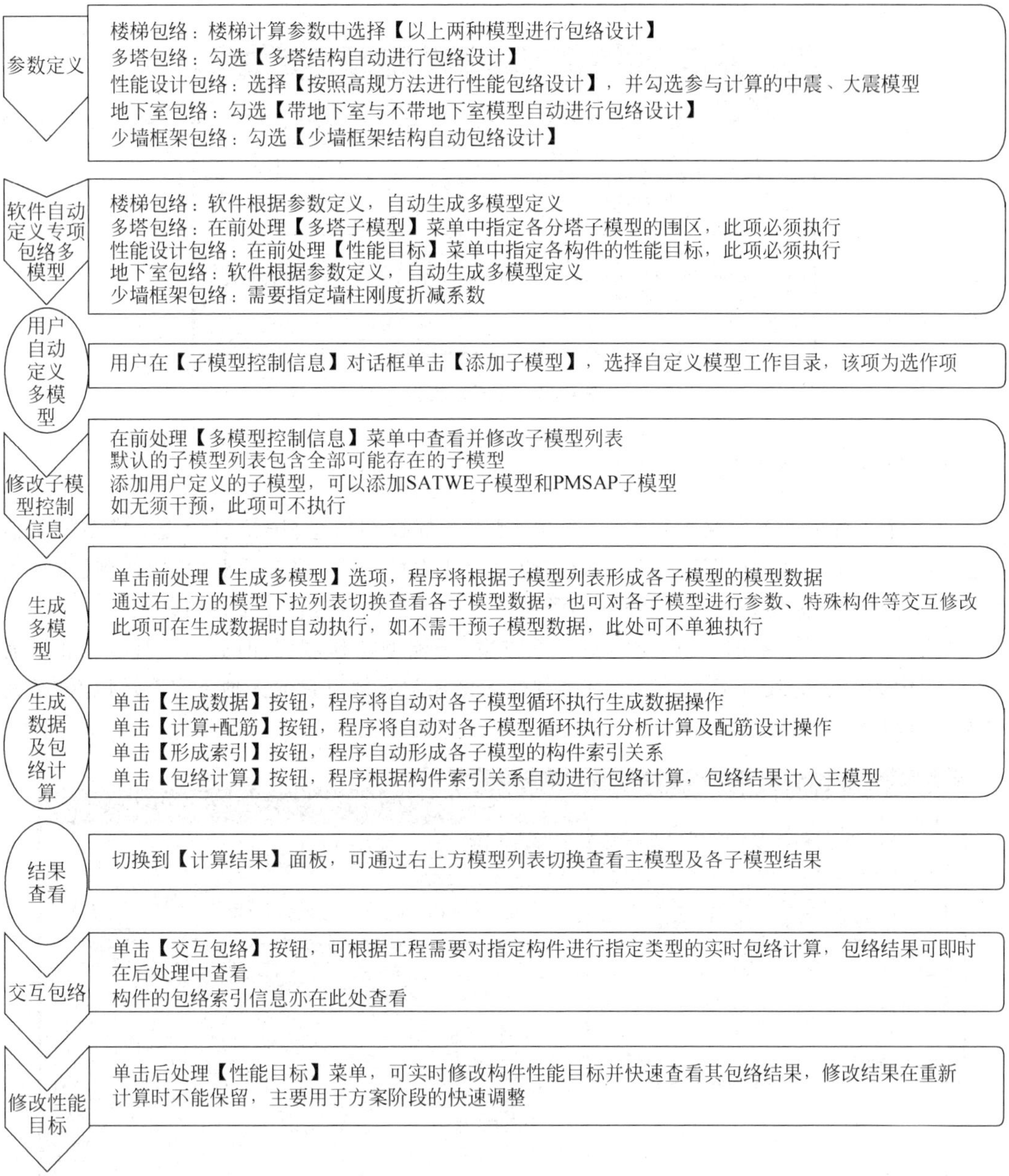

参数定义	楼梯包络：楼梯计算参数中选择【以上两种模型进行包络设计】 多塔包络：勾选【多塔结构自动进行包络设计】 性能设计包络：选择【按照高规方法进行性能包络设计】，并勾选参与计算的中震、大震模型 地下室包络：勾选【带地下室与不带地下室模型自动进行包络设计】 少墙框架包络：勾选【少墙框架结构自动包络设计】
软件自动定义专项包络多模型	楼梯包络：软件根据参数定义，自动生成多模型定义 多塔包络：在前处理【多塔子模型】菜单中指定各分子塔模型的围区，此项必须执行 性能设计包络：在前处理【性能目标】菜单中指定各构件的性能目标，此项必须执行 地下室包络：软件根据参数定义，自动生成多模型定义 少墙框架包络：需要指定墙柱刚度折减系数
用户自动定义多模型	用户在【子模型控制信息】对话框单击【添加子模型】，选择自定义模型工作目录，该项为选作项
修改子模型控制信息	在前处理【多模型控制信息】菜单中查看并修改子模型列表 默认的子模型列表包含全部可能存在的子模型 添加用户定义的子模型，可以添加SATWE子模型和PMSAP子模型 如无须干预，此项可不执行
生成多模型	单击前处理【生成多模型】选项，程序将根据子模型列表形成各子模型的模型数据 通过右上方的模型下拉列表切换查看各子模型数据，也可对各子模型进行参数、特殊构件等交互修改 此项可在生成数据时自动执行，如不需干预子模型数据，此处可不单独执行
生成数据及包络计算	单击【生成数据】按钮，程序将自动对各子模型循环执行生成数据操作 单击【计算+配筋】按钮，程序将自动对各子模型循环执行分析计算及配筋设计操作 单击【形成索引】按钮，程序自动形成各子模型的构件索引关系 单击【包络计算】按钮，程序根据构件索引关系自动进行包络计算，包络结果计入主模型
结果查看	切换到【计算结果】面板，可通过右上方模型列表切换查看主模型及各子模型结果
交互包络	单击【交互包络】按钮，可根据工程需要对指定构件进行指定类型的实时包络计算，包络结果可即时在后处理中查看 构件的包络索引信息亦在此处查看
修改性能目标	单击后处理【性能目标】菜单，可实时修改构件性能目标并快速查看其包络结果，修改结果在重新计算时不能保留，主要用于方案阶段的快速调整

图 6-32　SATWE 包络设计操作流程

2. 专项多模型的生成

以"实例商业建筑"为例，选择"屋面斜折板折线处没有虚梁建模方案"为主模型，在其【总信息】参数定义时【楼梯计算】选择了楼梯包络；在【多模型及包络】参数定义时勾选了【带地下室与不带地下室模型自动进行包络设计】。

单击【生成多模型】按钮，弹出【生成多模型】对话框，如图 6-33 所示，执行生成多模型命令后,生成图 6-33 所示的四个子模型,其中第一行即为基本子模型。用户可通过窗口右上方的切换按钮对各个子模型进行切换,并允许对各个子模型进行修改。

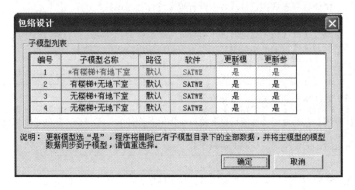

图 6-33　生成多模型

3．用户自定义多模型

若一个工程需要自定义多模型时,可单击【多目标控制信息】按钮,打开【子模型控制信息】对话框,单击对话框的【添加子模型】按钮,打开【添加子模型】对话框后,切换到【添加用户自定义子模型】标签,打开需要添加的子模型所在工作目录进行添加即可。

"实例商业建筑"添加"无虚梁恒活荷载方案"子模型操作过程如图 6-34 所示。如果需要对"无虚梁恒活荷载方案"自定义"有楼梯或无楼梯""有地下室或无地下室",可以在"结构建模"阶段进行更细致的操作。

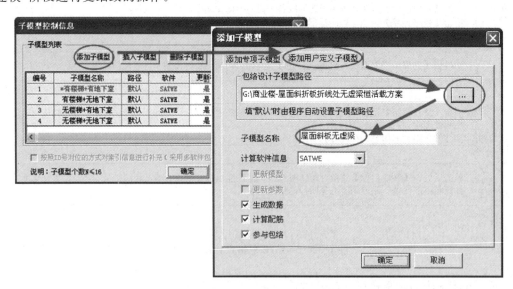

图 6-34　用户自定义多模型

4．生成多模型

多模型定义完毕,单击【生成多模型】即可生成多模型数据。

6.6 SATWE 分析计算与包络设计

在使用 PKPM2010 V3.X 的"SATWE 核心的设计集成"设计主线进行结构设计时,当 SATWE 的【参数定义】【设计模型补充】和【多模型定义】操作完毕,即可切换到 SATWE 的【分析模型及设计】菜单,进行结构分析。

6.6.1 生成 SATWE 数据与分析计算

【分析模型及设计】必做内容为【生成数据】【分析计算】,多模型包络设计时还需要进行【多模型包络】,下面简单介绍其操作。

1. 生成数据与分析计算

【生成分析模型】及【分析计算】菜单面板如图 6-35 所示。【生成分析模型】面板的【生成数据】必须执行,正确生成数据并通过数据检查后,方可进行下一步的计算分析。

图 6-35 生成分析数据面板菜单

用户可以单步执行【生成数据】和【计算＋配筋】,也可单击【生成数据＋全部计算】菜单,连续执行全部的操作。

执行完【生成数据】命令,【信息输出】对话框如图 6-36 所示。如果模型中存在错误或者警告信息,SATWE 会自动把错误内容写到"CHECK.OUT"文件中,可以通过【数检结果】及【错误定位】查看或定位错误,对于警告性错误可视情况不予修改。

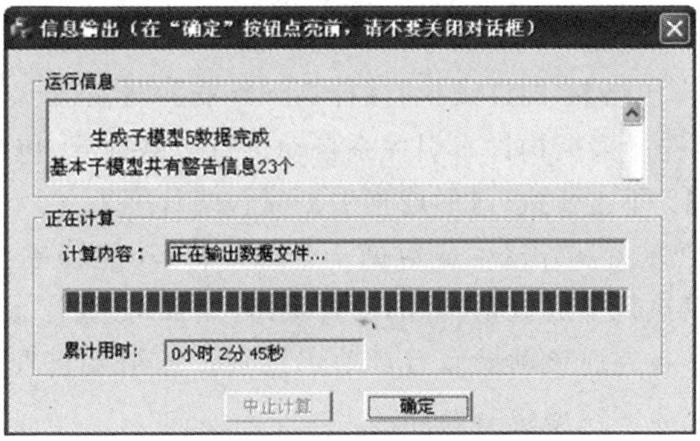

图 6-36 【信息输出】对话框

若需要修改模型错误,可返回"结构建模"模块,通过"结构建模"模块的【基本工具】|【数据定位】打开错误文件"CHECK.OUT",并进行检查修改,错误修改后再回到 SATWE 重新生成数据并进行计算。"结构建模"中错误定位修改如图 6-37 所示。

图 6-37 错误定位

2．对分析模型进行检查与修改

生成数据之后,用户可以通过【分析模型查看】或【分析模型修改】面板的【模型简图】【荷载简图】等,对生成的力学分析模型进一步检查修改。

6.6.2 分析计算及包络设计

生成数据之后,如果不进行分析模型查改操作,可直接进行分析设计与包络设计。

1．分析计算与设计

【分析计算】面板包括多个分析计算按钮,用户在设计时,可根据需要选择。

(1)【生成数据＋全部计算】:程序自动对各子模型循环执行【生成数据】及【全部计算】操作。

(2)【计算＋配筋】:程序自动对各子模型循环执行【计算＋配筋】操作。

2．索引与包络设计

程序自动形成各子模型的构件索引关系,之后要第一次单独执行【包络计算】时,需要先形成索引。

(1)【计算＋配筋＋包络】:即连续执行【计算＋配筋】和【索引＋包络】。

(2)【包络计算】:程序根据构件索引关系自动进行包络计算,包络结果计入主模型。

(3)【索引＋包络】:即连续执行【形成索引】和【包络计算】。

以"实例商业建筑"为例,单击【生成数据＋全部计算】功能菜单,打开图 6-38 所示的对话框,单击【是】,就可以执行生成数据、全部计算操作,如果勾选【计算完成,自动切换到后处理进行结果查看】,程序在完成该项操作后自动切换到计算结果查看页面。全部计算完毕,单击【索引＋包络】可完成多模型包络设计。

6.6.3 PM 次梁内力与配筋计算

在"结构建模"模块中,如果梁数满足 SATWE 适用范围的要求,一般把次梁作为主梁输入,如果结构模型中没有次梁,则不必执行此项,如果有次梁,则需进行此项计算。SATWE 计算次梁同 PK 模块中的连续梁计算相似,不同之处在于 SATWE 一次算出全部

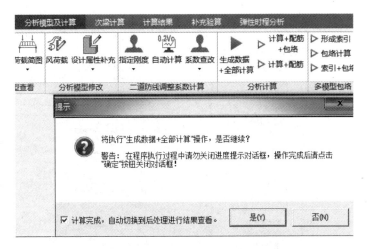

图 6-38　【生成数据＋全部计算】对话框

次梁的内力和配筋。

　　计算完毕,可以查看次梁内力及配筋计算结果,以供校核。

6.7　SATWE 输出结果查看

　　分析计算及包络设计完成后,程序即自动切换到后处理菜单界面,用户可通过相关菜单进行结果查看,根据 SATWE 分析结果,对结构的规则性及整体性能进行评价和判断,对于不规则结构或整体结构性能不好的结构,要依据规范条文返回"结构建模"对结构设计模型进行相应的处理和调整。

6.7.1　SATWE 计算结果图形显示查看

　　分析计算及包络设计完成之后,SATWE 会自动切换到【计算结果】界面。【计算结果】菜单包括【分析结果】【设计结果】【文本结构】等多种图形查看方式或文本查看方式,用户通过这些查看工具可以对结构分析进行评价。

1.分析结果图形显示

　　通过【分析结果图形】面板的【振型】【位移】【内力】【弹性挠度】【楼层指标】等图形显示,可以从力学角度定性观察结构方案的合理性。如是否存在异常的局部震动、节点位移、内力分布等,进一步检查模型中构件布置、荷载布置是否漏项或重复,构件的支座设置、结构传力路径、结构构件截面匹配关系等。

2.设计结果图形显示

　　【设计结果图形】面板包括【轴压比】【配筋】【内力包络】【梁配筋包络】【柱墙控制内力】等选项,通过它们可以定量分析设计的合理性。

　　单击【设计结果图形】的【轴压比】或【配筋】按钮,软件在图形区左侧弹出【轴压比】或【配筋】停靠面板,如图 6-39 所示。

图 6-39　查看轴压比、配筋

　　勾选停靠面板相应的显示内容等,可以对软件以图形方式显示的内容进行查看。

　　【显示设置】可以设置在图形区显示的构件类别,使显示图形信息变得整洁,以便检查输出结果。图 6-40 为软件在图形区显示的梁柱配筋面积、轴压比、柱角筋面积等,配筋面积单位为 cm^2。

　　梁配筋数据完全显示时,各数据的含义如图 6-41 所示。如果某根梁在配筋图上的数值显示为红色,则表示该梁存在超筋超限情况;如果某根柱配筋文字出现红字,则表明该柱存在超筋超限情况。当出现超筋超限情况时,应进行分析,并返回结构建模模块进行修改并重新分析计算。

　　柱配筋数据全显示时,各数据内容如图 6-42 所示。用户在单击左侧停靠面板中【构件信息】的【梁】或【柱】等构件,在图形显示区选择相应的构件后单击鼠标右键,软件会弹出被选的单构件详细计算信息,供用户仔细分析。此项通常用于超限构件超限原因分析。

　　SATWE 能自动依据规范条文对构件的最大配筋率进行检查,如果图形区中某构件某种配筋文字为红色,则表明构件的此项配筋存在超限情况。

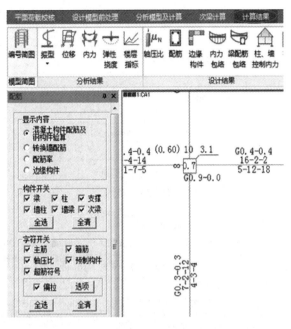

图 6-40　SATWE 输出的混凝土构件配筋简图

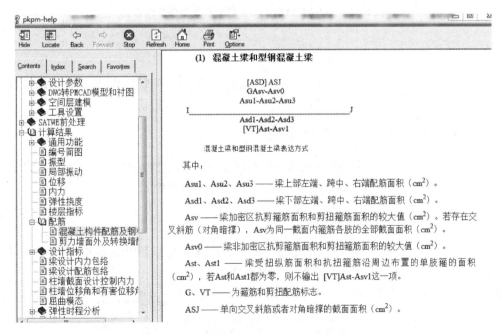

图 6-41　SATWE 输出的混凝土梁配筋简图各参数含义

3. 交互包络

交互包络允许设计人员按照指定构件类型、单独指定正截面或斜截面、指定部分楼层、指定构件等多种方式进行包络设计,具体操作细节在此不再详细叙述。

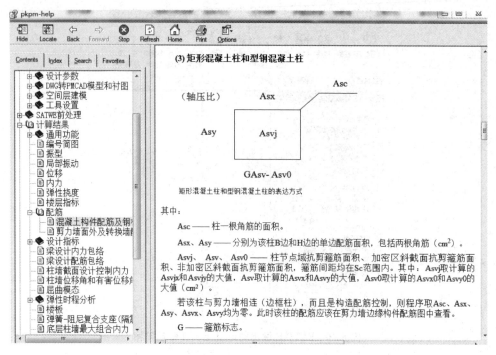

图 6-42　SATWE 输出混凝土柱配筋简图各参数含义

4．性能目标

当结构需要进行性能目标设计时，单击【性能目标】按钮，可以打开【性能目标修改】对话框，可以对指定构件进行交互性能目标设计。

6.7.2　SATWE 计算结果文本查看

通过图形查看可以定性观察结构的整体特性指标和详细的配筋及轴压比等计算结果，但是对于结构具体的整体性能指标，还需要通过【文本查看】进行。

1．SATWE 的文本结果查看

PKPM2010 V3.X 的 SATWE 的【文本结果】包含【计算书】和【文本查看】两种查看方式，如图 6-43 所示。其中【文本查看】又分为【新版文本查看】和【旧版文本查看】，【旧版文本查看】为按照以前版本方式输出。

单击【计算书】|【生成计算书】选项，软件会弹出【计算书设置】对话框，单击该对话框右下角的【生成计算书】按钮，即可生成计算书。

计算书文件类型软件提供了 Word 格式、PDF 格式及 txt 格式。生成计算书后，软件会自动用 WPS 或 Word 办公软件打开计算书。用户通过计算书目录，能够按照办公软件操作迅速定位到要查看的计算书正文位置。

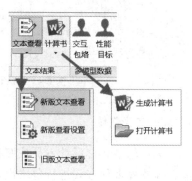

图 6-43　SATWE 计算结果查看

2.【文本查看】的【新版文本查看】

【新版文本查看】中的内容与计算书类似,目的在于快速查看各单项结果的内容,文本查看内容将在后面详细介绍。

6.8　结构整体性能指标评价与控制

为了保证建筑结构的整体性能,在抗震设计时,首先要对结构的规则性及整体性能进行评价和判断,对于不规则结构或整体结构性能不好的结构,要依据规范条文进行相应的处理和调整。

6.8.1　不规则结构的界定及超限结构的处理

《抗震规范》第 3.4.1 条规定:"建筑设计应根据抗震概念设计的要求明确建筑形体的规则性。不规则的建筑应按规定采取加强措施;特别不规则的建筑应进行专门研究和论证,采取特别的加强措施;严重不规则的建筑不应采用。"《抗震规范》第 3.4.1 条说明规定:规则与不规则的区分,该规范在第 3.4.3 条规定了一些定量的参考界限,有经验的设计人员,应对所设计的建筑的抗震性能有所估计,要区分不规则、特别不规则和严重不规则等不规则程度,避免采用抗震性能差的严重不规则的设计方案。三种不规则程度的主要划分方法如下。

(1) 不规则结构,指的是超过表 6-3 和表 6-4 中一项或几项不规则指标的建筑结构。

表 6-3　平面不规则的主要类型(《抗震规范》表 3.4.3-1)

不规则类型	定义和参考指标
扭转不规则	在具有偶然偏心的规定水平力作用下,楼层两端抗侧力构件弹性水平位移(或层间位移)的最大值与平均值的比值大于 1.2
凹凸不规则	平面凹进的尺寸,大于相应投影方向总尺寸的 30%
楼板局部不连续	楼板的尺寸和平面刚度急剧变化,例如,有效楼板宽度小于该层楼板典型宽度的 50%,或开洞面积大于该层楼面面积的 30%,或较大的楼层错层

表 6-4　竖向不规则的主要类型(《抗震规范》表 3.4.3-2)

不规则类型	定义和参考指标
侧向刚度不规则	该层的侧向刚度小于相邻上一层的 70%,或小于其上相邻三个楼层侧向刚度平均值的 80%;除顶层或出屋面小建筑外,局部收进的水平向尺寸大于相邻下一层的 25%
竖向抗侧力构件不连续	竖向抗侧力构件(柱、抗震墙、抗震支撑)的内力由水平转换构件(梁、桁架等)向下传递
楼层承载力突变	抗侧力结构的层间受剪承载力小于相邻上一楼层的 80%

(2) 特别不规则,指具有较明显的抗震薄弱部位,可能引起不良后果者,其界限可参见《超限高层建筑工程抗震设防专项审查技术要点》,通常有三类:其一,同时具有表 6-3 和表 6-4 所列 6 个主要不规则类型的 3 个或 3 个以上;其二,具有表 6-5 所列的一项不规则;

其三,具有表 6-3 和表 6-4 所列两个方面的基本不规则且其中有一项接近表 6-5 的不规则指标。对于特别不规则的建筑方案,只要不属于严重不规则,结构设计应采取比《抗震规范》第3.4.4条等要求更加有效的措施。

表 6-5 特别不规则举例(《超限高层建筑工程抗震设防专项审查技术要点》)

序号	不规则类型	简 要 含 义
1	扭转偏大	裙房以上有较多楼层考虑偶然偏心的扭转位移比大于 1.4
2	扭转刚度弱	扭转周期比大于 0.9,混合结构扭转周期比大于 0.85
3	层刚度偏小	本层侧向刚度小于相邻上层 50%
4	高位转换	框支墙体的转换构件位置:7 度超过 5 层,8 度超过 3 层
5	厚板转换	7~9 度设防的厚板转换结构
6	塔楼偏置	单塔或多塔质心与大底盘的质心偏心距大于底盘相应边长 20%
7	复杂连接	各部分层数、刚度、布置不同的错层或连体两端塔楼明显不规则的结构
8	多种复杂	同时具有转换层、加强层、错层、连体和多塔类型中的 2 种以上

(3) 严重不规则,指的是形体复杂,多项不规则指标超过《抗震规范》第 3.4.4 条规定的上限值或某一项大大超过规定值,具有现有技术和经济条件不能克服的严重的抗震薄弱环节,可能导致地震破坏的严重后果者。

依据《超限高层建筑工程抗震设防专项审查技术要点》,严重不规则结构属于超限结构,所采取的"比《抗震规范》第 3.4.4 条等要求更加有效的措施"必须通过超限专项审查,才算"抗震设防标准正确,抗震措施和性能设计目标基本符合要求"。另外由于近年来几次大的震害给人民的生命财产安全造成极大的损害,部分省市出台了更加明确细致的地方性法规和规定,在设计时要注意执行。如《四川省抗震设防超限高层建筑工程界定规定》[川建勘设发[2006]133 号]规定:除转换层外,楼层侧向刚度小于相邻上一层的 65%(8、9 度时为 60%),或小于其上相邻三个楼层平均值的 65%(8、9 度时为 70%),即为抗震设防超限高层建筑工程。

需要特别指出的是,严重不规则结构因"具有现有技术和经济条件不能克服的严重的抗震薄弱环节,可能导致地震破坏的严重后果者",在结构设计中是必须避免的。

高层建筑结构设计中,为保证建筑物的整体性能,《抗震规范》和《高层规范》规定了七个主要控制指标,它们是层刚比、周期比、位移比、剪重比、层间受剪承载力比、刚重比、抗倾覆性;设计中要严格执行,不满足时应进行合理调整,以确保建筑结构的整体安全可靠。

6.8.2 控制结构整体性能的七大宏观指标和七方面判断

为了保证结构的整体性能,结构经分析设计后会输出计算结果,这些输出结果是设计人员和图纸审查机构判断结构性能是否满足规范的依据。

1. 七大宏观指标

高层建筑结构设计的七个严格的指标控制,有的是《高层规范》单独规定,有的则是《抗震规范》和《高层规范》同时都有规定,对于《抗震规范》规定的控制指标,不管是多层建筑结构设计还是高层建筑结构设计,都必须遵循。上述指标的相关规范条文见表 6-6。

表 6-6　控制结构性能的七大性能指标及适用结构范围

类　　别	多层建筑结构	高层建筑结构	参 数 性 能
周期比	《抗震规范》第 3.4.1 条	《高层规范》第 3.4.5 条	控制结构平面扭转效应
刚重比	《抗震规范》第 3.6.3 条	《高层规范》第 5.4.1 条、第 5.4.4 条	重力二阶效应及结构整体稳定性
层刚比	《抗震规范》第 3.4.3 条	《抗震规范》第 3.4.3 条、《高层规范》第 3.5.2 条	结构竖向规则性薄弱层加强控制
剪重比	《抗震规范》第 5.2.5 条	《抗震规范》第 5.2.5 条、《高层规范》第 4.3.12 条	对结构的最小抗震抗剪要求
位移比	《抗震规范》第 3.4.3 条	《抗震规范》第 3.4.3 条、《高层规范》第 3.4.5 条	控制结构平面规则性
层间受剪承载力比	《抗震规范》第 3.4.3 条	《高层规范》第 3.5.3 条	抗剪承载力薄弱层判断及控制
抗倾覆特性	《抗震规范》第 4.2.4 条	《高层规范》第 12.1.7 条	—

当结构分析结果不满足相应的上述规范条文时，一般只能通过调整结构平面布置来改善，这种改变一般是整体性的，局部的小调整往往收效甚微。如周期比不满足要求时，则应力求结构平面布置更为合理，结构竖向构件布置更为均匀，或加强结构平面外廓竖向构件刚度，以求改善结构的整体扭转效应。

对于多层建筑结构来说，周期比不一定必须严格控制，但是一般情况下，宜使结构的第一周期为平动周期。多层结构的刚重比尽管规范也没有明确要求，但可以适当参照《高层规范》规定，不过对于大多数多层建筑而言，刚重比指标比较容易满足《高层规范》要求。

2. 七方面判断

这里给出的七方面判断包括结构规则性判断、抗震性能判断、抗倾覆性判断、结构舒适性判断、经济技术指标判断、薄弱层判断和主楼基础底面零应力区判断等七个方面。

(1) 结构规则性判断包括结构的竖向规则性和平面规则性判断，规则性判断依据在前面已有较详细的介绍。

(2) 抗震性能判断包括对结构抗震性能水平和设防目标的判断。前面我们在讨论 SATWE 软件前处理"抗震信息"中，对结构抗震性能水平和设防目标已作了讨论，在后面的分析结果评价分析中还要依据七大比值等进行定量化的研判。

(3) 抗倾覆性判断包括结构整体抗倾覆验算、框剪结构底层框架部分承受的地震倾覆力矩与结构总地震倾覆力矩的比值判断。这两项指标 SATWE 都会在计算分析结果中给出。

(4) 结构舒适性判断依据 SATWE 计算分析结果和相关规范条文加以说明。

(5) 经济技术指标判断是一个负责任的设计人员在设计过程中必须进行的一项工作，尽管在设计时不可能得到确切的设计经济技术指标，但是设计人员应该能够根据以往的设计经验和所设计结构的计算指标，对设计进行一个初步评价。

(6) SATWE 软件在设计计算时，要依据规范对结构的薄弱层进行判断，给出解决方案。

（7）SATWE能根据分析结果，计算各工况下结构的抗倾覆力矩和倾覆力矩，并进行零应力区占基底面积百分比计算，设计人员可根据规范条文，判断结构的抗倾覆性能是否满足要求。规范条文详见《抗震规范》第4.2.4条和第6.1.13条。

6.8.3　设计信息校核及质量信息、舒适性验算

分析计算完成后，可对生成的Word文档格式、PDF文档格式或txt文档格式的计算书内容进行校核。

1. 对分析设计参数进行校对

校对内容包含在【参数定义】菜单定义的各项参数中，在计算书的"结构模型概况"中可以进一步校核前面输入的参数信息，如总信息、高级参数、计算控制信息、地震信息、活荷载信息、调整信息、设计信息等。

2. 混凝土标号分布、质量信息

结构设计时通常同一层的梁柱墙混凝土等级是相同的，对于高层建筑随着楼层变化，允许混凝土标号分段递减，但是变化规律应该是向上递减，如果出现标高高低交错情况，则表示在建模时输入的楼层信息有误，该项在计算书的"结构模型概况"中有相关内容。

程序在计算书"质量信息"目录下有结构的总质量输出信息及各楼层的质量信息，通过换算可得到各楼层的平均重度。对于多层框架结构其合理的平均重度通常在11～12kN/m²，高层框架在10.5kN/m²左右，剪力墙结构在15kN/m²左右。另外，合理平均重度随着地震设防烈度的增加而增加。在方案设计阶段，可根据此项指标和设计经验判断结构的技术经济指标情况。

3. 风荷载统计信息

程序在计算书"荷载信息"目录下检查风荷载值、风荷载产生的剪力、倾覆弯矩分布是否有异常。通常情况下在层高一致的情况下，风荷载会随高度的增加呈逐渐增加趋势，剪力随层数增加呈递减趋势。

4. 结构舒适度验算结果

《高层规范》第3.7.6条规定："高度超过150m的高层混凝土结构应满足风振舒适度要求"。按《荷载规范》规定的10年一遇的风荷载取值计算或专门风洞试验确定的结构顶点最大加速度a_{max}不应超过《高层规范》第3.7.6条的规定，对住宅、公寓$a_{max} \leq 0.15 m/s^2$，对办公楼、旅馆$a_{max} \leq 0.25 m/s^2$。

《高层规范》第3.7.7条还对楼板的结构舒适度做了类似的规定。PKPM提供了楼板舒适度验算模块"楼板设计"，通过该软件可以进行楼板舒适度计算。程序在计算书"舒适度验算"中输出了相关的验算信息，如图6-44所示，书"实例商业建筑"为多层建筑可不对该项进行验算。

十二. 舒适度验算

1. 结构顶点风振加速度

根据《高规》第3.7.6条：房屋高度不小于150m的高层混凝土建筑结构应满足风振舒适度要求。在10年一遇的风荷载标准值作用下，结构顶点的顺风向和横风振动最大加速度计算值对于住宅、公寓不应超过0.15 m/s²，对于办公、旅馆不应超过0.25 m/s²。

《高钢规》的计算方法根据第5.5.1-4条，《荷载规范》的计算方法依据附录J。

表12-1 风振加速度

工况	高钢规(m/s^2)		荷载规范(m/s^2)	
	顺风向	横风向	顺风向	横风向
WX	0.058	0.037	0.070	0.065
WY	0.102	0.033	0.116	0.068

图 6-44 舒适度验算结果

6.8.4 层刚比、刚重比及结构竖向规则性、抗倾覆和薄弱层判断

层刚比体现结构竖向的刚度变化，用于结构竖向规则性及薄弱层判断，刚重比用于判断结构整体稳定性和重力二阶效应计算控制指标。

1. 结构竖向规则性及薄弱层控制指标——层刚比

规范要求结构的刚度比应满足相应要求，并根据刚度比对地震力进行放大。在判断楼层是否为薄弱层、地下室是否能作为嵌固端、转换层刚度是否满足要求等方面，都要以刚度计算结果作为判断依据。

1）相关规范条文

《抗震规范》第3.4.3条、《高层规范》第3.5.2条、第3.5.8条对层刚度比有相应的规定。根据规定，侧向刚度比、承载力变化、竖向抗侧力构件不连续不符合《高层规范》第3.5.2～3.5.4条规定的楼层，其对应于地震作用标准值的剪力应乘以1.25的增大系数。

《高层规范》《抗震规范》对底框结构、框支抗震墙、转换层、地下室顶板作为上部结构嵌固端、底部大空间剪力墙的楼层侧向刚度也有规定，其中"当地下室的顶板作为上部结构嵌固端时，地下室结构的楼层侧向刚度不应小于相邻上部结构楼层侧向刚度的2倍"。在设计这类结构时，要注意与此相关的层刚比条文。

2）层刚比控制的意义

层刚度比主要控制建筑结构竖向规则性，以免竖向刚度突变，形成薄弱层。应尽量避免特别不规则和严重不规则的结构。

3）层刚比不满足要求的处理方法

对于不规则结构，SATWE能够依据《抗震规范》第3.4.3条、《高层规范》第3.5.2条自动判定其薄弱层，并按【参数定义】的【调整信息2】中设定的薄弱层内力放大系数对薄弱层地震内力进行放大。对于特别不规则结构应对结构方案进行调整。

层刚比不满足规范控制要求时，对结构方案调整可采取的措施有：适当降低本层层高或加强本层墙、柱或梁的刚度；适当提高上部相关楼层的层高和削弱上部相关楼层墙、柱或梁的刚度等。

4）SATWE层刚比输出检查

程序在计算书"立面规则性"输出了刚度比的相关信息。以"实例商业建筑"为例，从图6-45中可知计算书给出了判断结果及各层的层刚比信息。需要注意的是，主模型中输出的是基本子模型的刚度比信息，如需查看子模型的计算结果，需要切换到子模型进行查看。下面在论述其他输出结果时，如不特别说明，均以主模型或者基本子模型计算结果作为依据。

3.［楼层剪力/层间位移］刚度(强刚)

《高规》第3.5.2-1条规定：对框架结构，楼层与其相邻上层的侧向刚度比，本层与相邻上层的比值不宜小于0.7，与相邻上部三层刚度平均值的比值不宜小于0.8。结构并无侧向刚度不规则的情况。

Ratx1，Raty1(刚度比1)：X，Y方向本层塔侧移刚度与上一层相应塔侧移刚度70%的比值或上三层平均侧移刚度80%的比值中之较小值(按《抗规》第3.4.3条；《高规》第3.5.2-1条)

表8-3 楼层刚度比

层号	Ratx1	Raty1
4	1.00	1.00
3	4.66	8.09
2	1.20	1.07
1	16.32	14.74

图6-45 刚度比输出信息(强刚假定时的输出结果)

2. 根据层间抗剪承载力判断薄弱层

《抗震规范》第3.4.4条规定：楼层承载力突变时，薄弱层抗侧力结构的受剪承载力不应小于相邻上一楼层的65%。

《高层规范》第3.5.3条对层间抗剪承载力也有相关规定。

程序在计算书"立面规则性"中输出了楼层承载力验算结果，如图6-46所示，从图中可知各楼层承载力的比值满足规范要求。

4. 各楼层受剪承载力

《高规》第3.5.3条规定：A级高度高层建筑的楼层抗侧力结构的层间受剪承载力不宜小于其相邻上一层受剪承载力的80%，不应小于其相邻上一层受剪承载力的65%；B级高度高层建筑的楼层抗侧力结构的层间受剪承载力不应小于其相邻上一层受剪承载力的75%。

结构设定的限值是80.00%。并无楼层承载力突变的情况

Vx(kN)、Vy(kN)： 楼层受剪承载力(X，Y方向)

Vx/Vxp、Vy/Vyp： 本层与上层楼层承载力的比值(X，Y方向)

表8-4 各楼层受剪承载力及承载力比值

层号	Vx(kN)	Vy(kN)	Vx/Vxp	Vy/Vyp	比值判断
4	715.58	661.94	1.00	1.00	满足
3	2164.48	2022.91	3.02	3.06	满足
2	2192.54	2190.82	1.01	1.08	满足
1	10154.18	13273.53	4.63	6.06	满足

图6-46 楼层受剪承载力验算结果

3. 整体抗倾覆验算

《抗震规范》第 4.2.4 条规定：高宽比大于 4 的高层建筑，在地震作用下基础底面不宜出现脱离区（零应力区）；其他建筑，基础底面与地基土之间脱离区（零应力区）面积不应超过基础底面面积的 15%。《高层规范》第 12.1.7 条也有类似规定。

对于多层和高层钢筋混凝土房屋，《抗震规范》第 6.1.13 规定：主楼与裙房相连且采用天然地基，除应符合本规范第 4.2.4 条的规定外，在多遇地震作用下主楼基础底面不宜出现零应力区。

"抗倾覆验算"中输出了相关的验算结果，如图 6-47 所示，从图中可知结构的抗倾覆验算满足零应力区限值的要求。

1. 抗倾覆验算

根据《高规》第12.1.7条，在重力荷载与水平荷载标准值或重力荷载代表值与多遇水平地震标准值共同作用下，高宽比大于4的高层建筑，基础底面不宜出现零应力区；高宽比不大于4的高层建筑，基础底面与地基之间零应力区面积不应超过基础底面面积的15%。结构的抗倾覆验算结果如下：

表 13-1　抗倾覆验算

工况	抗倾覆力矩 Mr(kN.m)	倾覆力矩 Mov(kN.m)	比值 Mr/Mov	零应力区(%)
EX	2.68e+5	8091.34	33.18	0.00
EY	1.70e+5	8068.64	21.05	0.00
WX	2.81e+5	2825.36	99.35	0.00
WY	1.78e+5	5140.56	34.63	0.00

图 6-47　抗倾覆验算

4. 结构整体稳定性及重力二阶效应计算控制指标——刚重比

程序在计算书"整体稳定刚重比验算"中输出了刚重比验算结果，如图 6-48 所示，从图中可知所分析项目满足《高层规范》整体稳定的要求，并且可以不考虑重力二阶效应的要求。

2. 整体稳定刚重比验算

刚度单位：kN/m

层高单位：m

上部重量单位：kN

表 13-2　整层屈曲模式的刚重比验算 [《高规》表5.4.1-2，一般用于剪切型结构]

层号	X 向刚度	Y 向刚度	层高	上部重量	X 刚重比	Y 刚重比
4	83590.00	65122.01	7.19	4958.37	121.21	94.43
3	2.65e+5	3.53e+5	4.00	13369.19	79.40	105.77
2	2.14e+5	2.54e+5	4.71	21848.65	46.10	54.81
1	2.55e+6	2.75e+6	1.15	25105.96	116.75	126.01

该结构最小刚重比 Di*Hi/Gi (46.10,第 2 层) 不小于 20,可以不考虑重力二阶效应

该结构最小刚重比 Di*Hi/Gi 不小于 10,能够通过高规(5.4.4)的整体稳定验算

图 6-48　整体稳定刚重比验算

《抗震规范》第3.6.3条规定：当结构在地震作用下的重力附加弯矩大于初始弯矩的10％时，应计入重力二阶效应的影响。《高层规范》第5.4.1条、第5.4.4条对高层建筑重力二阶效应也有相应的规定。

与层刚比一样，刚重比是反映结构整体性能的七大指标之一，也是在结构设计过程中必须重点考察的指标。

6.8.5 抗震性能的自震周期、周期比、剪重比及地震力分析

本节介绍结构分析中有关抗震计算的一些指标要求。这部分内容主要体现在计算书的"抗震分析及调整"部分。

1. 结构周期及振型方向

计算书"抗震分析及调整"的第一项即为"结构周期及振型方向"信息，给出了结构各振型的周期、方向角、侧振成分和地震作用的最不利方向等信息。

地震作用的最不利方向角输出结果如图6-49所示，从图中可知地震作用的最大方向角为2.53°，满足规范要求的相交角度小于15°的要求。

1. 结构周期及振型方向

地震作用的最不利方向角：2.53°

表9-1 结构周期及振型方向

振型号	周期(s)	方向角（度）	类型	扭振成分	X侧振成分	Y侧振成分	总侧振成分	阻尼比
1	0.7050	175.46	X	0%	99%	1%	100%	5.00%
2	0.6795	85.95	Y	0%	1%	99%	100%	5.00%
3	0.5355	6.64	T	97%	2%	0%	3%	5.00%
4	0.3466	88.65	Y	0%	0%	99%	100%	5.00%
5	0.3207	178.42	X	11%	89%	0%	89%	5.00%
6	0.2798	2.48	T	91%	9%	0%	9%	5.00%
7	0.2336	90.00	T	91%	0%	9%	9%	5.00%
8	0.1741	90.43	T	98%	0%	2%	2%	5.00%
9	0.1729	89.65	T	97%	0%	3%	3%	5.00%

图6-49 结构周期及振型方向结果

1）从基本周期判断结构刚柔程度

如果基本周期太小，则表明结构偏刚，承受的地震作用偏大；如果周期太大，则表明结构偏柔，在水平力作用下结构的侧向位移可能较大。设计时，可参照旧的《高层规范》给出的结构基本周期近似值，考察结构的刚柔性是否合适。框架结构 $T=(0.08\sim1.00)N$；框剪结构、框筒结构 $T=(0.06\sim0.08)N$；剪力墙结构、筒中筒结构 $T=(0.05\sim0.06)N$。其中 N 为结构层数。

在进行多层建筑结构设计时，结构的基本周期不是硬性的控制指标。如果结构的上述控制指标以及结构的舒适度满足规范要求，则不必太拘泥于对结构基本周期的控制。

2）周期比限制

《高层规范》第3.4.5条规定：结构扭转为主的第一自振周期 T_t 与平动为主的第一自振周期 T_1 之比，A级高度高层建筑不应大于0.9，B级高度高层建筑、混合结构高层建筑及

本规程第 10 章所指的复杂高层建筑不应大于 0.85。

3）基本周期的属性判断

对于结构基本周期的考察通常主要考察前三个基本周期。

平动系数与扭转系数之和永远等于 1，平动系数为 1 的基本周期称为纯平动周期，扭转系数为 1 的基本周期称为纯扭转周期，介于 0 和 1 之间既有平动也有扭转的周期称为混合周期。《高层规范》第 3.4.5 条的条文说明规定：在两个平动和一个扭转方向因子中，当扭转方向因子大于平动方向因子时，则该振型可认为是扭转为主的振型。第一平动周期所对应的振型应该越单纯越好，在结构方案设计阶段，当前三个周期出现混合周期时，应甄别其原因并尽可能进行结构方案上的调整。平动与扭转系数所占百分比为多少合适，规范并没有说明，应根据具体情况而定。

振型特征判断还与宏观振动形态有关，应寻找更合理的周期作为第一平动或扭转周期（尤其有大悬挑、错层等的结构）。

计算周期比时，程序在计算书"结构周期及阵型方向（强制刚性板假定，强刚）"中给出了相关计算结果，如图 6-50 所示。图中振型 1 的平动系数为 98%（X 向），周期为 0.6898，该周期为结构的第一平动周期；振型 2 的平动系数为 98%（Y 向），周期为 0.6640；振型 3 的扭转振型成分为 97%，判定该振型为结构的第一扭转振型，周期为 0.5232。"实例商业建筑"属于多层建筑结构，其周期比不受《高层规范》的限制，如参照《高层规范》要求进行验算，可知第一扭转周期与第一平动周期之比为 0.5232/0.6898＝0.76，满足要求。

2. 结构周期及振型方向(强刚)

表 9-2　结构周期及振型方向（强刚）

振型号	周期(s)	方向角（度）	类型	扭振成分	X 侧振成分	Y 侧振成分	总侧振成分
1	0.6898	172.99	X	0%	98%	1%	100%
2	0.6640	83.75	Y	0%	1%	98%	100%
3	0.5232	5.33	T	97%	3%	0%	3%
4	0.3398	89.06	Y	0%	0%	100%	100%
5	0.3179	178.53	X	12%	88%	0%	88%
6	0.2744	4.64	T	90%	9%	0%	10%
7	0.1522	177.80	X	7%	93%	0%	93%
8	0.1396	87.44	Y	3%	0%	97%	97%
9	0.1173	165.84	T	95%	4%	0%	5%

图 6-50　结构周期及阵型方向结果（强刚）

2. 有效质量系数、各振型的地震力和基底剪力

《抗震规范》第 5.2.2 条条文说明规定：对于振型分解法，由于动力时程分析法亦可利用振型分解法进行计算，故加上"反应谱"以示区别。为使高柔建筑的分析精度有所改进，其组合的振型个数适当增加。振型个数一般可以取振型参与质量达到总质量 90% 所需的振型数。《高层规范》第 5.1.13 条对高层建筑结构也有类似的规定。

以"实例商业建筑"为例，程序在计算书"各地震方向参与振型的有效质量系数"中输出了有效质量数，如图 6-51 所示，从图中可知所有有效质量系数都大于 90%，满足要求。

3. 各地震方向参与振型的有效质量系数

表 9-3 各地震方向参与振型的有效质量系数

振型号	EX	EY	振型号	EX	EY
1	86.02%	0.45%	2	0.55%	78.40%
3	0.57%	0.08%	4	0.01%	19.13%
5	9.57%	0.02%	6	1.10%	0.00%
7	0.00%	0.00%	8	0.00%	0.00%
9	0.00%	0.00%			

根据《高规》第5.1.13条,各振型的参与质量之和不应小于总质量的90%。

第 1 地震方向 EX 的有效质量系数为 97.81%,参与振型足够

第 2 地震方向 EY 的有效质量系数为 98.09%,参与振型足够

图 6-51 各地震方向有效质量系数信息

3. 地震作用下剪重比及其调整

根据《抗震规范》第 5.2.5 条及《高层规范》第 4.3.12 条规定:结构各楼层对应于地震作用标准值的剪重比不应小于规范给出的楼层最小地震剪力系数值的要求。程序在计算书"地震作用下结构剪重比及其调整"中输出了"实例商业建筑"的相关验算结果,如图 6-52 所示,以 X 向地震工况为例,可知各楼层的剪重比均大于规范要求的最小剪重比 1.6% 的要求。

4. 地震作用下结构剪重比及其调整

Vx,Vy(kN): 地震作用下结构楼层的剪力

RSW: 剪重比

Coef1: 用户定义的剪重比调整系数

Coef2: 按抗规(5.2.5)条计算的剪重比调整系数

Coef_RSWx,Coef_RSWy: 程序综合考虑最终采用的剪重比调整系数(如果用户定义了则采用用户定义值)

根据《抗规》第5.2.5条规定,7度(0.10g)设防地区,水平地震影响系数最大值为0.08,楼层剪重比不应小于1.60%。

由下表可见, X 向地震剪重比符合要求。

表 9-4 EX 工况下的指标

层号	Vx(kN)	RSW	Coef1	Coef2	Coef_RSWx
4	299.8	7.60%		1.00	1.00
3	514.5	5.32%		1.00	1.00
2	681.7	4.40%		1.00	1.00
1	688.6	3.78%		1.00	1.00

图 6-52 SATWE 输出的 X 方向剪重比

楼层最小地震剪力系数是针对基本周期较长的结构,其水平地震作用计算值可能太小,无法估计地面运动速度和位移对结构的破坏而提出的。当不满足时,需要改变结构布置或调整结构总剪力和各楼层的水平地震剪力,使之满足要求,调整方法详见《抗震规范》第 5.2.5 条条文说明中的相关规定。

6.8.6 变形验算的位移比、层间位移角及最大层间位移分析

SATWE 计算书在"变形验算"目录下输出了与结构变形有关的计算结果,利用输出的

计算结果可以检查位移比、层间位移角等是否满足规范要求。

1. 位移比控制

"位移比"是"楼层扭转位移比"或"楼层位移比"的简称,是指楼层两端抗侧力构件弹性水平位移(或层间位移)的最大值与平均值的比值。

控制位移比的目的是限制结构的扭转。参照"地震信息"中对有关参数设置及规范条文,计算位移比应与"规定水平力""考虑双向地震作用""偶然偏心""质量和刚度分布明显不对称的结构"判断等一起考核处理,由于这部分牵涉概念和规范条文较多,图 6-53 给出策略供设计时参考。

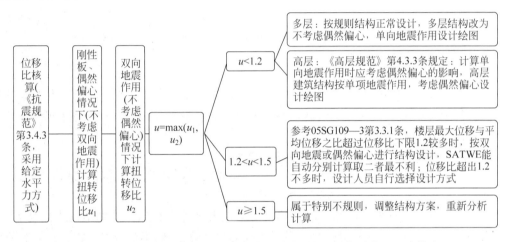

图 6-53　用 SATWE 核算周期比、考虑双向地震作用及偶然偏心设计策略

在文本目录上选择"变形验算"下的"普通楼层位移指标统计",可以看到"实例商业建筑"楼层位移指标统计结果,经比较可以发现 Y 向正偏心静震(规定水平力)工况的位移在第 4 层出现最大层间位移比,其值为 1.16,如图 6-54 所示,满足规范限值要求。

表 11-11　Y 向正偏心静震(规定水平力)工况的位移

层号	位移比	层间位移比
4	1.15	1.16
3	1.13	1.14
2	1.12	1.13
1	1.00	1.00

本工况下全楼最大位移比　＝ 1.15（发生在 4 层 1 塔）

本工况下全楼最大层间位移比＝ 1.16（发生在 4 层 1 塔）

图 6-54　强制刚性假定时的位移比

2. 层间位移角控制

层间位移角为按弹性方法计算的最大层间位移与层高之比。层间位移角控制主要是为了限制结构在正常使用条件下的水平位移,确保高层结构应具备的刚度,避免产生过大的位移而影响结构的承载力、稳定性和使用要求。最大层间位移角限值的判断要依照规范的有关条文进行。

1) 规范有关位移控制的条文

《抗震规范》第 5.5.1 条所列各类结构,《高层规范》第 3.7.3 条规定的高度不大于 150m 的结构应验算多遇地震作用下的弹性层间位移角限值,如表 6-7 所示。《抗震规范》第 5.5.5 条和《高层规范》第 3.7.5 条规定了结构薄弱层(部位)弹塑性层间位移限值,可按表 6-8 取值。

表6-7　弹性层间位移角限值

结 构 类 型	$[\theta_e]$	结 构 类 型	$[\theta_e]$
钢筋混凝土框架	1/550	抗震墙、筒中筒	1/1000
框架剪力墙、框筒等	1/800	框支结构	1/1000

表6-8　薄弱层弹性层间位移角限值

结 构 类 型	$[\theta_p]$	结 构 类 型	$[\theta_p]$
钢筋混凝土框架	1/50	框架剪力墙、框筒等	1/100
底框结构中框架-剪力墙	1/100	抗震墙、筒中筒	1/120

《抗震规范》第14.2.4条规定：对不规则的地下建筑以及地下变电站和地下空间综合体等，尚应进行罕遇地震作用下的抗震变形验算，计算可采用《抗震规范》的简化方法，混凝土结构弹塑性层间位移角限值$[\theta_p]$宜取1/250。

2）层间位移角结果分析

（1）根据《高层规范》第3.7.3条，计算层间位移角时可不考虑偶然偏心。由于多层建筑结构进行位移判断时是否考虑偶然偏心规范里没有明确规定，在具体设计时可根据具体情况并参照《高层规范》进行。

（2）计算层间位移角时，应采用强制刚性板假定。

（3）《抗震规范》第3.4.3条的条文说明：结构楼层位移和层间位移控制值验算时，仍采用CQC的效应组合。层间位移控制指标为层间位移角。

（4）规范条文没有规定计算层间位移角时采用哪种地震作用。双向地震作用计算，本质是对抗侧力构件承载力的一种放大，属于承载能力计算范畴，不涉及对结构扭转控制的判别和对结构抗侧刚度大小的判断。因此计算层间位移时应采用单向地震作用。

"变形验算"下的"普通楼层位移指标统计"还输出了"实例商业建筑"楼层位移指标统计结果，经比较可以发现Y向地震工况的位移在第4层出现最大层间位移角，其值为1/1336，如图6-55所示，满足规范限值要求。

表11-14　Y向地震工况的位移

层号	最大位移比	最大层间位移角
4	8.81	1/1336
3	4.10	1/2852
2	2.75	1/1875
1	0.25	1/4650

本工况下全楼最大楼层位移= 8.81（发生在4层1塔）

本工况下全楼最大层间位移角= 1/1336（发生在4层1塔）

图6-55　最大位移比和最大层间位移角

6.8.7　结构体系指标及二道防线调整

程序输出的计算书中还包含有"指标汇总信息"，对上述的指标进行了汇总，方便用户查阅，如图6-56所示。

SATWE的计算书还输出有"结构体系指标及二道防线调整"结果数据，在进行框剪结构设计时需要根据《抗震规范》第6.1.3条或《高层规范》第8.1.3条进行分析判断，并按照

表 15-1　指标汇总

指标项		汇总信息
总质量(t)		1820.82
质量比		2.14 > [1.5] (2 层 1 塔)
最小刚度比 1	X 向	1.00 >= [1.00] (4 层 1 塔)
	Y 向	1.00 >= [1.00] (4 层 1 塔)
最小楼层受剪承载力比值	X 向	1.00 > [0.80] (4 层 1 塔)
	Y 向	1.00 > [0.80] (4 层 1 塔)
结构自振周期(s)		T1 = 0.7050(X)
		T3 = 0.6795(Y)
		T5 = 0.5355(T)
有效质量系数	X 向	97.81% > [90%]
	Y 向	98.09% > [90%]
最小剪重比	X 向	3.78% > [1.60%] (1 层 1 塔)
	Y 向	3.77% > [1.60%] (1 层 1 塔)
最大层间位移角	X 向	1/1454 < [1/550] (2 层 1 塔)
	Y 向	1/1352 < [1/550] (4 层 1 塔)
最大位移比	X 向	1.06 < [1.50] (2 层 1 塔)
	Y 向	1.17 < [1.50] (4 层 1 塔)
最大层间位移比	X 向	1.14 < [1.20] (3 层 1 塔)
	Y 向	1.21 > [1.20] (3 层 1 塔)
刚重比	X 向	46.10 > [10] (2 层 1 塔)
	Y 向	54.81 > [10] (2 层 1 塔)

图 6-56　结构分析指标汇总信息

相关条文要求进行设计。需要进行分析判断的内容,以及相关规范条文的要求已在本书"调整信息"中有所提及。

由于"实例商业建筑"为框架结构,故框架部分承受的地震倾覆力矩为 100%。

6.9　结构构件性能判断与设计优化

SATWE 计算书包含的内容除了 6.8 节用于结构整体性能评价的指标外,还包含有"结构平面简图""荷载简图""配筋简图""边缘构件简图"以及"柱、墙轴压比简图"等,这些内容可以根据设计需要,结合"分析结果"标签下的其他菜单进行查看。

6.9.1　结构构件设计需要检查或注意的六大微观指标

进行结构设计时,设计规范不仅对结构整体性能指标有控制要求,还对构件提出了很多具体要求,包括轴压比、剪压比、剪跨比、配筋率、挠度和裂缝等,上述指标有些在创建结构模型时需要注意,有的则是在分析设计之后才能得出,下面简要介绍程序的处理方式。

1. 剪压比

剪压比是构件截面上平均剪应力与混凝土轴心抗压强度设计值的比值,用于表示截面上承受的名义剪应力大小。

依照《混凝土规范》第 6.3.1 条规定,当混凝土标号小于 C50 且矩形截面有效高度与梁截面宽度之比小于 4 时,梁截面上的名义剪应力 $V/(bh_0)$ 与混凝土轴心抗压强度设计值的比值不能大于 0.25,此处的 0.25 即为梁的剪压比;其他情况详见《混凝土规范》第 6.3.1 条的规定。

SATWE 软件能自动判断构件的剪压比是否符合规范条文的规定,对不满足规范要求的构件会在计算书"超配超限信息"输出。另外,单击"轴压比"图标后,在左侧停靠对话框中,双击剪压比选项,图形区即可切换显示构件的剪压比信息。

在检查输出结果时,可以通过【计算结果】|【设计结果】菜单的【配筋】查找结果文件中不

满足剪压比超限的柱号,以便进一步确定结构或构件的布置修改方案,如图6-57所示,构件其他信息的查看流程基本相同。

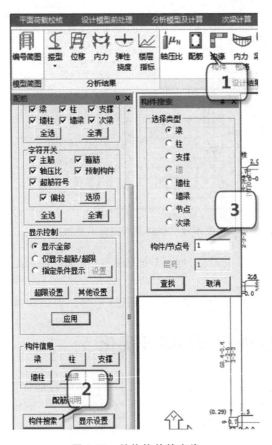

图6-57 结构构件的查找

2. 剪跨比

在设计规范中,构件剪跨比是一个很重要的参数,关于短柱的问题在前述章节已有论述。规范中对混凝土梁、柱、墙都有剪跨比的概念。

1) 规范规定

《混凝土规范》第6.3.4条、第6.3.12条、第11.7.4条给出梁、柱、剪力墙的剪跨比计算公式。在进行构件斜截面承载力配筋设计等相应的条文中,剪跨比是一个很重要的指标,如《混凝土规范》第11.6.8条,《抗震规范》第6.3.8条、第6.3.9条,《高层规范》第6.2.6条、第7.2.6条。

2) SATWE处理方式

由于梁和剪力墙构件的剪跨比反映在承载力计算公式中,所以SATWE在进行梁或剪力墙构件承载力计算设计时,会在软件中对梁和剪力墙剪跨比进行隐式处理。

对于柱的剪跨比,SATWE依据《混凝土规范》第11.4.16条,对剪跨比小于1.5的柱,SATWE限值取规范表数值减去0.1作为最大轴压比进行控制;如果柱的剪跨比在1.5~2.0之间,程序则自动按规范限值表规定减去0.05。在对软件结果分析检查时,若SATWE

计算混凝土柱轴压比没有超规范限值,但是提示超限往往属于这种情况,这在使用软件时需要注意。

　　3)软件不能处理的情况

　　窗间墙、楼梯间由于填充墙嵌固、梁错位导致出现短柱的情况,在设计时要人工仔细校对,并采取相应的构造加强措施。

3.配筋率、挠度和裂缝

　　当构件计算配筋小于最小配筋率时,SATWE 软件能自动按照规范规定的构件最小配筋率和配筋构造要求配置钢筋。当计算配筋率超过规范规定的最大配筋率时,软件会通过图形输出和超筋信息输出的方式告知用户。梁长期挠度和梁裂缝宽度在 PKPM 绘制施工图时可以给出按照规范公式计算值,供设计人员校核用。

4.柱的轴压比

　　轴压比是设计柱构件时的一项重要控制参数,程序在计算书中会给出"柱、墙轴压比简图",用户也可以通过单击【设计结果】的【轴压比】选项,查看轴压比输出信息。

　　1)柱的轴压比限值

　　《抗震规范》第 6.3.6 条、《混凝土规范》第 11.4.16 条、《高层规范》第 6.4.2 条相关规定的数值与表 6-9 一致。《高层规范》第 7.2.3 条给出了剪力墙墙肢轴压比的要求。

表 6-9　柱轴压比限值

结 构 类 型	抗 震 等 级			
	一	二	三	四
框架结构	0.65	0.75	0.85	0.90
框架抗震墙、框架-核心筒、筒中筒等	0.75	0.85	0.90	0.95
部分框支剪力墙	0.60	0.70	—	—

　　SATWE 软件能自动依据规范条文,对柱轴压比进行检查。当采用图形显示柱轴压比限值时,超过规范限值的柱轴压比数值用红色字体显示。

　　2)轴压比超限检查

　　SATWE 能自动依据规范条文对柱轴压比进行检查,如果某根柱的轴压比超出规范限值,则其图形文字显示为红色。当出现红色轴压比数字时,必须对相应的构件进行模型修改,并重新分析计算。

　　当轴压比采用图形显示时,在柱截面轮廓上方会给出计算轴压比与轴压比限值的数值和二者的大小关系。

　　3)轴压比的优化

　　如配筋率相同,某层柱轴压比普遍较小,则应考虑通过加大柱网、减小柱截面等方法对结构进行人工优化设计。当增大柱网间距时,要考虑梁跨度增大有可能引起梁截面尺寸或配筋的调整。

5．混凝土构件配筋与配筋率优化

在实际设计时，可以对构件配筋率进行分析，如果大多数构件配筋率接近最小配筋率，再结合结构的侧向位移、基本周期或构件挠度等计算结果，考虑构件截面是否过大，必要时可以对结构构件进行人工优化。

6．构件超筋时的模型检查

设计中出现构件超筋超限的原因纷繁复杂，有可能是结构体系不合理，也有可能是结构局部布置不合理。如结构平面内某个方向的梁超筋，应考虑这个方向上结构布置是否有问题，可能导致梁超筋的原因包括：①SATWE计算参数设置不合理；②混凝土标号及钢筋等级不合理；③构件（板、梁、次梁）荷载重复布置和荷载输入错误，荷载传递路径过于集中；④梁跨度较大、截面较小；⑤结构侧向刚度不够、侧移过大导致梁剪力过大，与墙构件平面内相接剪力过大等。

对结构模型的检查修改宜按照分析设计参数、混凝土标号及钢筋等级、荷载布置、局部构件截面尺寸、整体修改结构布置方案的顺序进行。

在确定构件超筋超限的原因并修改后，如果修改了梁的布置方案，建议在交互建模时重新生成楼板并检查楼板荷载。对于修改后的结构模型，SATWE菜单宜按第一次运行的顺序重新执行一遍，以便更新数据，得到相应的分析设计结果；如果修改幅度较大，尚应重新检查结构的整体性能指标。

6.9.2 结构变形性能观察、内力图观察及构件变形检查

在SATWE计算结果的输出图形中，还有诸如编号简图、振型图、位移图、内力图和内力包络图等输出结果，在结构设计时可以根据需要进行检查和查看。

1．振型及局部振动

单击【分析结果】面板的【振型】【选择振型】，可以查看不同振型下结构振动的三维动画。单击【分析结果】面板的【振型】【局部振动】，可检查结构局部振动的情况，局部振动过大，表示该位置构件太柔或传力方式、支座情况有问题，实际设计时要酌情修改。

结构三维振型图及其动画需要结合前面章节中的结构周期及振型方向等整体性能参数进行查看，如果第一周期局部振动过强，则应进行调整和修正。图6-58为"实例商业建筑"地框梁层的局部振动图。

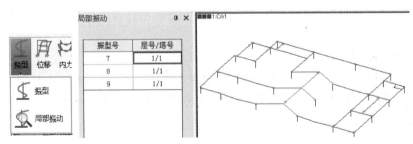

图 6-58 地框梁层局部振动图

2．内力图

内力图主要用来分析构件内力分布规律是否有异常情况，以便确定结构布置是否有误，荷载及分析参数是否需要调整等。比如通过内力图可以检查风荷载布置是否有误，地下室层数设置是否正常等。

除了三维振型图和内力图之外，其他图形大多在对构件和参数进行详细分析时才会查看，可根据具体情况选用。

3．SATWE 弹性挠度

在使用 SATWE 对结构进行分析计算时，由于尚未确定施工图上梁钢筋的配置情况，在进行结构方案设计时，可以通过 SATWE 计算输出的梁弹性挠度对结构方案进行大致考察。

1）《混凝土规范》对梁挠度的条文

《混凝土规范》第 3.4.3 条规定：受弯构件的最大挠度应按荷载效应的标准组合或准永久组合，并均应考虑荷载长期作用的影响进行计算，其计算值不应超过表 6-10 规定的挠度限值。

表 6-10　受弯构件的挠度限值

构 件 类 型		挠 度 限 值
屋盖、楼盖、楼梯构件	当 $l_0 < 7\mathrm{m}$ 时	$l_0/200(l_0/250)$
	当 $7\mathrm{m} \leqslant l_0 \leqslant 9\mathrm{m}$ 时	$l_0/250(l_0/300)$
	当 $l_0 > 9\mathrm{m}$ 时	$l_0/300(l_0/400)$

注：1．表中 l_0 为构件的计算跨度；计算悬臂构件的挠度限值时，计算跨度 l_0 按实际悬臂长度的 2 倍取用。

2．表中括号内的数值适用于使用上对挠度有较高要求的构件。

2）弹性挠度查看

SATWE 输出的是梁弹性挠度，是按照结构力学的概念计算出来的挠度，它只和截面形状及混凝土弹性模量有关，该挠度与"砼结构施工图"模型软件在配筋设计时，"考虑荷载长期作用影响的刚度"计算得到的梁挠度有着明显的区别。据统计，梁的长期挠度可以近似按照 SATWE 输出的弹性挠度的 2.4～2.8 倍估算，以便估计构件布置是否需要进行调整。根据上述给出的长期挠度和弹性挠度的关系，可以初步估算梁截面尺寸是否合适。

6.10　本章小结

在本章我们学习了 SATWE 软件的基本功能、软件操作的基本流程，深入学习了 SATWE 参数定义的基本内容，以及与其相关的规范条文；学习了多塔结构定义与生成多塔模型、多模型包络设计方法、楼梯自动参与主体计算及地下室专项包络设计、用户自定义包络设计、自定义风荷载及屋面特殊风荷载的处理；学习了通过分析结果查看，对结构宏观特性指标和构件设计指标的评价分析的基本方法；了解了结构设计优化的最基本内容等。

思考与练习

思考题

1. 简述 SATWE 软件的功能和特点。

2. SATWE 的总信息都包含哪些主要参数？

3. SATWE 的程序内置的专项多模型包络包括哪些？如何自定义多模型包络设计？

4. 简述钢筋混凝土坡屋面结构用户自定义包络设计的要点。

5. SATWE 中哪些参数需要经过二次分析后进行设置调整？

6. SATWE 如何自动处理结构薄弱层的地震内力放大系数？

7. SATWE 如何处理楼梯参与结构整体分析？如何计算有地下室的结构？

8. 全楼地震作用放大系数是什么参数？PKPM2010 V3.X 能否读入动力时程分析结果？

9. SATWE 如何处理特殊风荷载？在 SATWE 中怎么考虑坡屋面风荷载？

10. SATWE 软件默认楼板是刚性板还是弹性板？刚性板适用于哪种情况？

11. SATWE 中的弹性板都有哪几种？SATWE 对其有什么假定？其适用范围是什么？

12. 什么时候需要对所有楼层强制采用刚性板假定？强制刚性板假定会不会影响坡屋面内力计算结果？

13. 怎么确定结构第一平动周期和第一扭转周期？如何与结构三维振型图结合？

14. "规定水平力"是什么概念？楼层剪力差法适用哪些情况？CQC 方法适用求解哪些总体性能参数？

15. 简述多模型中主模型、子模型和基本模型的概念。

16. 如何查看楼层混凝土平均重度？

17. 如何进行层刚比核查？

18. SATWE 如何处理剪重比的问题？

19. SATWE 如何处理刚重比的问题？

20. 如何通过结果图形显示检查构件承载力是否满足要求？

21. 如何核查构件配筋率？构件配筋率普遍较低该如何处理？

22. 如何通过梁弹性挠度估算梁长期挠度？

23. 如何核查柱的轴压比？柱的轴压比普遍偏小如何处理？

24. 构件内力图输出检查的要点是什么？

25. 计算输出的水平力角度与坐标轴夹角大于 15°时怎么处理？

26. 如何通过 SATWE 计算结果判断结构的规则性？

27. 层间受剪承载力比的概念是什么？《抗震规范》和《高层规范》对其有何规定？

28. 简述 PKPM2010 V3.X 进行分缝多塔结构设计的要点。

练习题

查找一套 7 度区(设计基本地震加速度为 0.10g)的多层框架结构建筑施工图,利用 PKPM 结构建模模块创建模型,使用 SATWE 分析设计模块进行参数设置、生成数据及分析计算,并对计算结果进行评价。

第 **7** 章

结构弹性动力时程分析

习目标

了解结构弹性动力时程的概念；

掌握和理解规范条文对结构弹性动力时程分析的要求；

掌握结构弹性动力时程分析基本步骤。

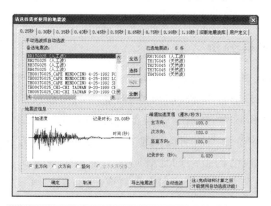

动力弹性时程分析通过分步积分方法，能求出地震天然波对结构的真实地震作用。所以规范要求当所有结构的地震作用分析采用振型分解反应谱方法，还要求对某些特定的建筑结构用动力时程分析方法进行补充分析。

弹性动力时程分析主要包括按照规范选择地震波，确定时程分析参数；在时程分析之后依据结果和规范条文，对地震波进行筛选和更换，直到符合规范规定的要求；之后将时程分析结果与SATWE规范谱方法得到的地震作用进行比对分析，确定SATWE的"全楼地震作用放大系数"。

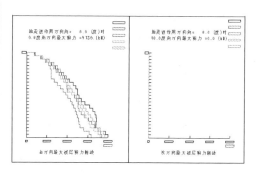

7.1 结构弹性动力时程分析计算及依据

结构弹性动力时程分析，是在进行建筑结构抗震设计时对《抗震规范》的振型分解反应谱方法的一种补充，在进行不规则建筑结构或高层建筑结构设计时不可或缺的一个环节。

在 PKPM2010 的 SATWE 软件中提供了结构弹性动力时程分析程序，在 EPDA&PUSH

软件中提供了结构弹塑性动力分析程序。在本章我们主要介绍用 SATWE 进行结构弹性动力时程分析的基本方法和操作。

7.1.1 弹性动力时程分析的基本概念

弹性动力时程分析方法要解决的是结构阻尼振动的二阶常微分方程的求解问题,在结构质量矩阵、结构阻尼矩阵、结构刚度矩阵已知的情况下,通过给定的一个(输入)地震波加速度向量,来求解结构的加速度、速度和位移向量。动力时程分析法又称直接动力法,在数学上其求解方法有分步积分法和振型叠加法。

振型叠加法是通过数学变换,把结构阻尼振动的二阶常微分方程,转化为 n(振型数)个相互独立的单自由度运动方程,并利用杜哈梅(Duhamel)积分得到各个振型所对应的单自由度体系在某条地震波作用下的广义位移响应,再利用各个振型所对应的振型向量累加为结构最终的时程响应结果。分步积分法是从结构动力方程的初始状态开始一步一步积分直到地震作用终了,求出结构在地震作用下的地震效应。

弹性动力时程分析一般采用振型叠加法计算,原因是计算效率更高,如振型数选取足够多,精度也可以保证。SATWE 弹性动力时程分析采用的是振型叠加法。

7.1.2 为何要对结构进行弹性动力时程分析

目前 SATWE 等上部结构分析设计软件在进行高层建筑结构抗震设计时,采用的是《抗震规范》的振型分解反应谱方法求地震力。该方法是《抗震规范》对建筑结构建议的方法。该方法首先求得足够数量的建筑结构振型和频率,然后运用规范规定的反应谱得到各个振型(单自由度体系)所对应的地震力,再将各个振型所对应的地震响应通过 CQC 方法(参见《抗震规范》公式 5.2.3)进行振型组合得到结构最终的地震响应。地震响应求出之后,再依据《抗震规范》规定,计算地震作用、其他荷载作用的基本组合效应,进行截面承载力设计。

振型分解反应谱是现阶段抗震设计的最基本理论,《抗震规范》第 5.1.5 条把规范所采用的设计反应谱以地震影响系数曲线的形式给出。反应谱理论考虑了结构动力特性和地震特性之间的动力关系,使结构动力特性对结构地震反应的影响得以体现,但是在进行结构抗震设计时,它仍然把地震惯性力作为静力来对待,无法准确反映地震对结构的实际影响。规范的反应谱是很多条地震波所对应的反应谱通过概率平均化和平滑后所得,虽然可以从概率意义上保证振型分解反应普法的一般性,但如果单独拿出几条地震波的反应谱与规范反应谱比较,单波响应与规范反应谱方法计算结果会有一定的差别。对于特殊情况,单波响应还可能偏大,即振型分解反应谱方法并不保守,单条地震波的反应谱可能大于规范反应谱。

另一方面,CQC 振型组合方法是将地震作用看作平稳随机过程得到的振型组合方法,该方法同样是一种概率保证法。

由于以上两方面的原因,振型分解反应谱法可以保证大多数结构的地震响应计算足够保守,或者说从概率意义上能够保证,但对于一些特殊情况,如复杂高层结构则可能会出现偏于不安全现象,所以要附加多条实际或人造地震波的弹性动力时程分析方法进一步保证结构的安全。

弹性动力时程分析作为高层建筑和重要结构抗震设计的一种补充计算,其主要目的在于检验规范反应谱法的计算结果,弥补反应谱法的不足,进行反应谱法无法做到的结构非弹性地震反应分析。

7.1.3　弹性动力时程分析与弹塑性动力时程分析的应用范围

动力时程分析方法按结构变形状况不同,分为弹性动力时程分析和弹塑性动力时程分析两种。

1. 弹性动力时程分析

结构抗震设计的基本目标是"小震不坏,中震可修,大震不倒"。采用基于性能的抗震设计方法,根据不同建筑的安全需求与经济性等要求,按照性能化目标的思想,抗震设计目标在基本目标下被进一步细化和提高。一般来说,在安全与经济双重目标要求下,结构在小震状态下处于弹性状态,变形较小,此时采用线弹性方法分析内力与变形误差较小,是可行的,此时动力时程分析可采用弹性动力时程分析方法。在 PKPM2010 V3. X 中,弹性动力时程分析模块内嵌在 SATWE 模块中。

2. 弹塑性动力时程分析

在中震状态下,结构少部分构件已进入塑性状态且变形加大,此时若仍采用线弹性的方法分析,则存在较大的误差。在大震状态下,结构大部分构件已进入塑性状态,并产生相当大的变形,$P-\Delta$ 效应加剧,几何非线性程度加大,所以计算分析不能采用线弹性方法,也不宜采用静力弹塑性方法,而应采用弹塑性动力时程分析方法。

《抗震规范》第 5.1.2 条第 5 款规定:"计算罕遇地震下结构的变形,应按本规范 5.5 节规定,采用简化的弹塑性分析方法或弹塑性动力时程分析法。"该条文的具体应用将在7.2.4 节讨论。

在 PKPM2010 V3. X 中,弹塑性动力时程分析是通过 SAUSAGE 模块实现的。限于篇幅,本书不介绍 SAUSAGE 模块进行结构弹塑性动力时程分析的具体操作。

7.2　动力时程分析有关规范条文的运用及操作示例

由于动力时程分析方法比较复杂,并且所采用的地震波也是一种过往的地震形态,所分析得到的结果并不足以在所有结构设计中采信,因此规范对需要做动力时程分析的建筑结构做了明确规定。

7.2.1　需要做动力时程分析的结构

《高层规范》第 4.3.4 条第 3 款规定:7~9 度抗震设防的甲类(建筑结构分类参见《抗震规范》第 3.1.2 条)高层建筑结构,表 7-1 所列的乙、丙类高层建筑结构,层刚比不满足《高层规范》第 3.5.2 条、层间受剪承载力比不满足第 3.5.3 条、竖向抗侧力构件上下不连通、结构竖向收进或外挑不满足第 3.5.5 条、楼层质量不均匀超过第 3.5.6 条限制的高层建筑结构和《高层规范》第 10 章规定的复杂高层建筑结构,应采用弹性动力时程分析法进行多遇地震下的补充计算。

表 7-1　采用动力时程分析法的建筑结构

设防烈度、场地类别	建筑高度
8 度Ⅰ、Ⅱ场地和 7 度	＞100m
8 度Ⅲ、Ⅳ场地	＞80m
9 度	＞60m

《高层规范》第 5.1.13 条规定：抗震设计时，B 级高度的高层建筑结构（高层建筑结构高度分级参见《高层规范》3.3.1 节），混合结构和本规程第 10 章规定的复杂高层建筑结构，应采用弹性动力时程分析法进行补充计算。

《高层规范》第 4.3.14 条规定：跨度大于 24m 的楼盖结构、跨度大于 12m 的转换结构和连体结构、悬挑长度大于 5m 的悬挑结构，结构竖向地震作用效应标准值宜采用动力时程分析法或振型分解反应谱方法计算。

弹性动力时程分析分为竖向和水平向动力时程分析。假定某高层住宅示例工程共计 26 层，3 层裙房（含地下室 1 层），采用框剪结构，结构总高度为 83m，依据勘测报告，该场地类别为Ⅲ类场地，如图 7-1 所示。经 PMCAD 创建结构设计模型，并已经由 SATWE 进行计算分析完毕，各项结构宏观控制参数经调整已经符合设计规范要求。查表 7-1，该建筑高度 83m＞80m，需做弹性动力时程分析。

当 SATWE 对结构分析计算结束后，单击 SATWE 主界面的【结构的弹性动力时程分析】菜单，打开图 7-2 所示对话框。需要提醒的是，如果在 SATWE 中未进行结构的三维分析计算，则进入动力时程分析程序后，所有菜单为虚显状态，不能执行动力时程分析。

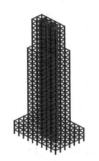

图 7-1　某高层住宅轴测图

图 7-2　弹性动力时程分析菜单

7.2.2　弹性动力时程分析时初始地震波选择

依据设计规范，波形选择要从波形数、地震特征周期、天然波与人工波比例、波形作用时间等方面考虑。

1. 地震特征周期

《高层规范》第 4.3.5 条规定：应按建筑场地类别和设计地震分组选取实际地震记录和人工模拟的加速度时程曲线。《高层规范》第 4.3.7 条和《抗震规范》第 5.1.4 条给出了不同场地类别和设计地震分组时的地震特征周期，如表 7-2 所示。

表 7-2　特征周期 T_g　　　　　　　　　　　　　　　　　s

设计地震分组	场 地 类 别				
	I_0	I_1	II	III	IV
第一组	0.20	0.25	0.35	0.45	0.65
第二组	0.25	0.30	0.40	0.55	0.75
第三组	0.30	0.35	0.45	0.65	0.90

进行结构的弹性动力时程分析时,应根据工程的场地类别和地震分组,依据表 7-2 给出的特征周期选择地震波。SATWE 在不同地震特征值下,能提供多条地震波供设计人员选择。

2. 地震波类型要求

《抗震规范》第 5.1.2 条及《高层规范》第 4.3.5 条规定:采用动力时程分析时,应按建筑场地类别和设计地震分组选取实际地震记录和人工模拟的加速度时程曲线,其中实际地震记录的数量不应少于总数量的 2/3。当采用 SATWE 动力时程分析时,选 3 条地震波时必须最少选择 2 条天然波;选 7 条地震波时,必须最少选择 5 条天然波。

3. 波形作用时间

《高层规范》第 4.3.5 条规定:地震波的持续时间不宜小于建筑结构基本自振周期的 5 倍和 15s。地震波的时间间距可取 0.01s 或 0.02s。

《抗震规范》第 5.1.2 条条文解释要求:输入的地震加速度时程曲线的有效持续时间,一般从首次达到该时程曲线最大峰值的 10% 那一点算起,到最后一点达到最大峰值的 10% 为止;不论是实际的强震记录还是人工模拟波形,有效持续时间一般为结构基本周期的 5～10 倍。

某高层示例工程,经 SATWE 计算后通过【文本查看】|【旧版查看】得到输出 WZQ. OUT 文件,部分内容如图 7-3 所示。

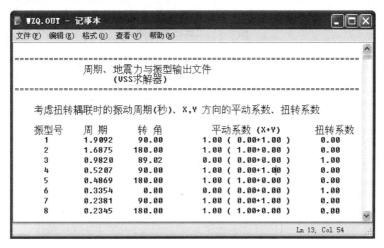

图 7-3　SATWE 上部结构分析结果

依据《荷载规范》附录 A.0.3,该建筑所在地区地震烈度为 8 度区,地震分组第一组,地震加速度为 0.2g,已知该建筑的场地类别为Ⅲ类。查表 7-2,其特征周期为 0.45s。

单击动力时程分析程序的【选波】按钮,在图 7-4 的 0.45s 表单选择地震波后单击【选择】,得到已选 5 条地震波,其中 4 条天然波,1 条人工波。

依据《高层规范》第 4.3.5 条,输入地震波持续时间不宜小于结构自振周期的 5 倍或 15s,该示例工程第一平动周期为 1.9092s,取 max(5×1.9092,15)=15s,则要求选择的地震波形记录时长不能小于 15s。地震波记录波长(规范的时间间距)取 0.02s。时间越短,计算时间越长。首先选择 5 条地震波,其中 4 条天然波、1 条人工波,初选的地震波如图 7-4 所示。

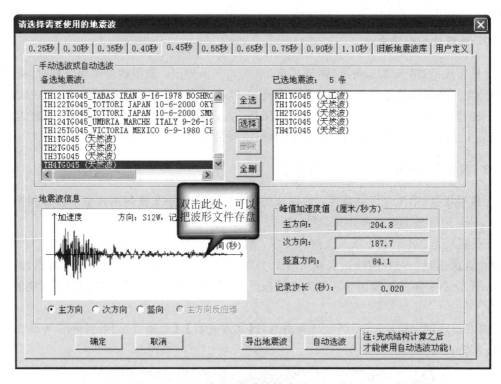

图 7-4　初选地震波形

选择合适的地震波是一个比较费时的工作。如果计算机性能较高时,可尽可能多地选地震波,经过计算后再筛除不合适的波形是效率较高的一种方法。如果在规定特征周期内找不到合适的波形,也可以在相近特征周期中筛选波形。

7.2.3　弹性动力时程分析参数

选择适当的波形之后,还要依照规范输入正确的动力时程分析参数,才能使动力时程分析结果具有参考价值。

1. 主分量最大加速度

《抗震规范》第 5.1.2 条和《高层规范》第 4.3.5 条给出了进行弹性动力时程分析时要输入地震加速度的最大值。其中《高层规范》规定的最大值如表 7-3 所示。在进行动力时程分析时,程序能根据在 SATWE 中输入的地震信息,自动套用表 7-3 数值。

表 7-3　动力时程分析时输入的地震加速度的最大值　　　　　　cm/s²

地震类型	设 防 烈 度			
	6 度	7 度	8 度	9 度
多遇地震	18	35(55)	70(110)	140
设防地震	50	100(150)	200(300)	400
罕遇地震	155	220(310)	400(510)	620

注:7、8 度时括号内数值分别用于设计基本地震加速度为 0.15g 和 0.30g 的地区。

2. 次分量峰值和数值分类峰值加速度

《抗震规范》第 5.1.2 条规定:平面投影尺度很大的空间结构,应根据结构形式和支承条件,分别按单点一致、多点、多向单点或多向多点输入,进行抗震计算。这是我国建筑抗震规范首次将多点分析纳入规程。按多点输入计算时,应考虑地震行波效应和局部场地效应。

《抗震规范》第 5.1.2 条条文解释:对周边支承空间结构,如网架和下部圈梁-框架结构,当下部支承结构为一个整体,且与上部空间结构侧向刚度比大于或等于 2 时,可采用三向(水平两向加竖向)单点一致输入计算地震作用。单点一致输入,即仅对基础底部输入一致的加速度反应谱或加速度时程进行结构计算。多向单点输入,即沿空间结构基础底部,三向同时输入,其地震动参数(加速度峰值或反应谱最大值)比例取:水平主向:水平次向:竖向＝1.00:0.85:0.65。

3. 波形地震力放大系数

《抗震规范》第 5.1.2 条条文解释还有如下说明:估计可能造成的地震效应。对于 6 度和 7 度 Ⅰ、Ⅱ 场地上的大跨空间结构,多点输入下的地震效应不太明显,可以采用简化计算方法,应乘以附加地震作用效应系数,跨度越大、场地条件越差,附加地震作用系数越大。

波形选择完毕,单击【波形选择】对话框的【确定】按钮,弹性动力时程分析程序弹出图 7-5 所示对话框,在对话框中填写合适的数据之后才能向下进行分析计算。

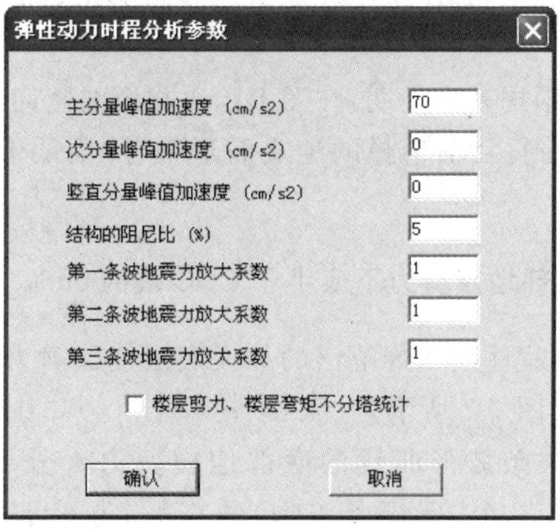

图 7-5　【弹性动力时程分析参数】对话框

依据《抗震规范》第 5.1.2 条的条文解释,本示例工程可按"单点单向"进行动力时程分析。故"次分量峰值加速度"和"竖直分量峰值加速度"取默认的数值 0。

该结构不是大跨度结构,根据《抗震规范》第 5.1.2 条的条文解释,动力时程分析时地震力不放大,第 1~3 波地震力放大系数取默认的数值"1"。参数确定之后,单击【确定】按钮,进行弹性动力时程分析计算。

7.2.4　弹性动力时程分析结果有效性分析及波形筛查

初选地震波经过动力时程分析后,并不能直接利用其结果与 SATWE 采用 CQC 方法分析的地震作用进行比对,还需要判断地震波的有效性。

《抗震规范》第 5.1.2 条和《高层规范》第 4.3.5 条规定:动力时程分析的平均影响系数曲线应与分解反应谱法所采用的地震影响系数曲线在统计意义上相符;弹性动力时程分析时,每条时程曲线计算所得结构底部剪力不应小于振型分解反应谱法计算结果的 65%,多条时程曲线计算所得结构底部剪力的平均值不应小于振型分解反应谱法计算结果的 80%。

《高层规范》第 4.3.5 条的条文解释:所谓"在统计意义上相符"指的是,多组时程波的平均地震影响系数曲线与振型分解反应谱法所用的地震影响系数曲线相比,在对应于结构主要振型的周期点上相差不大于 20%,计算结果在结构主方向的平均底部剪力一般不会小于振型分解反应谱法计算结果的 80%,每条地震波输入的计算结果不会小于 65%。从工程角度考虑,这样可以保证动力时程分析结果满足最低安全要求。但计算结果也不能太大,每条地震波输入计算不大于 135%,平均不大于 120%。

《抗震规范》第 5.1.2 条第 5 款规定:计算罕遇地震下结构的变形,应按本规范 5.5 节规定,采用简化的弹塑性分析方法或弹塑性动力时程分析法。《抗震规范》第 5.5.1 条、第 5.5.5 条规定了各类结构应进行多遇地震作用下的抗震变形验算时,其楼层内最大的弹性层间位移控制指标(层间位移角)限制参见表 6-7 和表 6-8。

依据上面规范条文,地震波有效性主要基于五个方面。

1. 与分解反应谱统计意义上相符

单击结构线弹性动力时程分析程序的【时程结果】按钮,选择程序弹出的【时程分析】结果停靠栏上的【反应谱】下拉项,程序绘出规范谱地震影响系数曲线和力时程分析各波形的平均谱线,如图 7-6 所示。

程序能自动读取上部结构基本周期,在图上绘出相应的竖向标志线,并给出各个周期的统计差率,从图 7-6 可以看到,目前选择的地震波形符合"不低于规范的 80% 限制,不大于 135%"的要求。

2. 每条波形的结构底部地震剪力不应小于 CQC 法的 65%

选择【整体指标】查看,程序绘出规范谱的最大底层楼层剪力曲线和动力时程分析各波形的最大楼层剪力曲线,如图 7-7 所示。

从图上可以看到,有 4 条波形曲线的底部地震剪力十分靠近 CQC 底层剪力,其中"TH2TG045""TH1TG045"2 个波形低于 CQC 的 65%,为不合适波形。

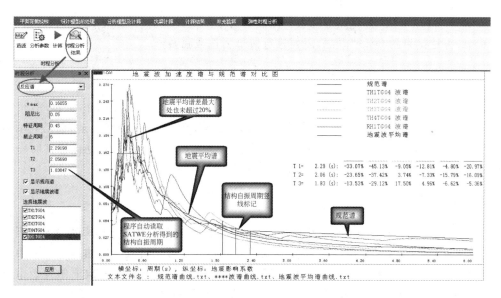

图 7-6　地震波形平均谱与规范谱比较

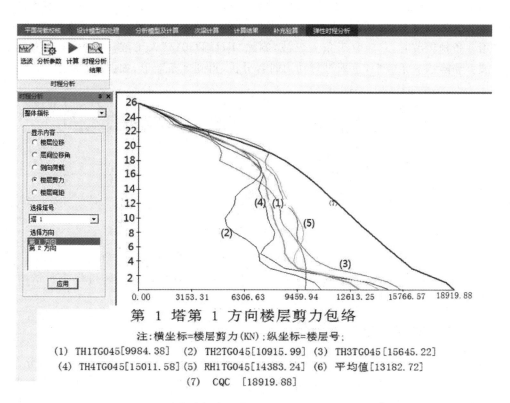

第 1 塔第 1 方向楼层剪力包络

注:横坐标=楼层剪力(KN);纵坐标=楼层号:

(1) TH1TG045[9984.38]　(2) TH2TG045[10915.99]　(3) TH3TG045[15645.22]

(4) TH4TG045[15011.58]　(5) RH1TG045[14383.24]　(6) 平均值[13182.72]

(7)　CQC　[18919.88]

图 7-7　结构底部地震剪力不应小于 CQC 法的 65%

3. 所有波形的底部地震剪力平均值不小于 CQC 方法结果的 80%

从图 7-7 可以看出,所有波形的底部地震剪力平均值超出《高层规范》第 4.3.5 条的"不小于 CQC 方法结果的 80%"限制,需要进行波形另选或筛减。

4. 楼层最大弹性位移角核查

若层间弹性位移角不满足《抗震规范》第 5.5.1 条或第 5.5.5 条规定,则依照《抗震规范》第 5.1.2 条,应重新选择波形再进行弹性时程动力分析,若所选波形合适,但是经动力时程分析后所得的最大层间弹性位移角超过规范限制,则该结构不能再能进行弹性时程动力分析,而是应该用 EPDA&PUSH 软件进行弹塑性动力时程分析。

5. 地震波数量

《抗震规范》第 5.1.2 条规定:特别不规则的建筑、甲类建筑和表 7-1 所列高度范围的高层建筑,应采用动力时程分析法进行多遇地震下的补充计算;当取三组加速度时程曲线输入时,计算结果宜取时程法的包络值和振型分解反应谱法的较大值;当取七组及七组以上的时程曲线时,计算结果可取时程法的平均值和振型分解反应谱法的较大值。

从规范条文可知,在进行弹性动力时程分析时,地震波数选择可以是 3 条,也可以是 7 条。依据《抗震规范》第 5.1.2 条,原来 6 条波形不合适,要么增加 1 条变为 7 条,要么去掉 3 条保留 3 条。根据上面示例分析,综合考虑拟删除"TH2G045""TH1G045"2 条波形曲线。当采用 3 条地震波时,只能有 1 条人工波,删除"RH2TG045"人工波。以 R 开头的波形为人工波。删除这 3 条波形,重新进行动力时程分析,得到 3 条波形,如图 7-8 所示。

图 7-8　选 3 条地震波

在设计复杂工程时,还要在进行波形筛查时参照其他参数,如楼层位移、楼层位移角等输出结果,对动力时程分析波形做综合选择判断。动力时程分析结果还可作为对结构体系调整优化的参考。

7.2.5　动力时程分析结果利用

采用 3 条地震波进行动力时程分析之后,得到平均谱线或最大底层楼层剪力分布,如图 7-9 所示,分析后发现其平均效应、单波底层地震剪力、平均底层剪力满足《抗震规范》第 5.1.2 条和《高层规范》第 4.3.5 条规定。

动力时程分析结束,切换到 SATWE【参数定义】,选择【调整信息 2】,单击【读取时程分析地震效应放大系数】,如图 7-10 所示,重新进行 SATWE 分析计算。

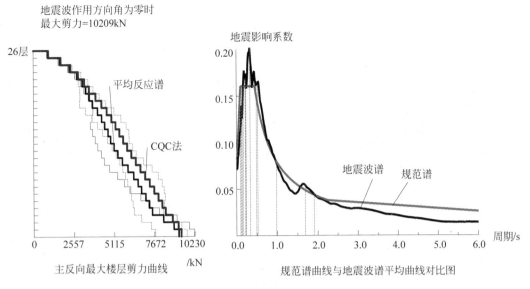

图 7-9　最后动力时程分析结果图

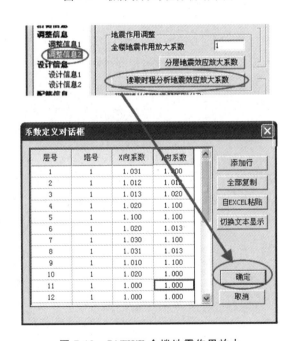

图 7-10　SATWE 全楼地震作用放大

7.3　本章小结

在本章我们介绍了弹性动力时程分析的基本内容及结构设计规范的相关条文,学习了依据结构设计规范条文选择地震波进行动力时程分析,对分析结果进行波形筛查的方法,介绍了把动力时程分析结果自动导入 SATWE 的基本操作步骤。

思考与练习

思考题

1. 结构弹性动力时程分析方法的作用是什么？
2. 规范对地震波的选择有哪几个要求？
3. 如何对地震波进行筛选？
4. 如何在 SATWE 中读入动力时程分析结果？

第 8 章

绘制结构施工图

学习目标

了解结构施工图平面整体表示方法的基本组成要素及表达方式；

掌握"砼结构施工图"和"AutoCAD 版砼施工图 PADD"两款绘图软件操作；

了解与绘制施工图有关的"归并"概念和软件归并算法；

了解板、柱、梁结构施工图深度表达方面的要求；

掌握绘制梁、柱、板平法施工图的主要操作流程和操作要点；

掌握绘制施工图时设计参数的调整方法；

掌握对裂缝、挠度、S/R 等的图纸校审方法及修改策略。

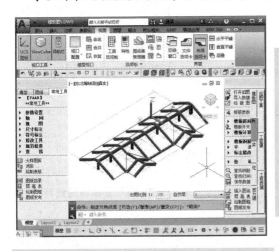

　　"砼施工图"模块能按照规范条文进行构件布筋、选筋、绘制平法表示的结构施工图，并能通过校核功能对挠度、裂缝、S/R、配筋率等进行校核，并有丰富的钢筋修改编辑功能，是一款优秀的施工图绘制软件。

　　"AutoCAD 版砼施工图绘制"模块 PAAD 是 PKPM 的一款新的基于 BIM 技术的施工图绘制软件，除了具有与 PKPM 传统的"砼施工图绘制"模块相同的功能外，还具有更加先进的图纸校审功能，同时支持三维真实视觉状态下的构件及配筋编辑修改功能。

8.1 建筑结构施工图的基本组成及表达方式

结构施工图主要表达建筑结构构件布置状况、钢筋混凝土构件钢筋配置、构件连接关系和各承重构件的材料、形状、大小及其内部构造等情况,是建筑施工、编制预结算以及资料存档备案的依据。

8.1.1 建筑结构施工图的基本组成及表达深度

不同结构类型的结构施工图所需表达的内容也不尽相同,下面介绍钢筋混凝土结构施工图的主要内容。

1. 图纸目录

图纸目录一般以表格的形式列举施工图纸的主要内容及排列序号,图纸顺序通常按先地下后地上、先基础后楼层、先平面图后构件、先下部楼层后上部楼层、先主体结构后次要构件的顺序编排。总而言之,图纸的编号顺序应考虑施工的方便,一般先施工的编号在前,后施工的编号在后,如图 8-1 所示是一个比较规范的图纸编排实例。结构施工图名称由"结施-图纸序号组成",图纸顺序号为图纸的阿拉伯编号。

某建筑设计研究院有限公司

图纸目录表

工程名称--   工号 -   完成日期 年 月 日

图 号	规格	图纸内容
结施 -1	A1	结构设计总说明
结施 -2	A1	基础平面图 基础大样图
结施 -3	A1	一层柱平法施工图
结施 -4	A1	二层梁平法施工图
结施 -5	A1	二层楼板配筋图
结施 -6	A1	二层柱平法施工图
结施 -10	A1	屋面梁平法施工图
结施 -11	A1	屋面板配筋图
结施 -13	A1	LT1 楼梯详图
结施 -14	A1	LT2 楼梯详图

图 8-1 某结构图纸目录

2. 结构总说明

每一单项工程应编写一份结构设计总说明,对多子项工程宜编写统一的结构施工图设计总说明。

依据《建筑工程设计文件编制深度规定》结构部分[建质(2008)216 号],结构总说明应按照下述内容分节或分标题给出。结构设计总说明主要包括:工程概况、设计依据、图纸说明、主要荷载(作用)取值、主要结构材料、基础及地下室工程、钢筋混凝土工程、钢结构工程、砌体工程、检测(观测)要求、施工需特别注意的问题等,具体内容如下。

(1) 工程概况:工程地点、工程分区、主要功能;地上与地下层数,主要结构跨度,特殊结构及造型,工业厂房的吊车吨位等。

(2) 设计依据:主体结构设计使用年限;自然条件,如基本风压、基本雪压、气温(必要时提供)等;工程地质状况;初步设计的审查、批复情况;设计所执行的主要法规和所采用的主要标准(包括标准的名称、编号、年号和版本号)。

部分工程需要提供场地地震安全性评价报告;风洞试验报告;建设单位提出的与结构有关的符合有关标准、法规的书面要求;对于超限高层建筑应有超限高层建筑工程抗震设防专项审查意见等。

(3) 图纸内容说明:设计±0.00 标高所对应的绝对标高值;图纸中标高、尺寸的单位;当图纸按工程分区编号时,应有图纸编号说明;各类钢筋代码说明,型钢代码及截面尺寸标记说明；混凝土结构采用平面整体表示方法时，应注明所采用的标准图名称及编号或提供标准图。

（4）建筑结构分类等级：应说明设计使用年限，混凝土结构的耐久性，建筑结构安全等级，建筑场地类别，建筑抗震设防类别，地基的液化等级，抗震设防烈度，设计基本地震加速度及设计地震分组，钢筋混凝土结构抗震等级，建筑防火分类等级和耐火等级，混凝土构件的环境类别，砌体结构施工质量控制等级等。这些是施工方确定施工方案、质量控制、钢筋构造等的依据。

（5）基础及地下室工程：说明有关地基概况，对不良地基的处理措施及技术要求，抗液化措施及要求，地基土的冰冻深度，地基基础的设计等级，地基验槽要求；基坑或基槽，室内回填土材料及施工要求；施工期间降水要求等。对地下室及与土与水接触部位的混凝土、水池等有抗渗要求的建(构)筑物的混凝土，说明抗渗等级，在施工期间存在上浮可能时，应提出抗浮措施。

（6）采用的设计荷载：楼(屋)面面层荷载、吊挂(含吊顶)荷载；墙体荷载、特殊设备荷载；楼(屋)面活荷载；风荷载；雪荷载，温度作用及地下室水浮力的有关设计参数。

（7）主要结构材料：所选用结构材料的品种、规格、性能及相应的产品标准；混凝土强度等级、轻骨料混凝土的密度等级；注明混凝土耐久性的基本要求；砌体的种类及其强度等级、干重度，砌筑砂浆的种类及等级，砌体结构施工质量控制等级；成品支座(如各类橡胶支座、钢支座、隔震支座等)，阻尼器等特殊产品的参考型号、主要参数及所对应的产品标准；钢结构所用的材料等。

（8）钢筋混凝土工程：给出所依据的规范和标准名称、目次和详图号。按楼层或部位说明混凝土标号及品种要求(必要时给出表格)，各种构件的钢筋保护层厚度，钢筋种类、锚固及搭接长度的特别要求，钢筋连接方式(搭接连接、对接焊接或套筒挤压)，钢筋接头率。梁、板的起拱要求及拆模条件；后浇带或后浇块的施工要求(包括补浇时间要求)；特殊构件施工缝的位置及尺寸要求；预留孔洞的统一要求(如补强加固要求)，各类预埋件的统一要求；防雷接地要求。混凝土浇筑工艺要求必要时也需要进行明确。

（9）砌体工程：砌体墙的材料种类、厚度，填充墙成墙后的墙重限值；砌筑砂浆标号、品种要求；砌体填充墙与框架梁、柱、剪力墙的连接要求或注明所引用的标准图；图纸上未注明的门窗洞口、过梁要给出所引用的标准图；图纸上未注明的构造柱、圈梁(拉梁)要给出附图或注明所引用的标准图。

（10）所采用的通用做法和标准构件图集：如有特殊构件需作结构性能检验时，应指出检验的方法与要求；需要进行试剂、试片试验的提出相关试验要求。

（11）施工中应遵循的施工规范和注意事项。

（12）辅助设计软件：结构整体计算及其他计算所采用的程序名称、版本号、编制单位；结构分析所采用的计算模型，高层建筑整体计算的嵌固部位等。

最后需要特别提醒的是，很多初学者对图纸说明内容的严谨性不够重视，会给后期的施工带来很多不便。图纸说明中的寥寥数字，可能会影响到结构的整体施工质量和大量投资。一个严谨的设计工作者，都有逐字逐句推敲结构设计总说明的好习惯。

3. 基础施工图

基础施工图通常由基础平面布置图和基础详图组成。平法表示的基础施工图不需绘制基础详图。

1）基础平面图

基础平面图是表示基础平面布置的图样，是施工放线、基坑基槽开挖和砌筑浇筑基础的依据。基础平面图须有如下内容：

（1）基础的平面定位尺寸及基础名称编号标注：在JCCAD软件中通过人机交互方式绘制定位轴线，注写基础构件名称、基础平面尺寸及定位尺寸；当基础施工图采用平面整体表示方法时，要在基础平面图上标注基础钢筋的配置情况。

（2）基础配筋：在JCCAD中通过人机交互方式标注钢筋混凝土条形基础、基础梁、拉梁、基础圈梁、筏板基础等基础配筋，具体需要绘制哪些内容要根据所设计的基础情况确定。

（3）基础平面标高及满堂基础的厚度变化：若平面上基础标高或厚度不同，且在基础详图上不能给出确切表述的情况下，应在基础平面图上给出基础标高及范围。当基础标高相同时，可在图纸说明中注明基础标高。

（4）图名：在JCCAD中通过人机交互方式绘制图名。

（5）绘制其他图纸内容：地沟、地坑、预留孔与预埋件、后浇带位置以及其他细部大样索引等内容。

（6）图纸说明：在图纸总说明中未注明的内容，如基础持力层及基础进入持力层的深度、地基的承载力特征值、持力层检测要求、基底及基槽回填土的处理措施与要求、基础拉梁下的回填土要求，以及其他对施工的有关要求等。

2）基础详图

采用平面整体表示法时不需要绘制基础详图，但是基础圈梁、基础梁、拉梁需要给出具体设计，可依照梁平法表达方式标注出其在基础平面图上位置、配筋及截面尺寸，或给出它们的详图。

4. 结构平面布置图及构件配筋图

结构平面布置图按楼层描述剪力墙、梁、柱平面布置情况，并在图上标注这些构件的名称。结构平面布置图需与构件配筋详图配合，才能构成完整表达的结构设计施工图。结构平面布置图与配筋详图配套表示的结构施工图，是一种比较老旧的图纸表达方式，目前已经很少采用。

5. 用平面整体表示法表示梁、柱、板、墙、基础、楼梯配筋图

平面整体表示法是目前最为流行的结构施工图表达方式，其依据的标准为《16G101图集》。

6. 混凝土构件详图及节点构造详图

钢筋混凝土构件可分为标准构件和非标准构件。标准构件可直接引用标准图或通用

图,只要在图纸上标明即可。而非定型构件(如暗梁、暗柱、翼墙柱、异形截面梁、异形截面柱、圈梁、构造柱、过梁、压顶、檐口造型、建筑立面混凝土现浇造型、梁加腋、梁托柱、坡屋面转折处、幕墙与主体连接节点等)则必须绘制构件详图。PKPM 的施工图绘制软件提供了部分构件的详图图库,必要时可通过软件绘制构件详图。混凝土构件详图名称应与结构平面图上的详图索引相呼应。有规律可循的详图也可以用图表给出。

7. 其他图纸

其他图纸指在上述内容中需作补充说明的其他内容。如装配式结构的吊装顺序图、组合结构的组装图等。

8.1.2　梁柱墙结构施工图的不同表达方式

目前实际设计中结构施工图纸大多采用平面整体表示法,但是在某些情况下(如毕业设计),我们可能还需要绘制其他表达方式的图纸。

1. 整榀框架表示法与结构平面布置图

整榀框架表示法如图 8-2 所示(部分剖面图未给出)。在平面整体表示法尚未出现之前,钢筋混凝土框架大多采用这种表示方法。在 PKPM 的"PK 二维设计"集成设计中可以绘制框架整榀配筋图。

采用框架整榀配筋图表达方式时,还需要绘制框架联系梁的配筋图,以及标注有框架和连梁名称的结构平面图(图 8-3)。平面图上标注的框架名和连梁名必须与框架配筋图、连梁配筋图名称相对应。在某些情况下,结构平面图可以与楼板配筋图合并绘制。

这种图纸表达方式,需要人工进行框架、联系梁、结构平面图的归并。配筋相同或相近的框架用同一个名字标注,这叫框架归并。同样不同楼层不同轴线上配筋相同或相近的梁用同一个名字表达,叫联系梁归并。相同的楼层用同一张结构平面图,叫结构平面图归并。框架、联系梁及结构平面图的归并是一个十分烦琐的过程。

与框架归并一样,同一榀框架和同一个联系梁中的构件配筋截面、纵筋编号等也需要归并,这个称为断面归并,毕业设计如果手工绘制框架施工图时则需要人工进行断面归并。用"PK 二维设计"时,PK 可以自动进行框架的截面归并。

从前面对框架整体表示的介绍可知,该图纸表达方式工作量大、绘图效率低且易出错,图纸的读识工作量也很大,影响施工效率的提高。因此目前这种方法已经基本被淘汰,只有在少量加腋梁、变截面或轴柱框架情况下作为其他图纸表达方式的一个补充。

2. 梁柱分离表示法

梁柱分离表示法类似前面的框架整体表示法,与整榀表示法一样,这种施工图内容中存在大量的重复性内容,设计效率降低,质量难以控制。该方法也是一种已经基本被淘汰的画法。

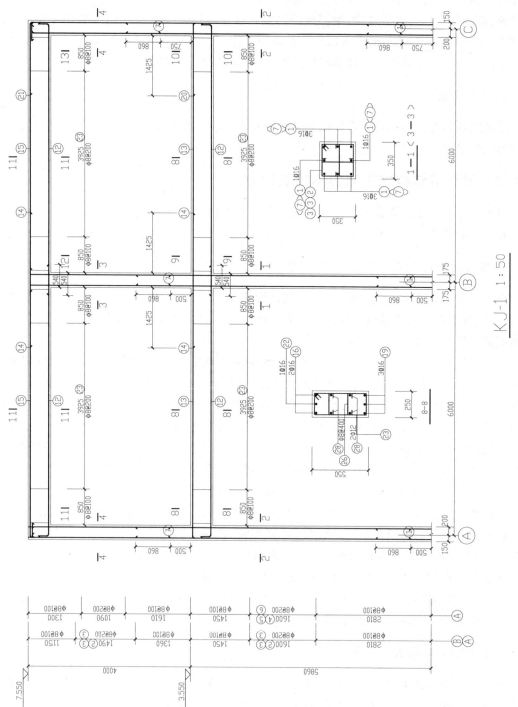

图 8-2 某框架整体表示画法

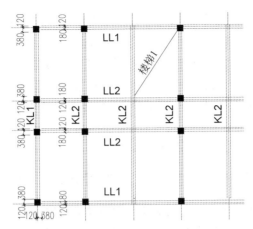

图 8-3 与框架整榀表示画法相匹配的结构平面图

3．表格表示法

该方法首先需在每一个工程的施工图中给出一个表格图例,该图例通常直接采用通用图。之后结构中的构件配筋按照图例的说明和图示,在表格中给出构件的名称、层号、梁跨编号或柱段号、各种类型配筋型号、规格、根数等。

该表示方法脱离了图纸的基本特征,不太像工程师的语言,并且对设计中结构的局部描述不能很好表达。

4．平面整体表示法

平面整体表示法,是指混凝土结构施工图平面整体表示方法,后文简称平法,是把结构构件的尺寸、编号和钢筋等,按照平法制图规则,整体直接表达在各类构件的结构平面布置图上,与平法图集里的标准构造详图相配合,即构成一套完整的结构施工图的方法。平法改变了传统的那种将构件从结构平面布置图中索引出来,再逐个绘制配筋详图的烦琐方法,是混凝土结构施工图设计方法的重大改革。

1)平法的由来

平法最早的发明使用者是山东大学陈青来教授和山东省建筑设计研究院,该方法在1991 年第一次用于设计山东省济宁市工商银行 1.6 万 m^2 营业楼工程。

2)平法的优点

平法按结构层绘制的图纸与施工的顺序完全一致,对结构标准层可实现单张图纸施工,施工工程师对结构比较容易形成整体概念,有利于施工质量管理。与传统方法相比可使图纸量减少 65%～80%,设计质量通病也大幅度减少。

平法采用标准化的构造详图,形象、直观,施工易懂、易操作;构造详图采用国家统一标准,可避免构造设计失误,保证节点构造在设计与施工两个方面均达到高质量。

3)平法标准的演变

自 1996 年国家推出建筑标准设计《96G101 图集》至今,平法标准经《00G101 图集》《03G101 图集》《11G101 图集》《16G101 图集》等图集的不断完善发展,已使平面整体表示方法成为建筑结构施工图的惯常画法。

目前现行的《混凝土结构施工图平面整体表示方法制图规则和构造详图》为《16G101 图

集》,它包括《1GG101-1 墙柱梁板》《16G101-2 楼梯》《16G101-3 基础》三册,每册由两部分组成,前部分为各种构件的配筋图标注规则,后部分为各构件的钢筋配置、锚固、连接要求及配筋详图。在设计时按平法标准绘制梁、柱、板、墙、基础、楼梯配筋图并按规定进行构件及配筋标注。对于特殊工程情况,设计企业也可在平法标注规定基础上,做一些合理修改补充。配筋构造详图除了特殊情况需要在图纸上绘制外,通常可注明按照《16G101 图集》规定绘图。与平法标准相配套的还有 G901 系列《混凝土结构施工钢筋排布规则与构造详图》,如与《11G101 图集》配套使用的为《12G901 图集》。

8.1.3 结构施工图平面整体表示方法制图规则介绍

本节将对平法的基本表示规则进行简要介绍,对于平法施工图更加详细的规则要求和节点构造,请详细阅读《16G101 图集》。

1. 平法表示的结构施工图的基本组成

在平面布置图上表示各构件尺寸和配筋方式,分平面注写方式、列表注写方式和截面注写方式三种。每张平法图纸都由四个要素构成,它们是平面图、楼层表、图名及说明。

1)平面图

平面图由构件的平面布置、构件在平面位置上的编号(名称)标注、构件钢筋配置信息、定位轴线及尺寸线组成。

2)楼层表

楼层表包含地下和地上各层的结构楼(或基础顶)面标高、结构层高以及相应的结构层号、混凝土标号、底部加强区标识等内容,梁板平面图所在楼层用加粗的水平线绘制,柱墙所在楼层范围用竖向粗线绘制。结构的楼面标高与结构层高在单项工程中必须统一,以保证各种结构构件用同一标准在竖向准确定位。

3)图名

图名需标明构件名称及所在楼层序号或标高范围。

4)图内说明

图内说明为在结构总说明中没有列出的,在本张平面图中需要特别说明的内容。如楼板配筋图中,用不同的填充图例说明图中的不同标高、不同厚度、不同施工方法、不同抗渗要求、不同钢筋配置等,之后在平面图上对图例所处区域进行同样的填充,以便提高图纸的识读效率。

2. 板的平法施工图

板的平法分有梁楼盖板、无梁楼盖两种表示规则。有梁板楼盖的平法规则采用平面注写方式,其注写包括两种方法:板块集中标注和板支座原位标注,如图 8-4 所示。

(1)板块集中标注包括:板的名称及编号、板厚、贯通纵筋、板面标高差。板块编号由类型代号和序号组成,楼板分楼面板、屋面板、悬挑板。LBxx 为楼面板;WBxx 为屋面板;XBxx 为悬挑板;板厚注写为 $h=H$;若遇悬挑板变截面,则注为 $h=x/n$(根部/端部)。

贯通纵筋应分别注写,B 表示下部纵筋,T 表示上部纵筋;X 表示 x 向纵筋,Y 表示 y 向纵筋;XC、YC 表示构造钢筋。平法结构图的 x 方向通常指轴线号为数字一侧方向,y 指

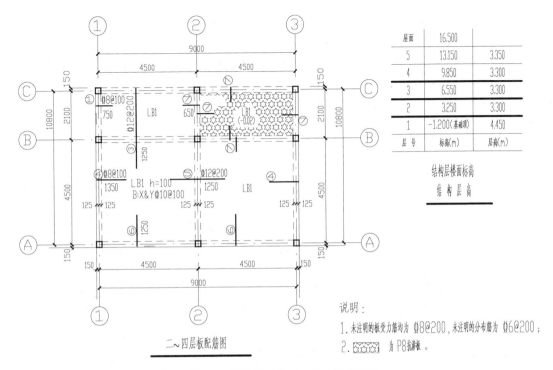

図 8-4　平法表示的二～四层板配筋图

轴线编号为英文字母一侧方向。

板面标高差指该板相对于结构层板面标高的高差,有则在括号内注写,无高差时则不注。

在此需要特别注意的是,同一编号板块的类型、板厚和通长钢筋均应相同,但板面标高、跨度、平面形状以及板支座上部非贯通钢筋可以不同,如同一编号板块的平面形状可为矩形、多边形和其他形状等。

(2) 板支座原位标注包括:支座上部非贯通纵筋(负弯矩筋);纯悬挑板上部受力钢筋。

板支座上部非贯通钢筋图线要原位绘制在板的支座上,在该钢筋的上方,标注钢筋编号、钢筋直径、钢筋间距、横向连续布置的跨数以及是否横向布置到梁的悬挑端。横向连续布置的跨数注写在括弧内,如果此钢筋只表示所在板块内的支座而非贯通筋,则跨数可以不予标注(有的图纸是用类似尺寸标注的方式画出负筋范围);在该钢筋的下方,标注钢筋长度。板负筋长度注写在钢筋下方,不需绘制尺寸线。

如果为相邻板的非贯通负筋对称伸入两侧板内时,只需在一侧注写长度数字。如板支座上部非贯通钢筋若干跨配置相同,则在第一跨进行标注并编号,其他跨只需绘制钢筋图线及钢筋编号即可。

PKPM2010 V3.X 的楼板配筋图绘制是通过“砼结构施工图”或“AutoCAD 版砼施工绘制 PAAD”实现的,PKPM2010 可以绘制平法表示的板配筋图。

3. 梁的平面整体表示方法

梁的平法施工图,采用平面注写方式或截面注写方式。PKPM 的“墙柱梁施工图模块”绘制的是平面注写方式梁平法施工图。

截面注写方式,是在按楼层绘制的梁平面图上,分别从不同编号的梁中各选择一根梁用剖面号引出配筋图,并在其上用注写截面尺寸和配筋具体数值的方式来表达梁平法施工图。截面注写方式在实际设计时较少采用,在此不详细叙述。

平面注写方式,是在梁平面布置图上,分别从不同编号的整梁中各选一根梁,在其上用注写截面尺寸和配筋具体数值的方式来表现施工图,其他余下的同编号整楼则只注写梁编号。平面注写方式采用集中标注和原位标注两种方式,如图 8-5 所示。

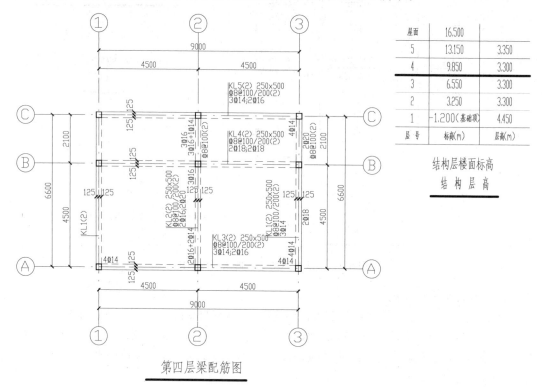

屋面	16.500	
5	13.150	3.350
4	9.850	3.300
3	6.550	3.300
2	3.250	3.300
1	-1.200(基础顶)	4.450
层 号	标高(m)	层高(m)

结构层楼面标高
结构层高

第四层梁配筋图

图 8-5 平法表示的第四层梁配筋图

集中标注表达梁的通用数字,原位标注表达梁的特殊数字。当梁的某跨数值与集中标注不同时,则在该跨原位标注,施工时原位标注取值优先。

1)集中标注

集中标注可在梁的任意跨标出。集中标注包括五项必注值和一项选注值。五项必注值包括:梁的编号、截面尺寸、箍筋、上部通筋或架立钢筋、构造钢筋或受扭钢筋。

梁的编号:梁的编号由类型代号、序号、跨数及(有无悬挑代号)组成,无悬挑时则无括号内代号。梁的类型代号为:楼层框架梁 KLxx(x)、屋面框架梁 WKLxx(x)、框支梁 KZLxx(x)、非框架梁 Lxx(x)、悬挑梁 XLxx 和井字梁 JZLxx(x)。

截面尺寸:等截面梁用 $b \times h$ 表示;加腋梁用 $b \times c_1 \times c_2$ 表示,c_1 为腋长,c_2 为腋高;悬挑梁若变截面,表示为 $b \times h_1/h_2$(根部/端部)。

箍筋注写如 $\phi 8@100/200(2)$,表示箍筋为Ⅲ级钢,直径 8mm,加密区 100mm 间距,非加密区 200mm 间距,箍筋肢数为 2 肢。

上部通筋或架立钢筋:若上部既有通长钢筋又有架立钢筋时,注写为:上部通长+(架立钢筋),如 2 ϕ 25+(2 ϕ 12)。当梁的上部纵筋、下部纵筋均为全跨相同,且下部纵筋多数跨配筋相同时,此项可注写为:上部通长,下部通筋,如 2 Φ 25+1 Φ 22;3 Φ 25+1 Φ 22。

梁侧面钢筋用字母 G 或 N 表示,G 表示为侧面构造筋,N 为侧面受扭钢筋。梁顶标高差为选择注写项,即梁相对于结构层楼面标高的高差值。有高差时在括号内标注,无高差则不注。

2) 原位标注

梁上部纵筋原位标注在梁上部,按梁跨左、中、右三个位置标注。仅在跨中标注时钢筋为上部通长筋。当排数多于一排时,用"/"自上而下分开;当有两种不同直径时,用"+"分开,角筋在"+"之前;当梁中间支座左右两侧配筋相同时,在任意一侧标注,当左右两侧钢筋不同时,在两边同时标注,如图 8-6 所示。

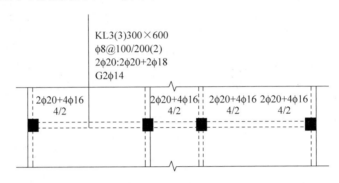

图 8-6　梁顶支座原位标注双排筋

梁下部纵筋标注在梁下方位置,其他规则同上部纵筋。附加箍筋或吊筋直接画在主梁上,用引出线引出总配筋值。

4. 柱的平面整体表示方法

柱的平法施工图,采用列表注写方式或截面注写方式。在绘制施工图中,可以选用其中一种。

1) 原位截面注写方式

柱的截面注写方式是在柱的平面布置图上,选择同一编号的任意截面,将其原位放大,绘制平面配筋图,包括集中标注和原位标注,如图 8-7 所示。

柱集中标注包括柱的编号、截面尺寸、纵筋、箍筋。箍筋包括箍筋钢筋级别、直径、加密区/非加密区间距。当纵筋采用一种直径的钢筋时,无原位标注;当纵筋采用两种直径的钢筋时,则需要在柱的侧面标注原位标注,原位标注仅标注所在边的中部钢筋,若钢筋对称布置,则另一边可省略。

图 8-7 中柱由于皆为居中布置,故没有标注各柱定位尺寸,在实际设计中若柱偏心位置不同,则应在各柱位标注柱定位尺寸。

需要注意的是,柱平法施工图的图形部分只需绘制柱截面、定位轴线和尺寸线,当软件绘制的柱配筋图有梁实线或梁虚线时,可在 AutoCAD 中予以删除或关闭其所在图层。

2) 集中截面注写方式

该方法是在平面图上原位标注归并的柱号和定位尺寸,截面详图在图面上集中绘制的表达方式。该方式也是目前采用较多的一种施工图表达方式,适合于大尺寸结构平面,其优点是柱截面详图按名称顺序集中摆放在图中某一区域,方便图纸读识。

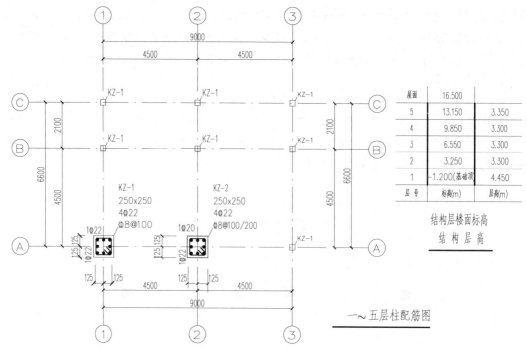

图 8-7　平法表示的一～五层柱配筋图

3）平法列表注写

该法由平面图和表格组成，该表示方法是在平面图上标注柱名称，在表格中注写每一种归并截面柱的配筋结果，包括该柱各钢筋标准层的结果，注写了它的标高范围、尺寸、偏心、角筋、纵筋、箍筋等。程序还增加了L形、T形和十字形截面的表示方法。

平法列表有多种形式，该种图纸表达方式目前也有采用。参照平法规则绘制某种平法列表，如图 8-8 所示，后面章节中我们还会给出其他平法列表表示方式，高层建筑的柱配筋图通常采用平法列表注写方式。

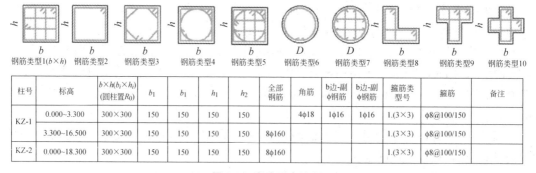

柱号	标高	$b \times h(b_i \times h_i)$ (圆柱置R_0)	b_1	b_1	h_1	h_2	全部钢筋	角筋	b边-副φ钢筋	b边-副φ钢筋	箍筋类型号	箍筋	备注
KZ-1	0.000~3.300	300×300	150	150	150	150	4φ18	1φ16	1φ16	1.(3×3)	φ8@100/150		
	3.300~16.500	300×300	150	150	150	150	8φ160			1.(3×3)	φ8@100/150		
KZ-2	0.000~18.300	300×300	150	150	150	150	8φ160			1.(3×3)	φ8@100/150		

图 8-8　平法列表注写

5. 墙及墙节点的平面整体表示方法

剪力墙平法施工图是在剪力墙平面布置图上采用列表注写方式或截面注写方式绘制的施工图纸。PKPM的"墙柱梁施工图"模块绘制的墙平法施工图采用的是截面注写方式，如图 8-9 所示。

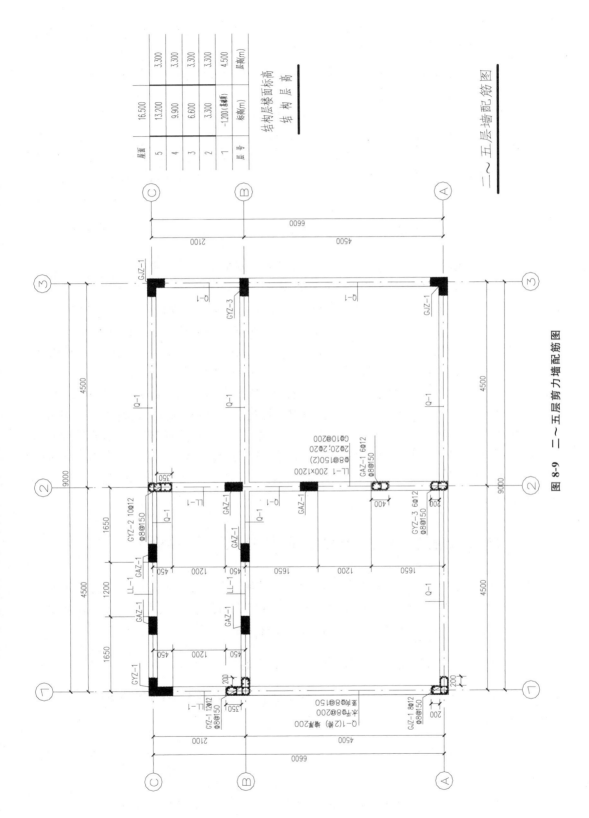

图 8-9　二～五层剪力墙配筋图

剪力墙平面布置图采用适当比例单独绘制,也可与柱或梁平面布置图合并绘制。当剪力墙较复杂或采用截面注写方式时,应按标准层分别绘制剪力墙平面布置图。

为表达清楚,剪力墙可视为由剪力墙柱、剪力墙身和剪力墙梁(简称为墙柱、墙身、墙梁)三类构件组成,三类构件分别编号。

墙身编号由墙身代号、序号及墙身所配置的水平与竖向分布钢筋的排数组成,其中排数注写在括号内。墙柱构件命名按约束边缘构件 YBZxx、构造边缘构件 GBzxx、非边缘暗柱 AZxx、扶壁柱 FBZxx 命名。墙梁类型包括连梁 LLxx、连梁(对角暗撑配筋)LL(JC)xx、连梁(交叉斜筋配筋)LL(JX)xx、连梁(集中对角斜筋配筋)LL(DX)xx、暗梁 ALxx、边框梁 BKL。

6. 平法表达方式下自然层号与图名的关系

在第 4 章中我们讨论结构建模划分结构层和结构标准层时,已经提到在结构建模时,存在建筑学概念上的楼层数与结构概念上的楼层数不一致的问题,且结构建模时结构层包含构件和荷载信息,为了布置荷载及反映荷载传递关系,结构层的构件包括本层墙柱及位于层顶的梁板构件。在实际施工时,施工人员往往需要同时依据建筑图和结构图进行施工,如果把建模时结构层的概念照搬到平法施工图上(结构模型的一层梁实际对应的是二层建筑平面位置),往往会由于结构与建筑楼层的不一致引起图纸读识错误。

平法考虑到了结构建模时结构层与建筑自然层的矛盾,并给出了解决这个矛盾的方案。平法规则规定:在结构施工图层高表中的结构层号,应与建筑楼层的层号保持一致,例如结构图的基础或地框梁层对应建筑图的首层位置,结构施工图的第二层梁配筋图(在结构建模时是一层顶的梁板)对应建筑图的第二层,结构施工图的屋面梁或屋面板配筋图对应建筑的屋顶平面图,避免图纸读识错误。如果结构图没有与之相应的建筑层,则可以用标高或者其他约定俗成的名称来表示。

8.2 "砼结构施工图"软件模块的主要功能及界面

本节将介绍用 PKPM 软件的"砼结构施工图"模块绘制楼板、梁、柱配筋图的具体操作过程。砼结构施工图模块是 PKPM 设计系统的主要组成部分之一,其主要功能是辅助用户完成上部结构各种混凝土构件的配筋设计,并绘制施工图。

8.2.1 "砼结构施工图"软件模块的主要功能

"砼结构施工图"模块除了需要"结构建模"生成的模型与荷载外,还需要 SATWE 生成的内力、计算配筋量及其他信息才能正确运行。

1. "砼结构施工图"的运行过程

以梁施工绘制为例,"砼结构施工图"模块上接"结构建模"、SATWE 等构件信息、结构分析配筋包络设计结果,在传递过来的梁段(梁单元)几何数据和控制截面计算配筋面积基础上,进行梁跨合并,生成梁跨支座信息。进行单跨梁的连续梁串梁运算、连续梁几何归并、连续梁钢筋归并,把归并后连续梁组进行框架梁和非框架梁分类,并对其进行命名编号。根据有限元软件传来的计算配筋面积,按照连续梁选筋算法和规范条文要求,进行连续梁选配钢筋计算,绘制梁配筋图。

板、梁、柱、墙模块的设计思路相似,基本都是按照划分钢筋标准层、构件分组归并、自动选筋、钢筋修改、施工图绘制、施工图校审修改的步骤进行操作。其中必须执行的步骤包括划分钢筋标准层、构件分组归并、自动选筋、施工图绘制及图纸校审,用户单击菜单后自动执行这些步骤。

用户可以通过修改参数控制程序的运行,如果需要进行钢筋修改和施工图修改,用户可以在自动生成的数据基础上进行交互修改。

2.“砼结构施工图”能给出默认的钢筋标准层划分

绘制梁、柱、剪力墙施工图之前,需要划分钢筋标准层。钢筋标准层与结构标准层有所区别。构件布置、构件编号、配筋、钢筋构造相同的数个自然层可以划分为一个钢筋标准层,每个钢筋标准层只需绘制一张施工图。

绘制施工图时的钢筋标准层与“结构建模”时使用的结构标准层不是一个概念,两者不能混淆。结构标准层的构件相同,只看本层构件,而钢筋标准层的划分与上层构件也有关系,例如屋面层与中间层不能划分为同一钢筋标准层。梁、柱、墙各模块的钢筋标准层是各自独立设置的,用户可以分别修改。

3.“砼结构施工图”能自动进行钢筋层归并

“砼结构施工图”在绘制梁、柱及剪力墙施工图时,能自动根据用户设定的归并系数进行钢筋层归并,如图 8-10 所示。

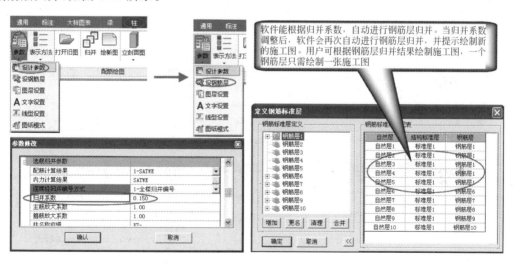

图 8-10　归并系数与钢筋层自动归并

4.“砼结构施工图”能绘制墙柱梁的传统画法图纸和平法图纸

施工图绘制是“砼结构施工图”的重要功能。软件提供了多种施工图表示方法,如平面整体表示法,柱、墙的列表画法,传统的立剖面图画法等。其中平面整体表示法为软件默认的绘图类型,钢筋修改等操作均在平法图上进行。

5．"砼结构施工图"能对楼板进行计算并绘制配筋图

"砼结构施工图"在绘制楼板配筋图时,能完成如下功能的操作:单向、双向和异形楼板的板弯矩及配筋计算,可人工修改板的边界条件,打印输出板弯矩图与配筋图,人工干预修改板配筋级配库,可设置放大调整系数等若干配筋参数,程序根据计算结果自动选出合适的板筋级配供设计人员审核修改。

对于连续的现浇板,程序也可按用户指定范围和指定方向上的连续板串计算板的内力。

"砼结构施工图"提供多种楼板钢筋画图方式和钢筋标注方式,可人工拖动图面上已画好的钢筋到其他位置,对于图面冲撞调整十分方便。

6．图纸校审

"砼结构施工图"还可以对梁进行承载力验算、挠度、裂缝计算和验算,S/R验算,还可以图示形式,显示构件配筋率,生成梁的计算书。

8.2.2 "砼结构施工图"软件模块的人机交互界面

"砼结构施工图"的菜单如图 8-11 所示,在图中可以看到"砼结构施工图"有功能极其丰富的辅助计算及绘图功能。

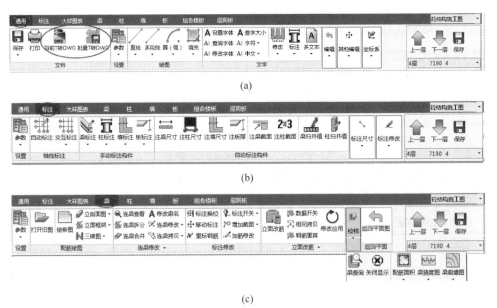

(a)

(b)

(c)

图 8-11 "砼结构施工图"菜单

(a)"砼结构施工图"的【通用】菜单;(b)"砼结构施工图"的【标注】菜单;(c)"砼结构施工图"的【梁】菜单;
(d)"砼结构施工图"的【柱】菜单;(e)"砼结构施工图"的【板】菜单

(d)

(e)

图 8-11 （续）

在"结构施工图"顶部【通用】等菜单文字上双击鼠标左键,能够收缩和展开软件面板,收纳面板后的"结构施工图"界面如图 8-12 所示。面板可以收缩到只有【通用】等标题栏状态。通过收缩面板可以增大图形窗口,便于观察和修改所绘制的施工图。

图 8-12 "砼结构施工图"面板收缩后的界面

8.3 用"砼结构施工图"软件模块绘制楼板配筋图

在 PKPM2010 V3.X 中,对楼板的计算和施工图绘制是通过"砼结构施工图"的【绘制结构布置图】实现的。

8.3.1 绘制楼板平法配筋图的操作流程

与 PKPM2010 V2.X 不同,PKPM2010 V3.X 把楼板的计算与绘图整合到了"砼结构施工"模块,软件功能也有了很大改进。楼板计算和绘制楼板配筋图的常用软件操作流程如图 8-13 所示。

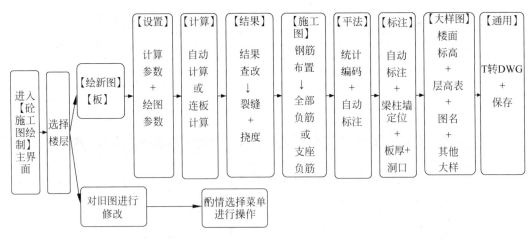

图 8-13 绘制楼板平法配筋图的操作流程

8.3.2 确定绘制平法表示的楼板配筋图的楼层和参数

进入【砼施工图绘制】主界面后,首先要选择绘制楼板配筋图的楼层,之后需通过设置参数、楼板计算、绘制负筋、平法集中标注楼板、标注轴线尺寸线、绘制层高表及图名、绘制其他大样、保存及 T 转 DWG 等几个操作步骤来完成楼板平法图的绘制。

1. 选择绘制楼板施工图的楼层及确认绘制图纸的文件名

在设计建模时,由于我们已经按照结构标准层创建好了结构模型,通常情况下一个结构标准层需要绘制一张楼板配筋图。如果两个不同的结构标准层楼面结构布置及楼面荷载相同,则可以把这两个结构标准层的楼板配筋图归并为一张图纸。判别不同结构标准层的楼板配筋是否相同的过程称为楼板配筋图归并,楼板配筋图的归并需要由设计人员人工进行。结构平面图归并完成之后,即可确定需要绘制楼板配筋图的标准层号和楼板配筋图数量。

在绘制楼板配筋图时,首先要单击屏幕右上方的选择楼层下拉框,从中选择需要绘图的楼层。

"砼结构施工图"模块自动把绘制的楼板配筋图按照"PM∗.T"命名,其中"∗"为楼层号。所绘制的图形文件将保存在当前工作文件夹下的"施工图"文件夹内。

2. 绘新图

当指定楼层之后,如果该层从来没有执行过画结构平面施工图的操作,则程序会自动画出该层的平面模板图,用户可在此基础上继续进行其他绘图操作。

如果原来已经对该层执行过画平面图的操作,且当前工作目录的施工图文件夹下已经有当前层的平面图,则执行【绘新图】命令后,程序提供两个选项,如图 8-14 所示。

【删除所有信息后重新绘图】是指将内力计算

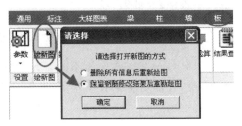

图 8-14 绘新图选项

结果、已经布置过的钢筋以及修改过的边界条件等全部删除,当前层需要重新生成边界条件,内力需要重新计算。

【保留钢筋修改结果后重新绘图】是指保留内力计算结果及所生成的边界条件,仅将已经布置的钢筋施工图删除,重新布置钢筋。

3.【设置】面板设置【计算参数】

单击【设置】面板的【参数】下拉菜单,选择【计算参数】,打开图 8-15 所示【施工图参数输入】对话框,用户可根据工程情况和规范条文对参数进行调整设置。通常情况下计算参数和配筋参数可直接选取"砼结构施工图"默认值。

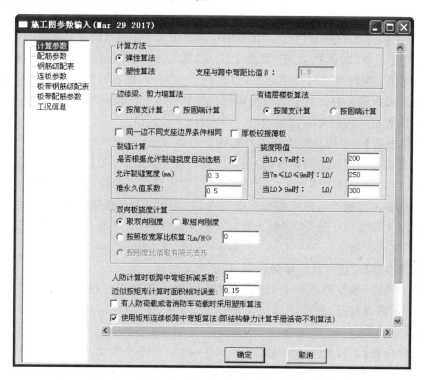

图 8-15 【施工图参数输入】对话框

1)【计算参数】中的弹性算法和塑性算法

建议采用弹性分析法进行设计,只有在对实配钢筋进行结构安全复核时,才采用塑性内力重分布方法进行复核设计。直接承受动荷载作用的楼板、无防水层的屋面板、要求不出现裂缝的楼板应采用弹性分析法进行设计、复核。

在人防设计中,计算冲击波荷载作用时一般采用塑性计算,不考虑裂缝,但在非人防设计中一般采用弹性计算。

"砼施工图绘制"默认采用弹性算法计算楼板内力,对于双向板若采用塑性算法,则需用户自行点选,选择塑性算法后,对于长边/短边≤2 的双向板按塑性板计算,其他板或不规则板仍自动按弹性计算。

弹性计算是根据弹性薄板小挠度理论的假定进行计算。塑性计算考虑了结构的内力重分布,充分发挥了钢筋的强度,因此配筋结果会比按弹性计算的结果小。"砼结构施工图"的塑性算法是通过调幅来考虑塑性内力重分布,属于传统的结构分析计算方法。选用塑性算法时,支座与跨中弯矩比值 β 宜在 $1.5\sim2.5$ 之间取值,若 β 过小将导致支座截面弯矩调幅过大,导致裂缝过早出现;若 β 过大可能导致支座区过早开裂,形成局部破坏机构,降低实际极限承载力。

《混凝土规范》第 5.4.1 条、第 5.4.2 条规定:钢筋混凝土连续梁和连续单向板,可采用基于弹性分析的塑性内力重分布方法进行分析。框架、框架-剪力墙结构以及双向板等,经过弹性分析求得内力后,可对支座或节点弯矩进行调幅,并确定相应的跨中弯矩。考虑塑性内力重分布分析方法设计的结构和构件,尚应满足正常使用极限状态的要求,并采取有效的构造措施。

在实际设计时,双向楼板采用弹性算法还是塑性算法由设计人员根据工程设计要求自行选用,选用塑性算法设计楼板时宜在图纸说明中对楼面承受荷载及荷载分布情况进行说明。

"砼结构施工图"默认挠度按《混凝土规范》第 3.5.3 条要求控制。《混凝土规范》第 3.5.3 条还规定:构件制作时预先起拱,且使用上也允许,则在验算挠度时,可将计算所得的挠度值减去起拱值。对挠度有较高要求的构件其挠度允许值详见《混凝土规范》第 3.5.3 条表中括号内数值。若有此类情况,可自行修改挠度控制值。

2)【计算参数】中边缘板的简支边界和固定边界

边缘梁是靠扭转刚度来约束板的,扭转刚度一般不大,且一旦边缘梁出现裂缝,扭转刚度更加趋小,所以有扭转零刚度法一说(参见第 4 章次梁有关内容)。为保证安全,目前大部分设计单位内部对楼板的边缘支座按简支边考虑。因此,对于框架结构、框剪结构、砖混结构的现浇混凝土楼盖位于边梁、混凝土外(边)墙支座(含错层处板支座)宜按简支计算。"砼结构施工图"默认为简支。

3)【计算参数】中是否允许根据裂缝、挠度自动选筋

对于大跨板(一般板跨不小于 4.8m)及有防水要求的楼板应按裂缝、挠度控制配筋,准永久值系数按《荷载规范》相应的房间功能选取。此时在设计时,应勾选【是否允许根据裂缝、挠度自动选筋】选项。

4)【计算参数】中的允许裂缝宽度

常规楼板允许裂缝宽度 0.3mm,防水楼板裂缝按 0.2mm 控制。

5)【配筋参数】中的最小配筋率

【配筋参数】中的最小配筋率设置如图 8-16 所示。《混凝土规范》第 8.5.1 条规定:受弯构件最小配筋率(%)为 $\max(0.2, 0.45\,f_t/f_y)$,f_y 为钢筋抗拉强度,f_t 为混凝土轴心抗压强度设计值。

"砼结构施工图"默认的楼板最小配筋率为按规范取值,特殊情况下用户也可根据情况自行指定。

6)【配筋参数】中的钢筋级别选择

在进行楼板配筋图绘制时,钢筋级别宜选择一种级别。如果在同一楼板施工图中出现多种级别的钢筋,如既有Ⅱ级钢又有Ⅲ级钢,会使施工难度增加。

7)【配筋参数】中的负筋长度取整模数

负筋取整模数默认为 10,可以根据具体工程情况,把模数设置为 50 或 100,这样可以减少负筋种类,减小施工时钢筋加工难度,如图 8-16 所示。

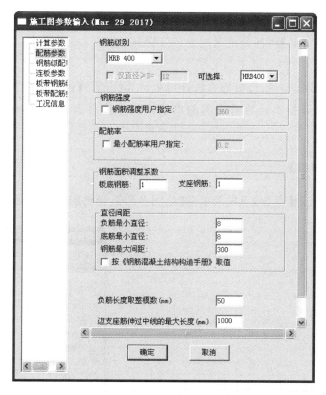

图 8-16 配筋参数设置

8)【钢筋级配表】选择可用钢筋规格及间距

【钢筋级配表】对话框如图 8-17 所示。通过适当减少钢筋级配表中的种类数,可以简化

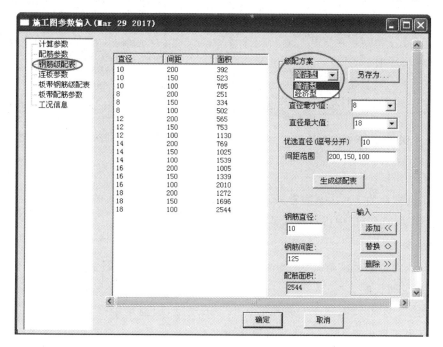

图 8-17 钢筋级配表

施工图钢筋种类,减小施工难度。但是过少的钢筋级配,会增加钢筋用量。【钢筋级配表】给出了【简洁型】和【经济型】两种默认级配表,可供用户选择。

9)【连板参数】

现浇混凝土梁板式楼盖、楼板通常按连续板计算配筋。【连板参数】对话框如图 8-18 所示,用户可以设置连续板串计算时所需的参数。此参数设置参见前面的【计算参数】相关内容。

4.设置【绘图参数】

单击【设置】面板的【参数】下拉菜单的【绘图参数】,弹出图 8-19 所示对话框。

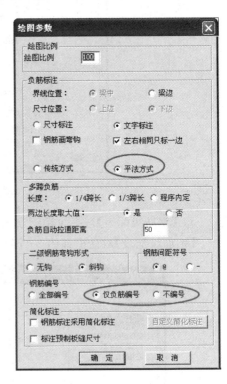

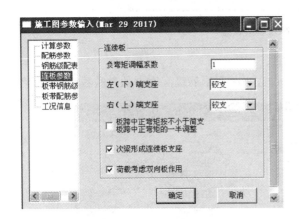

图 8-18　连板参数设置　　　　　　　　图 8-19　绘图参数

1)绘图比例

绘图比例默认为 1∶100,通常采用默认值。不建议修改默认的绘图比例,如确实要修改比例,可到 AutoCAD 中进行修改。

2)负筋标注

程序默认的负筋标注方式为"传统方式",建议选择"平法方式"。

3)多跨负筋长度

根据《混凝土规范》第 9.1.6 条和第 9.1.7 条规定,现浇楼盖板负筋伸入板内的长度从梁边算起每边不宜小于 $l_0/4$,l_0 为板计算跨度。

【多跨负筋】长度选取【程序内定】时,与恒荷载和活荷载的比值有关,当 $q \leqslant 3g$ 时,负筋长度取跨度的 1/4 ；当 $q>3g$ 时,负筋长度取跨度的 1/3。其中,q 为可变荷载设计值,g 为永久荷载设计值。

4）多跨负筋两边取大值

当相邻跨度大小不等（跨度相差不大于 20％）时,应注意选取【两边长度取大值】选项为【是】。对于相邻的大小跨板板跨相差较大的情况（板大小跨度之比不小于 1.2,或大小跨恒活荷载总值之比相差较大时）,应按连板进行补充计算,且应在软件自动成图的基础上,对大小跨处支座负筋按弯矩包络图确定实配钢筋长度,并不得小于较大跨度的 $l_0/3$。

5）钢筋编号

采用平法表示时,钢筋编号建议改为【仅负筋编号】或【不编号】。参数定义完毕,即可进入半施工图绘制具体操作。

5."实例商业建筑"楼板参数设置

楼板的计算参数选择：采用弹性板计算方案,钢筋级别和钢筋可选级别都选 HRB400 抗震三级钢,选择【简洁型】钢筋级配表,楼盖边缘支座宜按简支边考虑,根据裂缝挠度自动选筋,负筋取整长度为 50mm,裂缝控制按常规取 0.3mm,防水板和防水楼板裂缝按 0.15mm 控制。

楼板的绘图参数选择：按 1∶100 绘图比例,负筋采用【平法方式】,多跨负筋长度按【程序内定】,两边长度取最大值,仅负筋编号。

按"商业楼-屋面斜折板折线处无虚梁恒活荷载方案"模型 2 对楼盖进行设计绘图,考虑坡屋面在地震及风作用下,会在屋面斜板产生作用使板内力增加,故最后用"商业楼-屋面斜折板折线处有虚梁风地震方案"模型 1 进行人工包络复核。

8.3.3 楼板计算及配筋设计

在【计算参数】和【绘图参数】设置完毕,即可选择【板】菜单,进行后续的楼板计算及绘图工作。

1.【计算】面板中【数据编辑】面板的楼板厚度及荷载修改

单击【计算】面板中【数据编辑】的下拉框,可见到图 8-20 所示的【修改板厚】及【修改荷载】两个选项,此选项通常仅用于试算设计,即当后面的楼板初算完成后,若有楼板承载力、挠度、裂缝宽度不满足规范要求需要修改结构模型时,可先在此通过修改板配筋、板厚进行试算,当试算通不过,则应回到"砼结构施工图"交互建模修改模型,并重新进行 SATWE 等分析设计。

2.【计算】面板中【边界条件】与边界修改

在计算之前应进行边界检查,单击【边界条件】菜单,"砼结构施工图"会显示其按照计算参数自动设置好的边界情况。

若发现楼盖中间部位边界出现错误,通常是由于在"砼结构施工图"人机交互建模时改变了梁布置而未重新生成楼板,导致板块边界与修改后梁布置不符,此时应返回到人机交互建模重新生成楼板。

若在结构平面外边缘等楼板边界出现错误，也可能是由于板块间的主次梁布置变化导致的，此时可通过设置边界菜单进行修改，如图 8-21 所示。

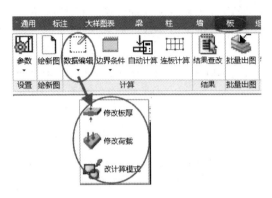

图 8-20　板厚修改及荷载修改菜单

图 8-21　板边界检查与修改

同一个板块的同一个板边宜选用一种边界，否则在后面的挠度裂缝等显示时，"砼结构施工图"可能会不显示该板挠度或裂缝数值。

3．自动计算与连板计算

单击【自动计算】菜单，程序自动按各独立房间计算板的内力，砌体结构当楼盖支撑于砌体承重墙上时，可采用【自动计算】。

单击【连板计算】后，需人工指定连续板串。"砼结构施工图"不能自动进行串板计算，需要用户人工指定，用鼠标左键指定两点，两点连线穿过的板块方向将被设置为连续板串，且程序会自动沿板串方向对板进行重新计算，并自动替代前面已有的计算结果。对于按连续板串计算的楼盖，需经过多次人工指定不同的板串。

计算连续板串时，"砼结构施工图"能自动按活荷载不利布置计算活荷载产生的内力。框架结构的现浇整体楼盖应按连续板串进行楼板计算。

4．结果查改

单击【结果查改】，软件弹出图 8-22 所示对话框，用户可选择结果查改内容。通过【图形另存为…】可以把计算结果保存为 T 文件，用于编制设计书。

如果某个板块的挠度或裂缝不满足计算参数设置的限值，则该板的挠度或裂缝会用红色字体显示出来。如果没有红色字体，则表示计算结果满足要求。

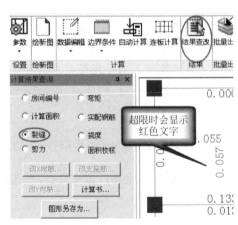

图 8-22　结果查改

若某板块的挠度超过限值,可修改该板的实配钢筋(增大直径减小间距)或通过【修改板厚】菜单,增加板厚来减小楼板的挠度或裂缝宽度,对于常规现浇楼板厚度若超过 150mm,则应考虑在板内增设次梁来降低板的挠度。

8.3.4　多设计模型楼板设计计算结果的比对分析

在进行"实例商业建筑结构"建模时,为了能较准确地计算主体框架的恒荷载、活荷载及风荷载、地震作用,我们创建了"商业楼-屋面斜折板折线处有虚梁风地震方案"("有虚梁模型 1")和"商业楼-屋面斜折板折线处无虚梁恒活荷载方案"("无虚梁模型 2")两个结构模型,在楼板设计时,需要对这两个模型的设计结果进行比对修改,以便得到更合理安全的设计结果。

1. 不同设计模型计算结果的比对

"无虚梁模型 2"能更好地合理利用"结构建模"的导荷算法,把楼板恒荷载和活荷载正确地导算到折板边界主梁上。该模型选择楼板【自动计算】后,得到的模型屋面板组合弯矩如图 8-23 所示。

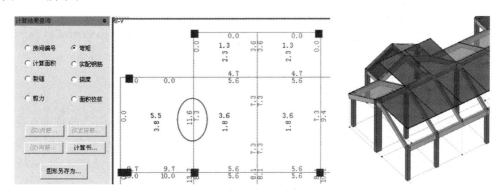

图 8-23　"无虚梁模型 2"楼板组合弯矩

为了能更准确地计算屋面板所承受的风荷载和地震作用,"商业楼-屋面斜折板折线处有虚梁风荷载地震作用方案"("有虚梁模型 1")在屋面斜板转折处布置了虚梁,该模型选择楼板自动计算后,得到的模型屋面板组合弯矩如图 8-24 所示。

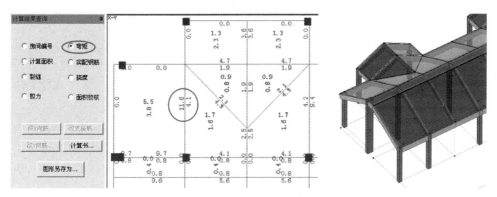

图 8-24　"有虚梁模型 1"楼板组合弯矩

对比图 8-23 和图 8-24 可以发现,按主梁布置的虚梁改变了板块划分、楼板荷载传递,同时也参与了板的内力计算,两个模型组合弯矩在布设虚梁的折板板块内差异较大,如②轴线上©~①轴间位置,"有虚梁模型 1"的板边负弯矩组合值为 4.1,"无虚梁模型 2"的板边负弯矩组合值为 7.3,相差近 40%;①轴上②~③轴间位置,"有虚梁模型 1"的板边负弯矩组合值为 1.9,"无虚梁模型 2"的板边负弯矩组合值为 5.6,相差近 70%。从结构力学概念分析,"有虚梁模型 1"用于计算带折板的坡屋面楼板设计,显然偏于不安全。故本章采用"无虚梁模型 2"进行"实例商业建筑"楼板的设计计算。

2. 设计结果的修改

前面所分析的不同设计模型组合弯矩差值仅仅属于内力差值,所以对具体设计结果的修改,需到最后楼板配筋施工图绘制完成之后才能进行。

需要注意的是,目前楼板施工图软件尚不能进行多模型包络设计,在实际设计中用"无虚梁模型 2"绘制施工图之后,还需要绘制"有虚梁模型 1"配筋图,并对两者进行对比修改,调整楼板的钢筋配置,补画楼板折线,修改截断筋长度等。

8.3.5 依据制图标准设定图线宽度

当楼板计算完毕,对楼板的裂缝和挠度检查通过后,即可进行楼板配筋图的绘制。在绘制楼板钢筋之前,首先需要依据制图标准对所绘施工图的图线宽度进行设定。

1. 制图规范对图线线宽的要求

《房屋建筑制图统一标准》(GB/T 50001—2010)第 4.0.1 条规定:图线的宽度 b 宜从下列线宽系列中选取:1.0mm、0.9mm、0.7mm、0.5mm。每个图样,应根据复杂程度和比例大小,先选定基本线宽 b,再选用表 8-1 中相应的线宽组。

表 8-1 《房屋建筑制图统一标准》规定的线宽组

名 称		线 宽	线宽组值/mm			
线宽	粗	b	1.00	0.90	0.70	0.50
	中粗	0.7b	0.70	0.63	0.50	0.35
	中	0.5b	0.50	0.45	0.35	0.25
	细	0.25b	0.25	0.23	0.18	0.13

《建筑结构制图标准》(GB/T 50105—2010)在《房屋建筑制图统一标准》(GB/T 50001—2010)的基础上,规定了建筑结构图纸的图纸比例、图纸幅面、图形线宽、图面符号以及钢筋绘制方式等。《建筑结构制图标准》(GB/T 50105—2010)第 2.0.3 条规定:建筑结构专业制图,应选用表 8-2 所示的图线。

现行制图标准与 2001 标准相比,增加了中粗线宽组。由新的制图标准可知,结构施工图中的钢筋线可根据绘图的比例选择粗线、中粗线和中线中的一种,但是《建筑结构制图标准》(GB/T 50105—2010)第 2.0.4 条还规定:在同一张图纸中,相同比例的各图样,应选用相同的线宽组。

表 8-2 建筑结构制图线宽规定

名　　称		线型	线宽	一般用途
实线	粗	━━━	b	螺栓、钢筋线、结构平面图中单线结构构件线、图名下横线、剖切线
	中粗	━━━	$0.7b$	结构平面图及详图中剖到或可见的构件廓线、基础轮廓线,钢、木结构构件线,钢筋线
	中	───	$0.5b$	结构平面图及详图中剖到或可见的构件轮廓线、基础轮廓线,钢、木结构构件线,钢筋线
	细	───	$0.25b$	标注引出线、索引符号线、标高符号线、尺寸线、折断线
虚线	粗	▪▪▪▪▪	b	不可见的螺栓、钢筋线、结构平面图中单线结构构件线、图名下横线、剖切线
	中粗	▪▪▪▪▪▪	$0.7b$	平面图中不可见的构件或墙身轮廓线及不可见的钢木结构构件线、不可见的钢筋线
	中	─ ─ ─	$0.5b$	平面图中不可见的构件或墙身轮廓线及不可见的钢木结构构件线、不可见的钢筋线
	细	─ ─ ─ ─	$0.25b$	基础平面中不可见的混凝土构件轮廓线、不可见的钢筋混凝土构件轮廓线
点画线	粗	▬ ▪ ▬	b	柱间支撑、垂直支撑、设备基础轴线图中的中心线
	细	─ ▪ ─ ▪	$0.25b$	定位轴线、中心线、对称线、重心线

2．在软件中设定线宽

单击交互绘图界面上方的下拉菜单【设置】,可以见到图 8-25 所示菜单。菜单中【图层设置 1】和【图层设置 2】都可以设置图形线宽。其中【图层设置 1】包括了图纸上的所有图线,【图层设置 2】仅包括施工图上主要的图线宽度。

单击【图层设置】菜单,打开图 8-26 所示对话框。从对话框中可以见到,PKPM 默认的图线宽度没有按照制图标准设置,在绘制实际工程结构施工图时,需要用户手工设定。

实际设计时,也可以等到施工图绘制完毕,经过 T 转 DWG 后,在 AutoCAD 中对图层线宽进行修改。

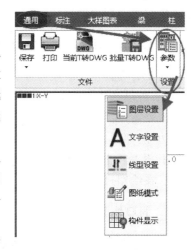

图 8-25 图层设置

8.3.6 楼板配筋图绘制与编辑

在"砼结构施工图"的【板】菜单中,"砼结构施工图"提供了很多种钢筋绘制方法,但是通常采用平法表示施工图时,常用的菜单为下面几种。

1.【施工图】面板上【钢筋布置】的【全部负筋】或【支座负筋】

楼板计算完毕,单击【施工图】面板上【钢筋布置】的【全部负筋】菜单,即可在全图上标注所有板的负筋。在设计时,这种绘制钢筋方式效率较高。

单击【支座负筋】菜单,可以在图上选择梁边界逐个交互布置梁的负筋,如在负筋标注上

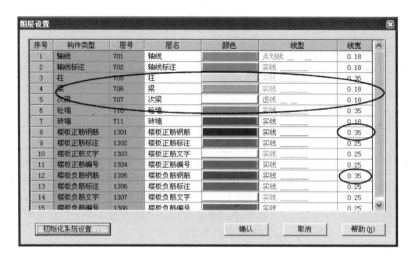

图 8-26　修改软件默认的线宽

注写钢筋分布跨数或板负筋人工缩减配筋种类时,可采用这种钢筋绘制方式。

2.【平法标注】面板上的【统计编码】和【自动标注】

依次单击【平法标注】面板上的【统计编码】和【自动标注】,可自动按平法在楼板上集中标注板的编号和板通长筋。

3.【施工图】面板上的【楼板剖面】

对于有高差变化或坡屋面、坡道板等,为了在施工图上清晰表达楼板的厚度及高度变化,通常可以在楼板施工图上绘制板的剖面图。单击【施工图】面板上的【楼板剖面】。依照软件命令窗口提示,分别选择要绘制剖面板的左侧或下侧梁边界,再选择剖切板的右侧和上侧梁边界,即可在选定的位置绘制楼板的剖切图。

上述 1～3 步,绘制楼板负筋、平法集中标注和楼板剖切面的梁施工图局部,如图 8-27 所示。在绘图过程中,如果要放弃某个操作,可单击【通用】面板的【放弃】按钮。

4. 洞口处理

由于本示例中未给出楼板开洞的情况,若楼板有开洞情况,则可单击【板】菜单【施工图】面板上的【其他钢筋】|【洞口钢筋】菜单后,再点选板洞口,"砼结构施工图"会自动在洞口边缘绘制洞口加强筋。

另外还应该通过【标注】面板【手动标注构件】|【板标注】|【注板洞口】选项标注洞口位置,过程为:选择洞口,之后给出水平定位尺寸绘制位置,再给出该尺寸线的界线引出位置(一般是选择洞口某角),再绘制竖直定位尺寸。

5.【标注】菜单的标注轴线和梁柱定位尺寸线

当楼板配筋图绘制完毕后,还需要单击【标注】菜单【轴线标注】面板的【自动标注】,在施工图上绘制定位轴线及尺寸线,单击【标注】菜单【手动标注】面板的【梁标注】和【柱标注】绘制梁柱定位尺寸线。

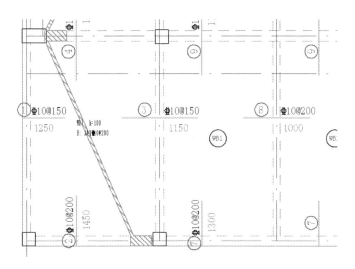

图 8-27　绘制了楼板负筋、平法集中标注和剖切面的局部施工图

6.【大样图表】菜单的【楼层表】和【图名】,标注个别板标高

单击【大样图表】菜单【其他】面板的【楼层表】和【图名】,在施工图上绘制楼层表和图名,图名中楼层号要按平法规定的楼面所在自然层号输入。

楼板施工图绘制完毕,还可以单击相应菜单按钮,插入图框和图签,修改图签文字,单击【大样绘图】面板的【绘制大样图】按钮,绘制需要的大样图。

7. 绘制图纸说明

可单击【通用】菜单【文字】面板的【多文本】|【多行文字标注】查看绘制图纸说明,如图 8-28 所示。

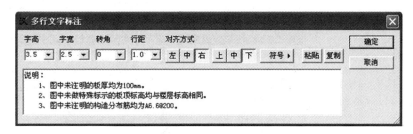

图 8-28　绘制图纸说明

8. 施工图保存与 T 转 DWG

施工图绘制完毕,需单击【通用】菜单【文件】面板的【保存】|【另存为】来保存图形。绘制的施工图默认保存在工作目录下的"施工图"文件夹中。

施工图保存之后,可以单击【批量 T 转 DWG】按钮,把保存的 T 文件转换为 DWG 格式,到 AutoCAD 中进一步编辑修改。

进入 AutoCAD 软件后,选择楼板配筋图中的钢筋图线,通过【特性】查询得知,"砼施工图绘制"软件绘制的钢筋图线的全局宽度(即图元对象的宽度)为 0,如图 8-29 所示,故不论图纸打印比例如何,在纸质图上的钢筋等线宽都会按照图层里设置的图层线宽进行打印。

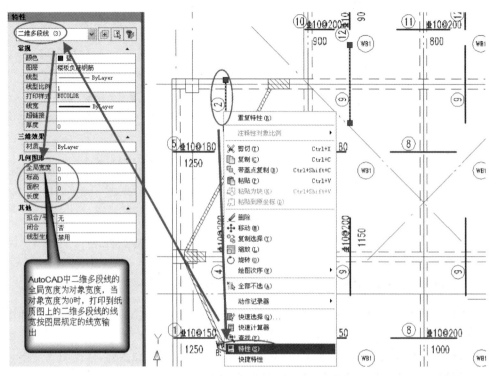

图 8-29　在 AutoCAD 中对钢筋多段线的特性进行查询

通过 AutoCAD 的【图层特性管理器】,修改拟输出到 A1 幅面图纸上的楼板施工图图层线宽,如图 8-30 所示。

图 8-30　在 AutoCAD 中修改图层线宽

最后得到的"实例商业建筑"坡屋面楼板配筋图如图 8-31 所示,为了便于印刷,对图中文字进行放大。

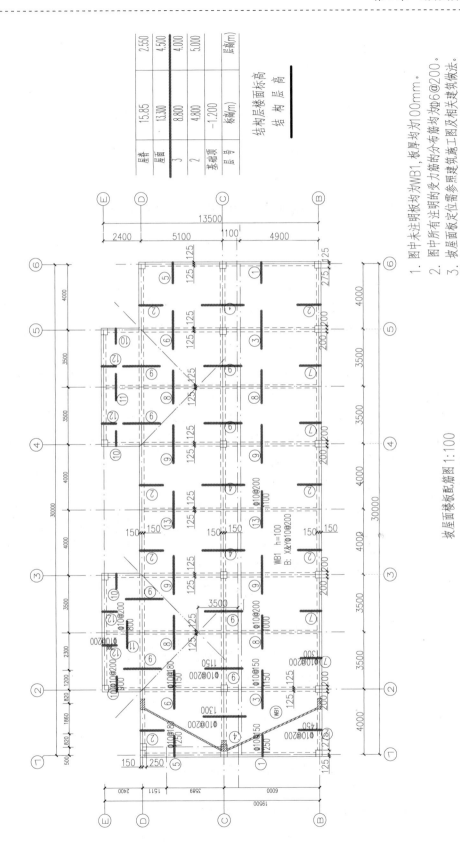

坡屋面楼板配筋图 1:100

图 8-31 "实例商业建筑"坡屋面楼板配筋图

对于"实例商业楼"其他楼层图纸的绘制,以及坡屋面板配筋图与"有虚梁模型 1"负筋截断长度等钢筋配置的手工包络修改编辑,不再详细叙述。

8.4 用"砼结构施工图"软件模块绘制梁柱配筋图

单击"砼结构施工图"模块的【梁】菜单,即可进入平法施工图绘制交互界面,并默认绘制所选择楼层结构层的配筋图。

8.4.1 "砼结构施工图"绘制平法表示的梁配筋图的主要操作

绘制梁配筋图时,在软件自动绘制的梁配筋图基础上,可以方便地进行梁配筋的编辑修改、裂缝挠度检查、S/R 承载力验算、配筋率检查、施工图上轴线尺寸线等其他绘制设计工作。绘制梁平法配筋图主要操作见图 8-32。

(1)【设置】|【参数】菜单下的【设计参数】和【设钢筋层】。在【设计参数】中选定可用梁纵筋、箍筋直径及间距,设定调整梁钢筋归并系数,设定是否根据裂缝宽度进行选筋。通过【设钢筋层】观察需要绘制梁施工图的楼层。

(2)选择楼层,绘制梁配筋图。根据钢筋标准层结果,选择需要绘制施工图的结构层,由程序自动选配梁钢筋,并初步绘制平法施工图。

(3)对选筋结果进行校核、验算。通过【校核】面板上的【梁挠度图】【梁裂缝图】【配筋面积】|【S/R 验算】【配筋面积】|【实配筋率】,对配筋结果和梁承载力等进行验算及检查。

(4)标注轴线尺寸线、绘制楼层表及图名等。

(5)把 T 文件转换为 DWG 文件。

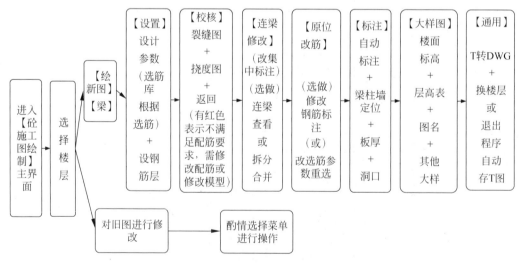

图 8-32　绘制梁平法配筋图的操作流程

8.4.2 配筋结果的验算、修改与梁配筋图的绘制

选择梁绘图菜单后,软件会按默认的设计参数自动完成默认楼层的梁配筋图,用户即可

进行施工图的尺寸标注等其他绘图工作。较之于板配筋图绘制，梁的配筋图绘制工作主要集中在依托软件自动选筋结果，对梁裂缝、挠度、承载力进行验算，以及根据验算结果进行编辑修改。

1. 设计参数

单击【梁】菜单【设置】面板的【参数】下拉框，单击【设计参数】选项，弹出如图 8-33 所示【参数修改】对话框。

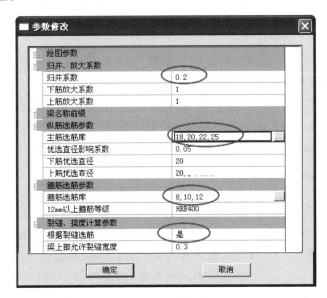

图 8-33 【参数修改】对话框

为了减少自动选筋后交互修改工作量，通常需要设定【根据裂缝选筋】为"是"，通过该对话框还可以设置挠度和裂缝设置参数。用户可以设置设计参数，如设置梁的归并系数和主筋选筋库中的直径序列等。

2. 观察或修改设计参数和钢筋标准层

在绘制梁平法施工图时，有多少个钢筋标准层，就应该画多少张梁平法施工图，选择时注意钢筋标准层和结构层之间的关系，不要漏选漏画。

单击【梁】|【设置】面板的【设钢筋层】菜单，软件弹出图 8-34 所示对话框，对话框中会显示软件按当前归并系数等自动划分的钢筋标准层。

用户可以对软件自动划分的钢筋标准层进行编辑修改，重新对钢筋标准层划分定义。若用户对钢筋标准层进行了交互修改，软件会弹出【重新归并选筋】对话框，提示用户程序要重新进行构件归并重新绘图。

梁的平面布置及钢筋构造相同的楼层，才能够划分到同一个钢筋标准层。如果用户调整后的钢筋标准层不符合上述规定，软件则只对符合条件的楼层进行梁钢筋归并。钢筋标准层的定义和划分十分重要，要有足够的代表性，既要减少出图量，又要节省钢筋，达到尽量降低工程造价的目的。通常在绘制施工图时，一般不建议用户自行对钢筋标准层进行交互

图 8-34　设置钢筋层

修改,若要修改软件自动生成的钢筋层归并结果,可通过修改【设计参数】的【归并系数】及【主筋选筋库】等来实现。

观察或修改设计参数和钢筋标准层完毕后,用户可以根据钢筋标准层划分结果,选择适当的自然层绘制梁施工图。软件在绘制梁平法施工图时,梁的名称采用分钢筋层编号原则命名,各钢筋层都是从 KL-1 开始编号。

3. 连续梁支座和串并检查修改

在设计时,梁的串并断跨关系直接影响结构的安全度,所以在绘制施工图时,尽管软件已经自动进行梁的串并运算,但是仍然需要对这些内容进行检查或必要的修正。

单击【连梁修改】面板上的【支座查看】【连梁查看】菜单,可以检查连续梁支座和梁跨串并情况。软件用三角形表示梁支座,圆圈表示连梁的内部节点,如图 8-35 所示。

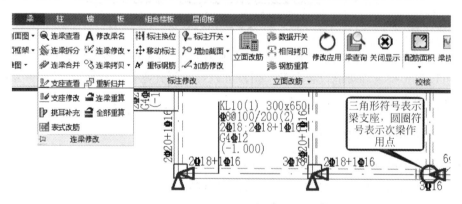

图 8-35　梁支座显示

如果先前创建的结构模型存在如下错误:①一跨梁出现不同截面的两个梁段;②由于柱截面内有太近的网点导致梁模型隐蔽性断开;③梁跨内不同梁段标高不同;④调整网点上节点高,导致梁与支座没有可靠连接。则梁不能按设想的串并成一个连续梁。可以通过支座查看或连梁查看,进一步检查模型是否存在这些错误。若有,则需要返回"结构建模"重新修改模型,重新分析设计。

4. 选筋结果 S/R 检查

S/R 为梁内力/梁承载力的缩写。单击【校核】面板的【配筋面积】下拉框中的【S/R 验算】选项,程序会在梁平面图上标注 S/R 值,如图 8-36 所示。若该比值大于 1.00,表示该梁承载力验算不足,且会用红色字符显示出来。当某个楼层个别梁存在不太严重的验算承载力不足时,可通过修改梁的实配钢筋来修正。如果一个楼层在 S/R 验算时,出现大量红色文字,则最好回到结构建模,检查荷载输入是否有误或重复,修改梁截面或修改结构布置方案之后,重新分析设计,并绘制新的梁配筋图。

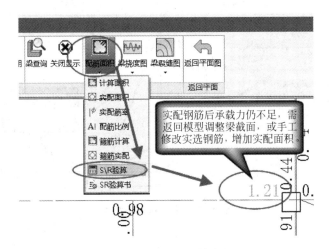

图 8-36　梁 S/R 验算检查

5.梁配筋原位标注交互修改

在梁配筋图原位标注上双击鼠标左键,软件能在图形窗口内弹出钢筋编辑栏,用户在编辑栏中修改所选的钢筋。

6.集中标注交互修改

单击【连梁修改】面板的【连梁修改】下拉框,选择【单跨修改】菜单,程序会弹出如图 8-37 所示钢筋编辑修改对话框,在图形区选中某跨梁,则软件会把该梁集中标注内容读取到钢筋编辑修改对话框,用户可在对话框中修改梁的集中标注钢筋。

对话框中加锁的配筋为梁的原位标注钢筋,当修改梁集中标注钢筋时,加锁的原位标注钢筋不会被修改。

单击打开锁型标志,即可对该原位标注进行修改,为了防止在修改其他集中标注钢筋时修改此原位标注,可以再单击锁型标志,把它锁住。

通过这些菜单可以人工修改软件的自动配筋结果,在平面图上增加大样索引并在图纸上绘制梁截面大样图、移动钢筋标注位置等。

7.梁挠度和裂缝检查

单击【校核】面板的【梁挠度图】和【梁裂缝图】菜单,程序会在梁平面图上标注挠度和裂缝数值,如果挠度值超过限值,则软件会用红色字体显示出来,图 8-38 为某工程的梁裂缝宽度图。

【梁挠度图】和【梁裂缝图】检查完毕后,需单击【返回平面图】,才能回到梁配筋图显示

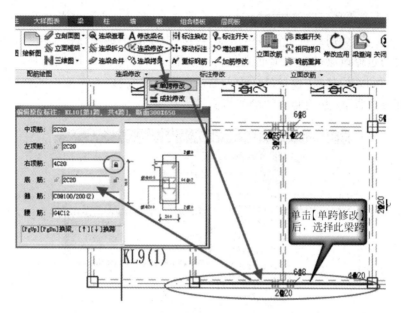

图 8-37　梁配筋单跨修改

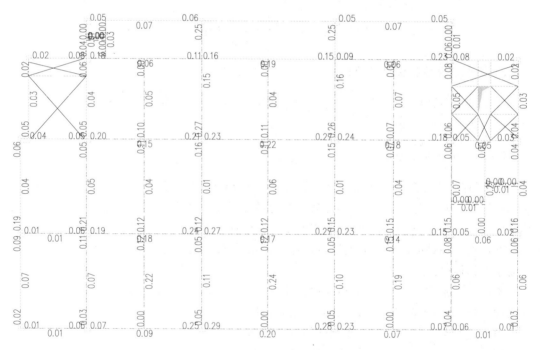

图 8-38　梁裂缝宽度图

状态。

　　当梁的裂缝不满足规范限制时,可通过修改梁的原位标注配筋,使之满足要求。若梁的挠度不满足规范要求,通常需要返回"结构建模",修改梁的截面高度或调整梁的布置方案。修改梁的布置后,必须重新进行 SATWE 分析设计,重新绘制新的梁配筋图。

8. 分类显示图上内容

在图形区单击鼠标右键,弹出图 8-39 所示浮动菜单,选择菜单中的【标注开关】,可打开【请选择需要隐藏的梁标注】对话框,从对话框中可以勾选梁配筋修改不需要显示的内容,使图形信息显示得更简洁,以便于交互编辑。

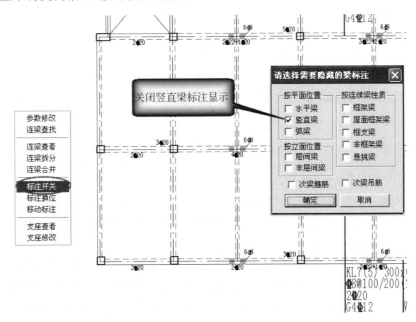

图 8-39   标注开关

9. 对某根梁进行重新自动选筋

人工修改梁的配筋,需要综合考虑连续梁各跨间的配筋构造要求,为了保证钢筋与混凝土能更好地协调变形,便于施工,原则上在一个梁跨内不能出现三种规格的配筋,两个不同直径规格的钢筋级差不宜超过两个等级。梁纵筋根数修改后,还要考虑梁箍筋肢数与之相匹配。如果人工交互修改配筋不能充分兼顾这些构造要求,可在修改设计参数后,通过【连梁修改】面板的【连梁重算】选项,用修改选筋参数后的某根梁重新选筋。

10. 标注轴线、尺寸线和书写图名

在上述工作完成之后,还需通过【标注】菜单进行轴线标注、尺寸线标注、梁柱定位尺寸标注、绘制楼层表、书写图纸说明和图名等,在此不再赘述。

11. 绘制所有钢筋标准层的梁配筋图

当前钢筋标准层的代表楼层梁施工图绘制完毕后,再选择其他未绘制配筋图的钢筋标准层的代表楼层绘制梁配筋图。如果用户自行修改的钢筋标准层不符合钢筋标准层划分原则,或者梁在 SATWE 计算分析时有超筋或承载力不足的情况,则所绘制的梁配筋图中梁标注会表现为红色文字。

12. 梁配筋图的保存与 T 转 DWG

梁配筋图图形文件默认名称为"PL＊.T","＊"为楼层号。所有梁施工图绘制完毕后,通常要把 T 图转为 DWG 文件。

在本书前面章节中,我们自定义了以"有虚梁坡屋面方案 1"为主模型的多模型包络设计,得到"实例商业建筑"第 2 层梁配筋图,如图 8-40 所示。

8.4.3 柱施工图绘制、校核与改选钢筋

柱施工图绘制也是通过"砼结构施工图"模块软件绘制完成的,单击"砼结构施工图"模块的【柱】菜单,即可进入如图 8-41 所示交互绘图界面。柱平法表示的施工图绘图操作主要有如下内容。

1. 参数修改

单击交互界面的【参数】|【设计参数】菜单,程序弹出图 8-42 所示对话框,从对话框中可以设置各种参数。参数改变后,程序会自动提示用户重新选筋归并。

(1)【连续柱归并编号方式】:分为"全楼归并编号"和"按钢筋标准层归并编号"两种。柱通常采用全楼编号方式。

(2)【归并系数】:归并系数是对不同连续柱列(从底层到顶层)作归并的一个系数。柱归并算法类似梁构件,如果归并系数为 1.0,则几何条件相同的柱就会被归并为相同编号。

(3)【主筋放大系数】【箍筋放大系数】:只能输入大于 1.0 的数,如果输入的系数小于 1.0,程序自动取为 1.0。此项可用于嵌固部位弱柱根设计,弱柱根设计时,可把嵌固层和嵌固层的下一层设置为同一个钢筋标准层,分别绘制施工图。

(4)【柱名称前缀】:程序默认的柱名称前缀为"KZ-"。

(5)【是否包括边框柱配筋】:可以选择柱施工图中是否包括剪力墙边框柱的配筋,包括边框柱配筋时,程序读取的计算配筋包括与柱相连的边缘构件,应用时注意。

(6)【归并是否考虑柱偏心】:若选择考虑偏心,则归并时偏心信息不同的柱会归并为不同的柱。通常平法施工图可选择归并时不考虑偏心,这样可以减少柱施工图编号数量,便于施工,但是在平面图上不同偏心位置的柱子需要仔细标注其定位尺寸。

(7)【是否考虑优选钢筋直径】【优选影响系数】:如果选择"是",程序可以根据用户在【纵筋库】和【箍筋库】中输入的数据顺序,优先选用排在前面的钢筋直径进行配筋。优选影响系数与归并系数类似,是程序内部设定的配筋参数,可以根据需要设定。

(8)【纵筋库】【箍筋库】:用户可以根据工程的实际情况,设定允许选用的钢筋直径。

2. 【设钢筋标准层】

此项内容与梁钢筋标准层的观察与交互调整相似。

3. 选择柱平法表示方式

"砼结构施工图"模块可以绘制多种柱平法施工图,通过交互界面上方的【选择图纸表达方式】下拉框可以选择需要的柱施工图表达方式。

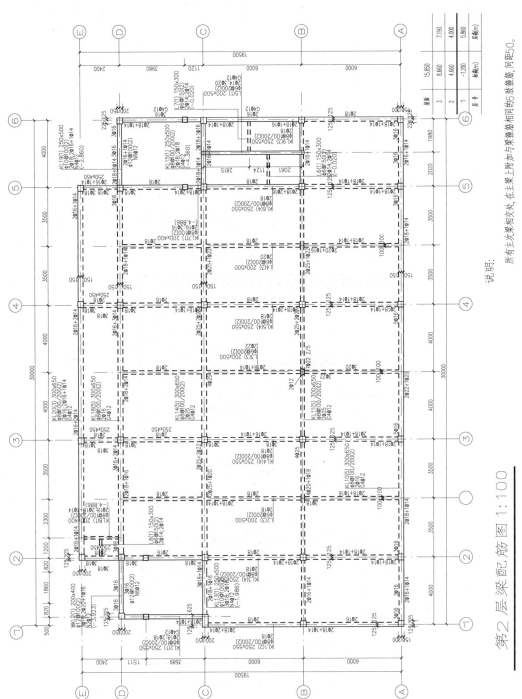

图 8-40 第 2 层梁平法施工图

第 2 层梁配筋图 1:100

图 8-41　柱施工图交互绘图界面

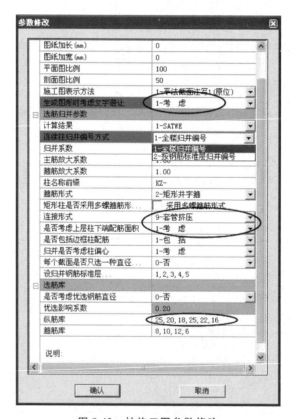

图 8-42　柱施工图参数修改

（1）"平法原位截面注写"适用于多层框架结构。由于多层框架结构楼层数不多，可以按照一个钢筋标准层绘制一张平法原位截面注写方式表示的柱配筋图，如图 8-43 所示。

（2）"平法列表注写"方式是只在平面图上标注柱编号，之后通过另一个平法柱表给出柱的各层截面及配筋，如图 8-44 所示。

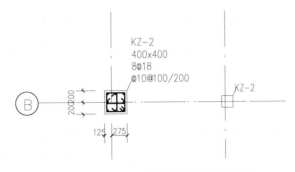

图 8-43　柱平法原位截面注写表示方式

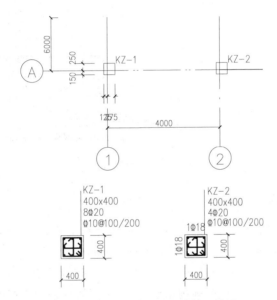

图 8-44　柱平法列表注写的柱配筋图

4．选择需绘制柱施工图的楼层

从图形区上方的【选择楼层】下拉框选择要绘制施工图的楼层，进行施工图绘制。通常情况下，采用"平法原位截面注写"方式是在平面图上绘制柱配筋大样图，所以有几个钢筋标准层就需要绘制几张柱平法施工图。

而采用"平法列表注写"方式时，由于是用柱表表示柱配筋大样图，只在平面图上标注柱编号，所以整楼只需绘制一张柱平面图。

软件自动给所绘制的施工图命名为"柱施工图 * . T"，" * "为柱钢筋标准层号。

5．【归并】及自动绘图

柱归并的概念与梁归并相似。单击【配筋绘图】|【归并】菜单，程序会自动依照【设计参数】定义进行柱全楼归并及命名，并根据用户设定的柱平法表达方式，在平面图上自动标注柱名，至此柱平法施工图基本绘制完成。

6."平法列表注写"方式表达柱配筋时,需再绘制柱平法列表

单击【柱表】的【平法列表】|【截面柱表】菜单,即可由软件自动绘制柱平法列表。平法列表绘制完毕,单击【回平面图】继续进行后续的配筋查改交互操作。

7.配筋校核

单击【校核】面板【配筋校核】菜单,程序会对选筋结果进行检查,当柱配筋存在问题时,会给出图8-45所示提示,用户可从图中查找红色标注文字查看问题。

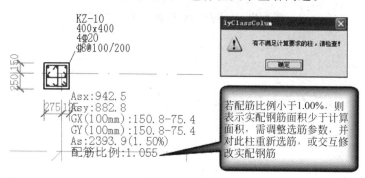

图8-45 柱配筋校核

8.平法录入与立面改筋

在设计时柱施工图的绘制要考虑上下柱钢筋的连接关系,通常情况下上柱钢筋根数不能多于下柱钢筋根数,否则会导致上下层间柱筋连接出现问题。

在实际设计时,设计人员应通过立面改筋方式检查修改柱筋。立面改筋方式主要用于观察整楼柱钢筋配置情况和减柱配筋规格数,检查上下层柱钢筋搭接关系是否合理等。

由于立面改筋方式脱离了柱平面图,有时候修改配筋不太方便,可单击【平法录入】,在图形区双击要修改的柱,从弹出的对话框中原位修改柱配筋。

9.双偏压验算

用户选完柱钢筋后,可以直接执行【双偏压验算】,检查实配结果是否满足承载力的要求。程序验算后,对不满足承载力要求的柱,柱截面以红色填充显示。对于不满足双偏压验算承载力要求的柱,用户可以直接修改实配钢筋,再次验算直到满足为止。由于双偏压、拉配筋计算本身是一个多解的过程,所以采用不同的布筋方式得到的不同计算结果,它们都可能满足承载力的要求。

10.轴线、尺寸线、楼层表及图名

钢筋归并选筋和修改完毕后,即可参照前面叙述的梁板绘图过程,标注柱施工图的楼层表、轴线和尺寸线。

"实例商业建筑"采用"平法原位截面注写"方式绘制第1层柱配筋图,如图8-46所示。在实际设计时,楼梯间的TZ需要经过手工计算后,补画配筋图,在此不再详述。

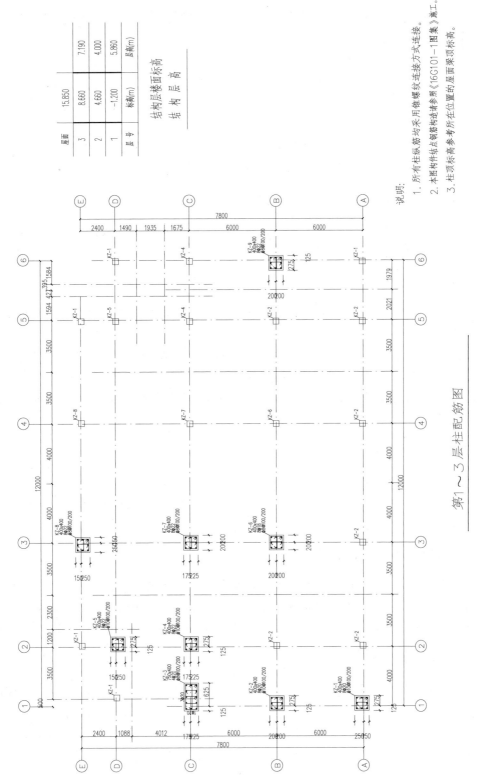

图 8-46　1～3 层柱平法配筋图

第 1～3 层柱配筋图

层号	标高(m)	结构层高(m)
屋面 3	15.850	7.190
2	8.660	4.000
1	4.660	4.000
	-1.200	5.860
	结构层楼面标高 结构层高	

说明：

1. 所有柱纵筋均采用锥螺纹连接方式连接。

2. 本图构件结点钢筋构造请参照《16G101-1图集》施工。

3. 柱顶标高参考所在位置的屋面梁顶标高。

8.5　用"AutoCAD 板砼施工图 PAAD"软件模块绘制板梁柱施工图

"AutoCAD 板砼施工图 PAAD"的主要功能是辅助用户完成上部结构各种混凝土构件的配筋设计,并绘制施工图,主要包括板、梁、柱、墙四个模块,四个模块功能相近,风格统一,设计思路相似。

施工图模块可以接力的结构计算分析程序包括空间有限元分析软件 SATWE、多高层建筑三维分析软件 TAT 和特殊多高层计算软件 PMSAP。

8.5.1　初识 PAAD 与 PAAD 功能介绍

PAAD 实现施工图设计的方式主要有三种:自动出图方式、导入数据方式和交互绘制方式,基本涵盖了目前施工图设计的所有方式。

1. PAAD 软件功能

PAAD 软件以高效的自动出图方式为主要实现方式,直接读取 PKPM 软件其他模块的数据完成设计。

PAAD 与"砼施工图绘制"不同之处在于,它能够一次性在一个图形文件中生成所有板的图纸,对图纸进行校审时能够显示所用的规范条文,另外由于 PPAD 是以 AutoCAD 为图形平台,所有对图纸的编辑修改可以借助 AutoCAD 强大顺畅的编辑功能,使得图纸绘制及校核效率更高。

2. 软件的运行环境

PAAD 可以在 32 位 Windows XP 系统、32 位和 64 位 Windows 7 系统、32 位和 64 位 Windows 10 系统运行;AutoCAD 可以是 AutoCAD 2007—2017 版本任意版本。PAAD 需要单独的软件锁。

3. 运行"AutoCAD 版砼施工图 PAAD"

在图 8-47 所示 PKPM2010 V3.X 主界面选择"AutoCAD 版砼施工图 PAAD"模块后单击【应用】,软件弹出图 8-48 所示对话框,用户可以在对话框中选择要绘制施工图的工程目录和 AutoCAD 版本。进入 PAAD 后,PAAD 主界面如图 8-49 所示。

4. 工程快速导航菜单

PAAD 主界面左侧菜单是工程快速导航菜单,主要包括三个方面的内容:【模型】【图纸】【常用工具】。【模型】方式是将图纸按照工程的自然楼层进行分类管理,【图纸】方式按照图纸的类别进行分类管理,分"模板图""板施工图""梁施工图""柱施工图""墙施工图""其他",两种方式都可以通过单击或双击鼠标左键生成或打开图纸;【常用工具】集合了 PAAD 软件的常用命令,如图 8-50 所示。通过工程快速导航菜单,用户可以快速选择需要绘制、编辑、修改的楼层、图纸。

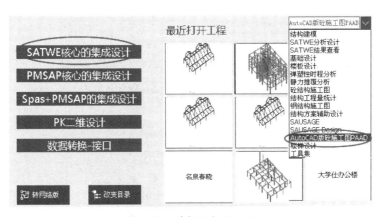

图 8-47　选择运行 PAAD

图 8-48　选择工作目录和 AutoCAD 版本

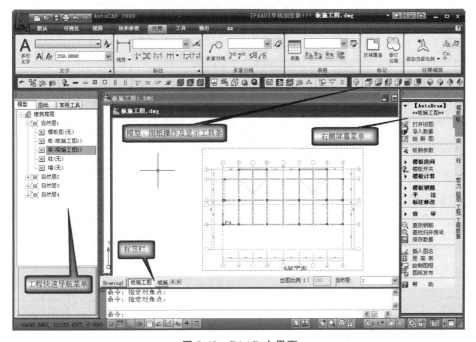

图 8-49　PAAD 主界面

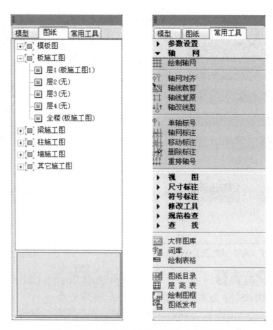

图 8-50 PAAD 工程快速导航菜单

PAAD 图形区下侧设有标签栏,用户也可以在标签栏进行图纸间的快速切换。

5. 模型、图纸操作及显示工具条

通过单击工具条的 真实视觉显示,以及 轴测显示按钮,可以观察所绘制图纸对应结构模型的三维视图,如图 8-51 所示。

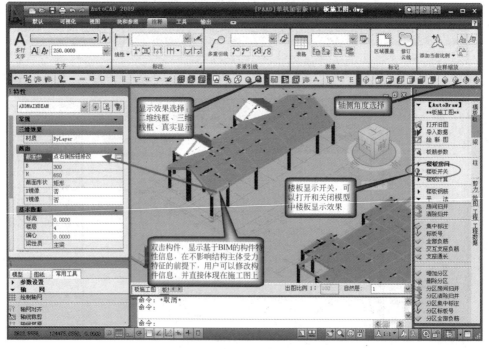

图 8-51 PAAD 工程快速导航菜单

PAAD 软件基于先进的 BIM 技术和理念,使得施工图纸所包含的不再是简单的图素信息,而是施工图设计阶段所需的全部真实的建筑结构模型信息。

6.右侧屏幕菜单

通过右侧屏幕菜单,用户可以进行板、柱、梁等施工图绘制的参数设置、楼板计算、板柱梁施工图绘制。

8.5.2　用 PAAD 绘制楼板配筋图

与用"砼施工图绘制"模块绘制楼板施工图的操作流程类似,PAAD 绘制楼板施工图也需要经过板筋参数设置、楼板计算、平法绘制配筋图、轴线尺寸线标注和楼层表图名绘制等步骤。

1.绘制新图

要绘制楼板配筋图,首先在右侧屏幕菜单上选择【板】标签,单击【绘新图】菜单,软件弹出 PAAD 绘制新图界面,如图 8-52 所示。

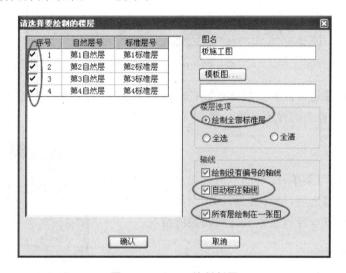

图 8-52　PAAD 绘制新图

为了实现快速出图,通常可以选择【绘制全部标准层】【所有层绘制在一张图】(在一个图形文件内)【自动标注轴线】等。单击【确定】按钮之后,软件会自动在图形区生成所有楼层的构件轮廓图形,之后通过后续操作进行楼板配筋计算和绘制。

如果此时图形是三维真实显示模式,可以单击屏幕上部工具条 中的【二维线框】显示成二维施工图状态。

2.板筋设置参数

单击【板筋参数】菜单,软件弹出图 8-53 所示【楼板设置】对话框。板筋参数设置内容基本与前面几节我们所述"砼施工图绘制"模块中楼板绘制时的参数相同,具体操作在此不再赘述。

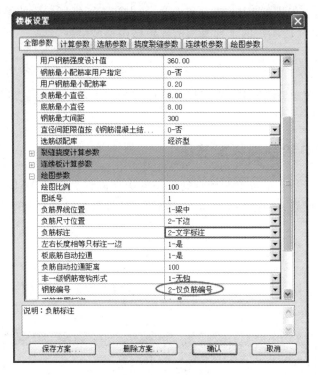

图 8-53 PAAD 楼板设置

【板筋参数】中【是否计算楼板自重】的选择，要与在"结构建模"中楼面恒活荷载具体统计输入的荷载值是否考虑楼板自重一致。

3. 楼板计算

展开【楼板计算】菜单，按照前节所述原理，选择【自动计算】或【连板计算】选项，进行楼板计算。计算完毕，可以单击【结果校核】菜单，校核楼板的挠度和裂缝情况。

4. 绘制平法图纸

楼板计算完毕，即可展开【平法】菜单，可看到图 8-54 所示绘制平法表示配筋图的具体菜单。

顺序单击【房间归并】【板标号】【全部负筋】即可初步完成楼板配筋的所有绘制和标注。

较之于"砼施工图绘制"模块，PAAD 增加了分区绘图功能，对于大型复杂建筑结构，可用此分区绘图功能绘制楼板配筋。【负筋归并】可以把指定长度差额范围的楼板负筋归并，减少楼板钢筋种类。

5. 校审

展开【校审】下拉列表，单击【规范检查】，打开图 8-55

图 8-54 PAAD 绘制楼板钢筋

所示【板-规范检查】对话框，按照图示操作顺序对所有楼板进行规范校审，有校审不通过的楼板时，软件会在图上进行标注，单击标注缩图可以查看审核不通过的具体情况和原因。

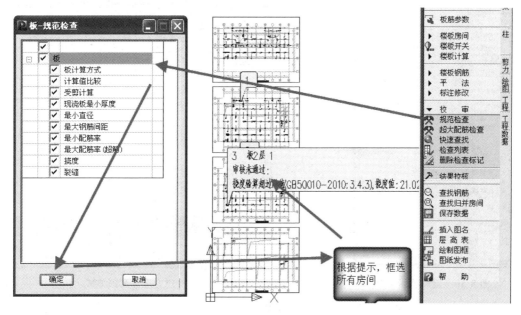

图 8-55　PAAD 楼板施工图校审

6. 标注楼层表、图形，图纸发布以及对图纸进行其他细化

单击右侧屏幕菜单的【插入图名】【层高表】【绘制图框】，在所有图纸内绘制楼层表及图名等，再通过 PAAD、AutoCAD 的其他操作，绘制大样图、洞口及图纸梁柱尺寸等，即可完成图纸的绘制。最后单击【图纸发布】按钮把所绘制的图纸文件存盘。

8.5.3　用 PAAD 绘制梁平法表示的配筋图

绘制梁配筋图大致需要进行【绘新图】【梁筋参数】【设钢筋层】【自动配筋】【校审】等操作，梁配筋图绘制菜单如图 8-56 所示。

1.【绘新图】【梁筋参数】【设钢筋层】

【梁筋参数】【设钢筋层】与前面章节中【砼施工图绘制】操作原理相同，在此不再赘述。与 PAAD 绘制楼板配筋图类似，梁【绘新图】可以选择"绘制全部标准层"，把所有钢筋标准层图纸绘制在同一文件中。

2.【自动配筋】

在【绘新图】中选择绘制全部标准层后，软件自动在图形区绘制所有标准层梁柱轮廓，并标注轴线。单击【自动配筋】，软件弹出图 8-57 所示对话框，第一次绘制新图需选择【重新归并选筋】，软件即会按梁筋参数设置的选筋设置，依据 SATWE 计算得到的计算配筋面积，选配梁钢筋，并按平法表示规则标注在所有标准层图纸上。

图 8-56　梁配筋图绘制

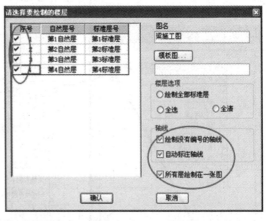

图 8-57　选择配筋方式

3．图纸校审

钢筋绘制完毕，单击【校审】中的选项，进行【规范检查】【超限检查】【超大配筋检查】【S/R验算】等，还可以检查梁挠度、裂缝具体情况。图 8-58 为某层梁图规范检查情况。查看某个标注问题的详细描述之后，如果对图纸的缩放操作感觉不顺畅时，可以单击问题描述标注框右上角的倒▲标志，关闭详细显示。

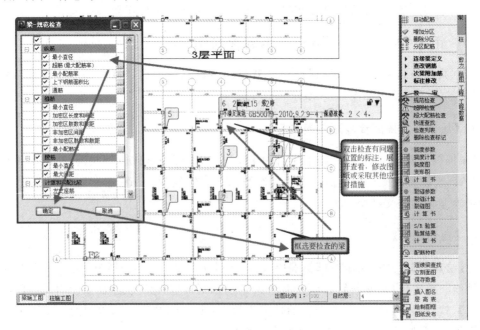

图 8-58　PAAD 楼板施工图校审

4．梁筋修改

进行图纸校审时，如果发现箍筋肢数、裂缝宽度等不需要修改设计模型的问题时，可直接采用前述章节中的钢筋修改编辑操作，对梁筋进行【集中标注】【单跨修改】，也可以直接在图上双击标注文字修改标注信息。

PAAD 采用了 BIM 技术绘制施工图，所以图上所有标注文字都有后台 BIM 数据作为支持数据，修改了某个标注数据后，软件会自动对模型数据进行分析，并根据情况给出联动修改，若软件无法自动确定联动修改方案，则会向用户询问。当修改了图中某梁的截面尺寸后，软件会自动检测图中是否存在同名梁，若存在，则弹出图 8-59 所示对话框询问用户"是否修改同组（同一编号名称）的其他梁截面"，用户若回答"否"，则只修改当前选择的梁，并给修改了的梁定义一个新编号名称。

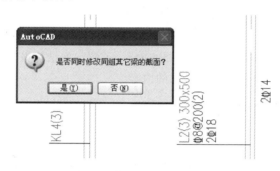

图 8-59　修改梁截面尺寸后软件的提示信息

8.5.4　用 PAAD 绘制柱平法表示的配筋图

绘制柱平法施工图操作与绘制梁平法配筋图相似，绘制柱配筋图菜单如图 8-60 所示。

1．柱筋参数

与绘制梁板施工图相同，PAAD 可有多种柱筋参数供用户选择。采用不同的图纸注写方式，后面的绘图操作会稍有不同。

2．柱钢筋层划分

柱配筋通常采用软件默认的钢筋层划分，整楼所有标准层柱图绘制在同一文件中。

3．绘制平法注写方式的柱配筋图

用 PAAD 绘制平法注写方式的柱配筋图，只需执行【绘新图】【自动配筋】命令即可，PAAD 即可自动配筋，在平面图上标注柱信息。

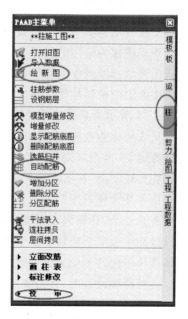

图 8-60　柱配筋图绘制菜单

4．绘制平法列表方式的柱配筋图

绘制平法列表方式的柱配筋图需要单击【自动配筋】和【画柱表】(【平法柱表】【截面柱表】【PKPM 柱表】等)，软件分别创建两个图形文件，一个为平面图文件，另一个为柱表文件，具体操作在此不再赘述。

5．校审

用 PAAD 在绘制柱平法施工图，提供了与梁、板绘图类似的进行【规范检查】【超限检查】【超大配筋检查】【双偏压验算】等功能，通过这些功能，用户能快速方便地对柱配筋图进行校审修改。

8.6 楼梯设计与楼梯施工图绘制

楼梯作为结构施工图设计中一个重要的内容，了解掌握结构设计中楼梯的设计方法、图纸表达及图纸绘制过程，是一个十分重要的内容。

8.6.1 楼梯图纸组成方式

楼梯分为标准楼梯和非标准楼梯两种。标准楼梯为楼梯按某个标准图集设计施工的情况，标准楼梯大多为预制装配式产业化楼梯。非标准楼梯目前大多按照《混凝土结构施工图平面整体表示方法制图规则和构造详图》(现浇混凝土楼梯)(16G101-3)的规定绘制。在本章主要介绍非标准整浇楼梯施工图的绘制。

1．整浇楼梯的类型、组成及传力关系

楼梯按结构类型分为板式楼梯、梁式楼梯、梁板混合楼梯。

板式楼梯为常用的楼梯类型，由梯段、楼梁、梯柱、楼梯平台板及平台梁组成，梯段板的荷载传递给梯段两端的楼梯梁，再经楼梯梁传递给楼面梁、框架柱或梯柱。当楼梯梁两端不能以楼面梁或框架柱作为支撑构件时，需要在楼梯梁下设梯柱，梯柱生根于下部框架梁上，如图 8-61 所示为某楼梯的轴测图。

梁式楼梯为在梯段二层或梯段中间设有与梯段方向一致的楼梯斜梁，梯段荷载先传递给楼梯斜梁，再由斜梁传递给平台梁或梯柱的一种楼梯形式。由于梁式楼梯施工支模及钢筋绑扎比较复杂，在实际结构设计中通常只有在梯段较长时采用。

如果某楼梯采用单纯的板式楼梯或梁式楼梯，会使楼梯结构成为空间折板或空间折梁，传力关系复杂，计算内力困难，如图 8-62 所示。此时为了能使复杂的结构模型得以简化，可以设计成梁板混合楼梯。由于板的刚度相对小于梁，所以就可以把一个复杂的不可折分的整体楼梯结构转为受力关系较为简单的多个部分，如图 8-63 所示。

进行楼梯设计时，首先要选择楼梯结构类型，分析楼梯各部件间、楼梯与主体结构间的传力关系，依据传力关系，对楼梯部件和构件进行内力分析及配筋设计，最后绘制楼梯施工图纸。

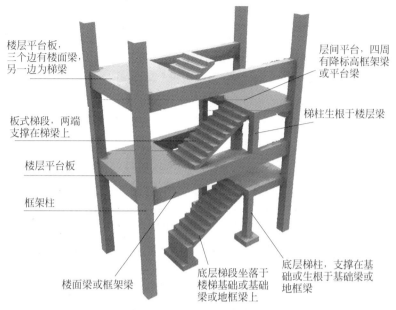

楼层平台板，三个边有楼面梁，另一边为梯梁

层间平台，四周有降标高框架梁或平台梁

板式梯段，两端支撑在梯梁上

梯柱生根于楼层梁

楼层平台板

框架柱

楼面梁或框架梁

底层梯段坐落于楼梯基础或基础梁或地框梁上

底层梯柱，支撑在基础或生根于基础梁或地框梁

图 8-61　某板式楼梯轴测图

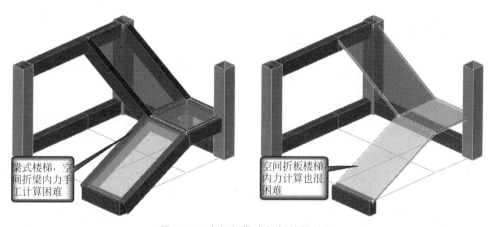

梁式楼梯，空间折梁内力手工计算困难

空间折板楼梯，内力计算也很困难

图 8-62　空间折梁或折板楼梯结构

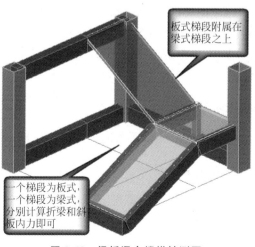

板式梯段附属在梁式梯段之上

一个梯段为板式，一个梯段为梁式，分别计算折梁和斜板内力即可

图 8-63　梁板混合楼梯轴测图

2．采用滑动支座的楼梯

为了减小地震作用下楼梯对主体结构的影响，在设计楼梯时，可在梯段板一端采用橡胶滑移装置，此时楼梯段可视为一端刚接于主体结构，一端通过滑动支座搁置在主体上，如图 8-64 所示。

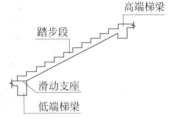

图 8-64 设有滑动支座的梯段板

3．楼梯内力分析

在设计较复杂楼梯时，可以通过 PKPM 的"楼梯设计"模块，在"结构建模"主模型基础上，选择要设计的楼梯间，创建楼梯模型，并通过软件绘制楼梯施工图。

但是，在实际设计中对于常规比较简单的楼梯的内力计算与配筋设计，通常采用手工计算方式。根据楼梯构件和部件间的传力关系，把板式楼梯分为梯段板、梯梁或平台梁、平台板、梯柱，把梁式楼梯分为折梁、斜梁、踏步、平台板、梯柱等。

板式楼梯的梯段板可按两端支撑在楼梯梁上的单向斜板进行内力计算和配筋设计。平台板四周以楼梯梁或其他主体构件为边界，可按普通平板进行设计。楼梯平台梁可按两端固定或简支的单跨梁进行设计。

8.6.2 用平法绘制楼梯施工图

由于每个建筑结构受力情况不可能完全一致，所以楼梯通常需要给出具体的楼梯施工图。

1．板式楼梯的类型

《16G101-2 图集》把整浇板式楼梯分为多种类型，常用的类型为 AT 型、BT 型、CT 型和 DT 型，如图 8-65 所示。

AT 型梯段为一个斜置梯段，其两端直接支撑在梯梁；BT 型是斜梯段下端有水平段，梯段斜板与水平段组成一个梯段整体，其两端支撑在上下两个梯梁之上；CT 型是斜梯段上端有水平段，梯段斜板与水平段组成一个梯段整体，其两端支撑在上下两个梯梁之上；DT 型是斜梯段上下两端各有一个水平段，梯段斜板与水平段组成一个梯段整体，其两端支撑在上下两个梯梁之上。《16G101-2 图集》对各种梯段类型有各自的配筋构造详图与之对应，在绘制施工图时，需要根据所设计楼梯的具体情况，正确划分梯段板类型，并在施工图上予以标注。

同一类型的梯段，如果其踏步数、踏步高度、梯段板厚度及配筋不同，则需要用不同编号，如 AT1 型、AT2 型等。

2．平法楼梯平面图的表示规定

《16G101-2 图集》对楼梯平法表示的平面图标注方式如图 8-66 所示。

3．楼梯结构施工图的构成与绘制

在结构平面图标注楼梯所在位置后，还需要绘制楼梯结构图。楼梯结构图包括楼梯平面图、楼梯剖面图、楼梯构件详图等。绘制楼梯图纸时，可以参照平法标准给出的梯段命名方法标注楼梯板名称。

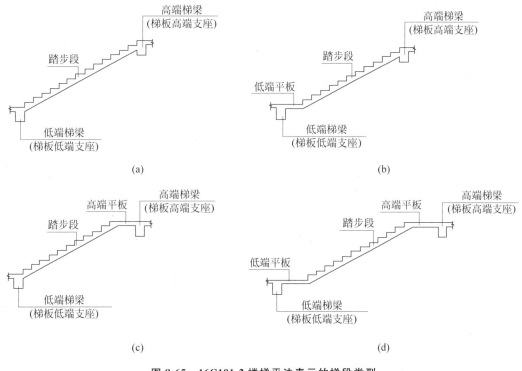

图 8-65　16G101-2 楼梯平法表示的梯段类型

(a) AT 型；(b) BT 型；(c) CT 型；(d) DT 型

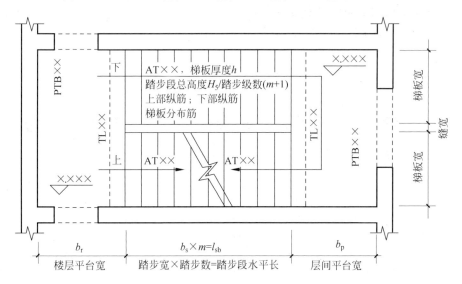

注写方式　标高x.xxx～标高x.xxx楼梯平面图

图 8-66　《16G101-2 图集》楼梯平法标注规定

1) 在结构平面上楼梯间内标注楼梯间编号

楼梯结构施工图与楼梯建筑图要相互吻合，通常不同布置的楼梯需要单独标注楼梯名，如"楼梯 1""楼梯 2"，并在各层结构平面图（板配筋图、梁配筋图）上予以标注。

楼梯间标注楼梯通常采用在楼梯间绘制对角斜线，之后在斜线上沿斜线方向标注楼梯名称，或在楼梯间对角斜线上绘制圆，在圆内注写楼梯名称，如图 8-67 所示。

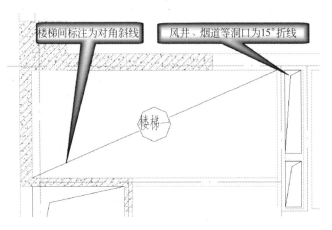

图 8-67　在结构平面上标注楼梯名称

实际设计中，可以在其他既有楼梯施工图基础上进行修改补充，得到需要绘制的楼梯施工图。

2）楼梯平面图

楼梯平面图应绘出楼梯的平面尺寸、定位轴线、适用标高等。在平面图上应注明梯板名称及厚度、平台板名称及厚度、平台梁名称及截面、梯柱名称及截面、楼梯剖面位置等。楼梯梁柱、梯板和平台板的配筋可以通过表格方式统一给出，也可以直接注写在楼梯平面上，如图 8-68 所示。为了便于读识该图，对梯段及平台板集中标注文字进行了放大。

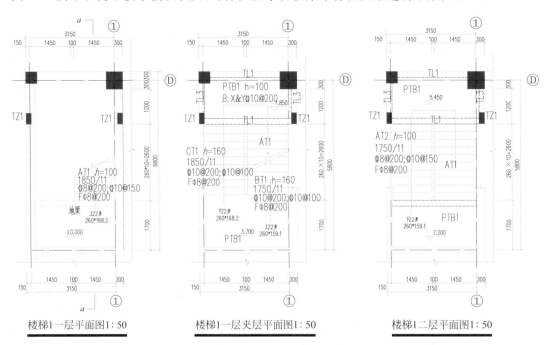

楼梯1一层平面图1:50　　楼梯1一层夹层平面图1:50　　楼梯1二层平面图1:50

图 8-68　某双跑整浇板式楼梯平面图

从图中我们可以看到,楼梯平面图构件标注包括了 AT1、AT2、BT1、CT1 梯段板名称、厚度及其配筋,如 AT1 梯板厚度为 100mm,梯段高度为 1850mm,踏步数为 11 步,底部配筋为 Ⅱ 级钢筋,直筋 8mm,间距 200mm,顶部端部受力筋为 Ⅱ 级钢筋,直径 10mm,间距 150mm。另外,平面图上还标注了梯梁 TL1、TL3,梯柱 TZ,平台板 PTB。

　　梯梁、梯柱截面及配筋可以模仿平法对梁柱标注规定,直接标注在楼梯平面图上,也可以在楼梯施工图上绘制其配筋大样图,或在图纸说明中用文字说明其截面尺寸和配筋。另外楼梯段和平台板的非受力分布筋图中一般不予注明,需在图内说明中给出其钢筋配置情况。

　　3)楼梯剖面图

　　楼梯剖面图给出楼梯平台板标高、楼梯标高；标注梯板、梯梁、平台板的名称或配筋与断面。楼梯平面图和楼梯剖面图在实际设计时应互相对应,与楼梯结构平面图对应的楼梯剖面图如图 8-69 所示。

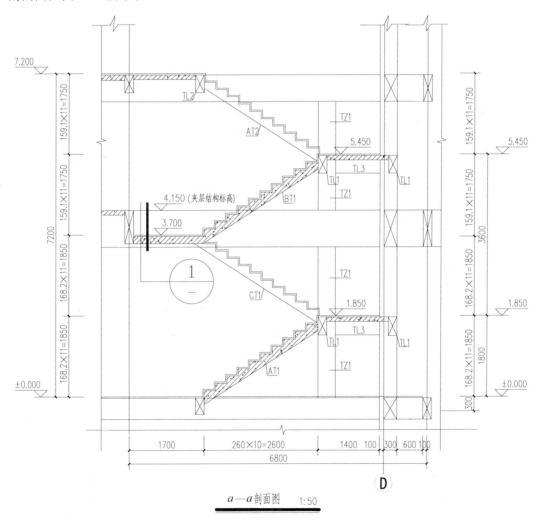

*a—a*剖面图　　1:50

图 8-69　某双跑整浇板式楼梯平面图

4）楼梯构件或节点详图

楼梯构件或节点详图用以绘制在平面图或剖面图上未表达或不好表达的构件及节点的尺寸、位置和配筋等。

8.7 本章小结

在本章我们学习了"砼结构施工图绘制"及"AutoCAD 板砼施工图 PAAD"软件的基本操作，介绍了平法施工图的基本表达形式，详细描述了梁、柱、板、楼梯施工图绘制的操作步骤，叙述了对图纸校审修改的基本内容和要求。

思考与练习

思考题

1. 《建筑结构制图标准》对结构施工图纸中构件、钢筋和轴线等线条的线宽有何规定？

2. 什么是钢筋标准层？它与结构标准层、自然层和图纸张数之间的关系是什么？

3. 梁平法施工图中集中标注和原位标注是什么？集中标注和原位标注不同时，以哪个标注为准？

4. 柱平法施工图有哪几种？请说出各自的图纸特征。

5. 平法施工图纸的四大要素是什么？

6. 当绘制梁平法施工图进行梁挠度检查时，发现有的梁挠度为红色文字，它表示什么含义？

7. 当梁、楼板的挠度不满足限值要求时，如何进行设计调整使之满足要求？

8. 当梁、楼板的裂缝宽度不满足限值要求时，如何进行设计调整？

9. 如何通过软件在楼板配筋图中插入一个构件详图？

10. 请叙述绘制梁平法施工图时软件的主要操作流程。

11. 请扼要说明绘制柱平法施工图的主要操作。

13. 请叙述板平法施工图的主要标注规则。

14. 在绘制楼板施工图时，如何设置楼板的边界条件？如何检查软件自动生成的楼板边界？

15. 如何检查梁的支座关系？柱的立面改筋操作的目的是什么？

16. 梁、柱、墙平法施工图中的图名内容应如何书写？层高表应如何修改？

17. 如何在 PKPM 软件中修改平法施工图的图线线宽？

18. 平法图纸中确定图名时应注意什么问题？平法规则要求如何进行平法图纸命名？

19. PAAD 是一个什么软件？PAAD 的图纸审核功能有何特点？

21. 整浇板式楼梯梯段板有几种类型？代号是如何规定的？

练习题

（1）请任意创建一个框架结构模型，在用"砼结构施工图"绘制板施工图时进行下面操作：对板边界进行编辑修改，设定连续板串，对板挠度和裂缝进行计算，进行板内力计算并绘制楼板配筋图，最后把其编辑修改为平法表示的楼板配筋图纸。

（2）请绘制前几章所设计的结构的梁、柱、板平法施工图，注意图纸表达内容要齐全且符合平法规则。

第 9 章

基 础 设 计

学习目标

了解 JCCAD 的功能和特点；

掌握 JCCAD 基础模型的荷载读入及参数定义；

掌握柱下独立基础设计的基本方法和软件操作；

掌握柱下独立基础平法施工图的表达方式和绘制方法。

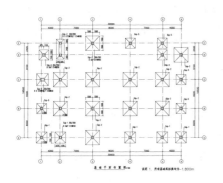

基础平面布置图

基础设计软件JCCAD是PKPM中一个很重要的模块，它具有集成程度高、功能强大、辅助设计能力强等特点。

由于软件的高度集成化，初学者在学习JCCAD时，首先要熟悉并掌握各种基础设计的软件操作过程。

JCCAD能够自动读取上部结构的几何信息和内力分析结果，并在读入的标准内力基础上，依照规范计算基础设计所需的各种荷载内力组合，为基础计算提供全面有效的数据。

JCCAD具有自动设计、交互设计及强大的计算功能，能完成各类基础设计，并绘制施工图纸。

9.1 JCCAD 的基本功能及软件菜单

依据 PKPM 用户手册，PKPM 软件中"基础设计"软件模块简称为 JCCAD。在结构设计过程中，通常需要在结构概念设计阶段用上部结构传来的荷载进行基础概念设计，以便确定适当的基础形式及基础布置方案，并为上部结构方案调整细化提供必要的技术支持。上部结构设计和基础设计是互相影响、互相关联的。

9.1.1 JCCAD 模块的基本功能

1. 具备多种基础设计能力

基础指建筑底部与地基接触的承重构件,它的作用是把建筑上部的荷载传给地基,由于上部结构和地基情况千变万化,所以建筑结构的基础有多种形式。JCCAD 模块可以进行包括柱下独立基础、墙下条形基础、弹性地基梁基础、筏板基础、柱下桩基承台基础等基础设计,以及由上述基础组合的大型混合基础设计。

JCCAD 能依据不同的规范,对各种基础形式采用不同的计算方法,但无论是哪一种基础形式,程序都提供承载力计算、配筋计算、沉降计算、冲切抗剪计算、局部承压计算等全面的计算功能,并绘制出基础施工图。

2. 能读取上部结构布置信息及荷载

JCCAD 能读取与基础相连的上部结构布置信息,并可在基础交互输入界面和基础平面施工图中把它们绘制出来。JCCAD 还能读取上部结构传递过来的单项内力分析结果,并依据设计规范,对其进行基础荷载组合。JCCAD 可以根据建模时设置的与基础相连的楼层信息,自动从多个楼层中读入所需的基础设计信息。

3. 进行基础设计时能考虑上部结构刚度

《地基基础规范》等规定在多种情况下基础设计应考虑上部结构和地基的共同作用,JCCAD 模块能够依据规范规定,较好地考虑上部结构、基础与地基的共同作用,并提供多种计算方案,使设计人员找到减小整体型基础非倾斜沉降差的有效方案,控制基础的整体弯曲。

9.1.2 用 JCCAD 进行基础设计

初次进行一个结构的基础设计时,从 PKPM2010 主界面右上角的软件模块选择下拉框选择"基础设计",即可进入 JCCAD 主界面。

1. 输入地质资料

地质资料是建筑物周围场地地基状况的描述,是基础设计的重要信息。地质资料包括各种土层的物理力学指标、土层分布情况等。

《地基基础规范》第 3.0.2 条规定:设计等级为甲级、乙级的建筑物,均应按地基变形设计,设计等级为丙级的建筑物,条文也有详细规定,在多种情况下基础设计应作变形验算。按照规范要求,不需做沉降变形的基础设计,可不输入地质资料。JCCAD 的地质资料输入主要包括【岩土参数】【输入孔点】等操作。

2. 岩土参数

岩土参数主要输入土的力学指标,实际设计时岩土参数应以勘测报告为准。

3. 输入孔点

地质资料输入就是把地质勘查报告上的勘测孔点输入到 JCCAD 中。设计人员首先应根据所有勘探点的地质资料,在暂不考虑土层厚度情况下,将建筑物场地地基土统一分层。这个土层分布表首先作为"标准孔点"土层与孔点坐标一起输入到软件中,之后再对每个孔点土层进行具体的编辑修改,最后使输入的地质资料与勘查报告完全一致。地质资料中的标高可以按相对于上部结构模型的相对标高或按地质报告的绝对高程输入。实际设计时,JCCAD 可读入地质勘察报告提供的 PBIM 勘测数据(如理正勘察设计类软件生成的勘测数据),限于篇幅,本部分内容不再详细叙述。

输入孔点之后,JCCAD 会根据孔点的平面位置自动生成平面控制网格,并以线性函数插值方法,自动求得基础设计所需的任一处的各土层竖向标高和物理力学指标。

9.2 基础模型的准备

尽管各种基础设计流程多有不同,但是设计时都包括【基础模型】菜单下的【基础荷载】【参数】【上部构件】【节点网格】等,此部分具体菜单如图 9-1 所示。

图 9-1 基础设计交互界面及部分菜单

9.2.1 读取上部结构分析程序数据

所有类型的基础设计,都需通过单击【基础模型】|【基础荷载】面板上的【基础荷载】选项,软件在图形区右侧弹出【荷载】停靠菜单,通过该菜单可设置【荷载组合】参数,【读取荷载】导入上部结构的荷载,输入除读取荷载之外的附加荷载等。

1. 输入荷载参数

单击【基础荷载】按钮,程序弹出图 9-2 所示屏幕右侧停靠菜单及对话框,依照设计规范的相关规定,给出各项参数的默认值。白色输入框的值是用户根据工程用途必须进行修改的参数。灰色的数值是规范指定值,一般不修改。若用户要修改灰色的数值可双击该值,将其变成白色输入框,再修改。该部分参数的具体规定详见《地基基础规范》第 3.0.6 条、《荷载规范》第 3.2.3 条的条文说明及《抗震规范》第 5.4.1 条和第 5.1.3 条。

2. 自动按楼层折减活荷载

不管用户是否在 SATWE 等上部结构分析程序定义了基础活荷载折减,JCCAD 读入的都是上部结构未折减的内力标准值,如果基础设计需要考虑活荷载按楼层折减,则应在此处予以考虑。依据《荷载规范》表 5.1.1 的第 1(2)~7 项建筑,如教室、试验室、阅览室、教

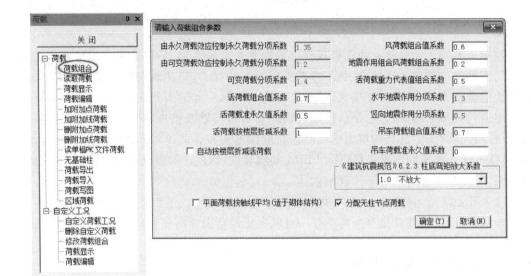

图 9-2　荷载参数

室、商店等,设计基础时应采用与楼面相同的折减系数,若此类建筑上部结构设计时未做活荷载折减,则此时【活荷载按楼层折减系数】填"1",不要勾选【自动按楼层折减活荷载】。

3．柱底弯矩放大系数

柱底弯矩放大系数详见《抗震规范》第 6.2.3 条,《地基基础规范》第 8.4.7 条对地下室顶板作为嵌固端也有相关规定。此条是与"强柱根"设计相关的内容,依据 3.2.1 节所述,根据框架抗震等级选择对应的放大系数。

4．分配无柱节点荷载

当勾选"分配无柱节点荷载"选项后,程序可将墙间无柱节点或无基础柱上的荷载分配到节点周围的墙上,不会使墙下基础产生丢荷载等情况。在设计墙下条形基础时,通常勾选此项。

9.2.2　基础荷载

基础荷载包括读取上部结构荷载和附加荷载两个部分。

1．读取上部结构荷载

读取上部结构传给基础的荷载包括荷载导入操作和选择合适的荷载来源两个内容。其中选择正确的荷载来源是影响基础设计结果的关键内容。

1)选择荷载操作

单击【基础荷载】|【读取荷载】菜单,JCCAD弹出图 9-3 所示对话框,用户可以从对话框中选择上部结构分析程序计算的柱底内力,由软件自动导入到基础对应位置上。

2)选择合理的荷载来源

对于混凝土结构,柱下独立基础、承台桩基础、柱下条形基础可采用与上部结构分析设

图 9-3 选择荷载

计软件相应的荷载来源。钢筋混凝土框架结构的柱下独立基础设计忌用"结构建模"导算得来的平面荷载。当钢筋混凝土框架结构采用 SATWE 分析上部结构时，应选择 SATWE 荷载。

3）用平面荷载替代空间计算程序 SATWE 等恒荷载的基础分析设计方案

如果上部结构刚度较大或地基土基床系数很大时，可以采用该方案进行比较设计，并据此选择合理的设计结果。砌体结构采用刚性基础时，也可用平面荷载进行基础设计。

4）选 PK 荷载

目前多层民用建筑的框架结构已很少使用 PK 进行上部结构设计，但是在进行单层厂房排架结构设计时，往往还会使用 PK 软件进行排架设计，此时需要导入 PK 软件生成的荷载。根据上部结构框架归并结果，一榀框架结果文件可用于基础平面图上的多个框架。

2. 独立基础的附加荷载

独立基础的附加荷载是指作用在基础之上且不能通过读入上部结构荷载导入的那部分荷载。如果梯柱下不设独立基础，则梯柱传来的上部结构计算的柱底内力也要按照附加荷载等效，人工施加到相应的基础节点或拉梁之上。

在没有地框梁层时，建筑物首层填充墙需要砌筑在位于两个基础之间的基础梁或基础梁之上，此时需要统计首层填充墙的重量，以分布附加荷载的形式布置到基础梁上。在后面章节中，会结合上部构件中的拉梁介绍作用在基础梁上的附加荷载输入操作。

3. JCCAD 读入上部荷载与 SATWE 专项多模性包络设计的关系

当上部结构设计在 SATWE 中采用用户自定义多模型包络设计时，在目前 PKPM2010 V3. X 版本的 JCCAD 读入的是主模型的分析结果。在第 5 章的坡屋面这部分内容，为了能够正确计算上部结构的竖向荷载和风荷载、地震作用，创建了"屋面斜折板转折处有虚梁风地震方案"和"屋面斜折板转折处无虚梁竖向荷载方案"两个设计模型。总体上讲，这两个方案中竖向荷载作用的差异主要体现在屋面梁上，而最终传递到框架柱或基础上的上部结构作用基本差别不大。如果要仔细进行基础设计的人工包络，可以通过荷载导出、导入，在

EXECL 文件中比对修改基础荷载来实现多模型人工包络设计,或分别进行两个模型的基础设计,对施工图进行包络设计修改。

9.2.3 定义基础设计参数

单击【基础模型】菜单的【参数】选项,可以弹出图 9-4 所示【基本参数】对话框。通过该对话框,可定义包括【地基承载力】【基础设计参数】和【标高系统】【其他参数】等参数。

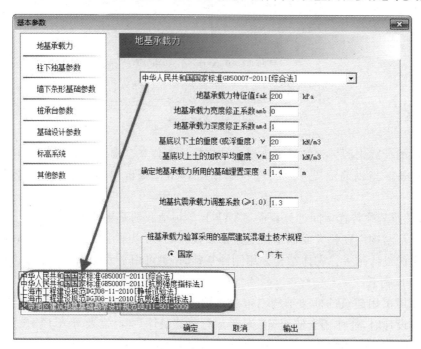

图 9-4 地基承载力计算参数

1. 地基承载力

基础设计时,参数输入是否正确将直接影响基础设计结果。

JCCAD 提供了综合法、抗剪强度指标法及静桩实验法等 5 种计算地基承载力的方法,目前综合法为常用的地基承载力计算方法。

地基承载力特征值 f_{ak},为勘探报告提供的未修正数据。计算地基承载力的方法详见《地基基础规范》表 5.2.4,其他诸如基础埋置深度等参数参见《地基基础规范》第 5.1.1 条、第 5.1.2 条、第 5.1.8 条、第 5.2.4 条、第 5.2.5 条和第 4.2.3 条。进行模拟设计时,可酌情对上述参数进行修改或采用软件默认值。

2. 柱下独基参数

【柱下独基参数】设置如图 9-5 所示。

"独基类型"。设置要生成的独基的类型,目前程序能够生成的独基类型包括:锥形现浇、锥形预制、阶形现浇、阶形预制等。考虑现浇混凝土浇筑可以一次性浇筑,设计柱下独立基础时,宜优先选择"锥形现浇"。

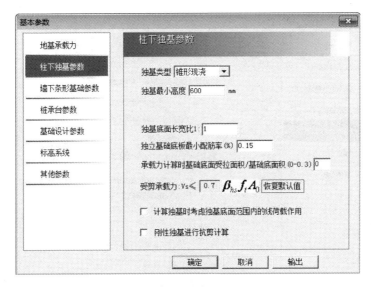

图 9-5 柱下独基参数

当基础抗冲切验算能力不够,且不能增加基础厚度来实现时,可采用"阶形基础",基础混凝土需要二次浇筑施工。

柱下独基参数的取值规定详见《地基基础规范》第 8.2.1 条、第 5.2.2 条第 3 款,《抗震规范》第 4.2.4 条,《高层规范》第 12.1.7 条等。

若勾选"计算独基时考虑独基底面范围内的线荷载作用"选项,则计算独立基础时,取节点荷载和独立基础底面范围内的线荷载的矢量和,作为直接作用在基础上的荷载,作用在独立基础间拉梁上的线荷载按基础设计选择的拉梁计算方式,向基础传递。程序根据计算出的基础底面积重新迭代计算作用在拉梁和基础上的荷载,并确定新的基础底面积,该过程共迭代两次。

3. 基础设计参数

【基础设计参数】界面如图 9-6 所示。

(1) 基础归并系数:指独基和条基截面尺寸归并时的控制参数,初始值为 0.2。归并系数为 0 时基础不进行归并,归并系数为 1 时,基础将归并为一种。

(2) 基础混凝土强度等级:当基础混凝土强度等级低于上柱混凝土强度等级时,依据基础设计规范,柱下独立基础将来需进行局压验算。

(3) 拉梁承担弯矩比例:该参数为 PKPM2010 V3.X 新增的参数,通常取 10%,视拉梁刚度、地基土、基础沉降等情况由设计人员自己确定。在 PKPM2010 V2.X 中,拉梁不参与分配上柱传递给基础荷载,仅参与最后施工图绘制。

(4) 结构重要性系数:初始值为 1.0,按《混凝土规范》第 3.3.2 条、《地基基础规范》第 3.0.5 条规定,结构重要性系数不应小于 1.0。

4. 标高系统与其他参数

标高系统用于定义基础室外及室内标高,【其他参数】界面如图 9-7 所示,其中的"独基、条基自动生成基础时做碰撞检查"选项,通常必须勾选。

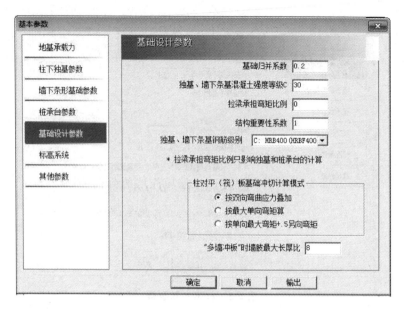

图 9-6 基础设计参数

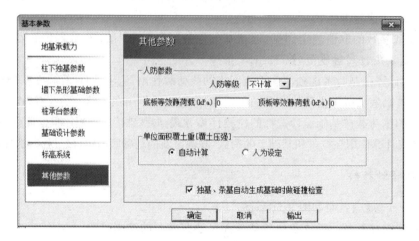

图 9-7 其他参数

5. 自动计算基础覆土重

当上部建筑有地下室时,由于地下室深度范围内没有覆土,故不能由软件自动计算基础覆土重。

9.2.4 独基设计的上部构件

通过【基础模型】|【上部构件】菜单,可以布置基础上的一些附加构件,以便程序自动生成相关基础或者绘制相应施工图。

1. 导入柱筋或定义柱筋

通常情况下基础插筋与上柱配筋一致,在实际设计中绘制基础详图时,一般在基础施工图的说明中注明基础插筋与上柱配筋相同或按平面整体表示法规则施工,故通常无须导入柱筋或定义柱筋。

2. 填充墙和圈梁

柱下独立基础不需要也不能执行填充墙和圈梁的命令。当上部结构为砌体结构时,布置完填充墙后,并在附加荷载中布置了相应的荷载,可通过【砖混条基】自动生成墙下条基。

3. 拉梁

拉梁是基础之间的联系梁,其作用是承受一层填充墙的荷载,调节基础不均匀沉降,平衡柱底弯矩等。当不采用地框梁结构方案,而是采用布置在基础间的基础梁结构方案时,基础梁也可以作为基础拉梁。本书"实例商业建筑"因为采用地框梁层结构方案,首层框架填充墙底标高为地框梁顶,地框梁之下不需砌筑砌体墙,可以不设置基础拉梁。

1)拉梁的截面设置

设计规范对基础拉梁的有关规定详见《抗震规范》第 6.1.11 条。拉梁截面高度通常是跨度的 1/20~1/12,截面宽度取跨度的 1/35~1/20 并大于或等于填充墙厚度。在实际设计时,还要参考工程具体情况选择合适的拉梁截面。由于目前拉梁对基础的影响不好估算,故截面不宜太大,拉梁截面也不宜过小,否则起不到增加结构整体性作用。

2)JCCAD 中的拉梁荷载处理及拉梁传递到基础的荷载

PKPM2010 V3.X 版本的 JCCAD 较之于 V2.X 版本,在处理拉梁时功能有了改进,可以将拉梁上的荷载以附加均布荷载方式输入到拉梁所在的网格上。拉梁荷载布置之后,再转入【承台桩、独基计算】,在【计算参数】界面设置拉梁计算方式及其他基础计算参数,进行基础计算,重新生成基础布置及基础设计。

3)设计中应考虑基础不均匀沉降对拉梁或地框梁的作用

若要考虑基础不均匀沉降导致的拉梁或地框梁产生的附加内力,可以按柱底轴力的 1/10 加强拉梁或地框梁配筋。

4)设计中应考虑回填土对拉梁或地框梁的反作用

拉梁或地框梁设计上应要求其梁下回填土采用虚填方式作业。通常回填土与梁间留 300mm 左右空隙,空隙用炉渣松填并留 100mm 空隙。

4. JCCAD 中拉梁布置

JCCAD 中拉梁布置类似"结构建模"中的梁定义及布置。定义拉梁布置时,拉梁标高应不高于基础顶标高。

5. 框架结构中的无基础柱

框架结构中的无基础柱通常可能出现在结构缝一侧或首层楼梯间的梯柱,无基础柱的荷载是通过搁置在其他基础上的悬挑拉梁或两端支撑拉梁传递到其他基础上。

对于框架结构的无基础柱,可以在自动布置独立基础时不选择该柱,或者删除在该柱上自动生成的基础。此时 PKPM2010 V3.X 读入上部结构设计结果得到的无基础柱上的荷载会丢失,需要手工把该柱底内力以附加节点荷载的方式布置到相邻基础上。

9.2.5 基础设计时的网格节点修改

单击【基础模型】|【网格】的【节点网格】,软件在图形区右侧弹出【网格】停靠菜单,该菜单包括【加节点】【加网格】【网格延伸】【删节点】【删网格】等子菜单。该菜单用来补充增加PMCAD 传下来的平面网格轴线,应在基础荷载输入和各类基础布置之前调用该菜单,否则荷载或基础构件可能会错位。

9.3 柱下独立基础设计

当前面参数定义和荷载布置完成后,只需简单几步操作即可完成柱下独立基础设计。

9.3.1 柱下独立基础自动布置与交互布置

柱下独立基础设计包括自动布置和交互布置两种方式。通过柱下独立基础自动布置,可以布置单柱基础、双柱基础或多柱基础。

1. 基础自动设计

单击【基础模型】|【独基】的【独立基础】按钮,弹出如图 9-8 所示屏幕右侧停靠菜单,单击该菜单的【自动布置】|【单柱基础】,按照命令行提示切换到窗口操作模式,在图形区框选需要布设独立基础的上柱,即可完成独立基础的自动布置。

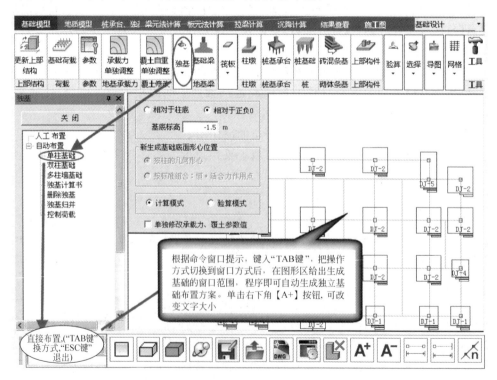

图 9-8　独基自动布置

自动布置基础时，JCCAD 可自动将所有读入的上部荷载效应，按《地基基础规范》规定进行各种荷载组合，并根据输入的参数和荷载信息自动生成基础数据，自动进行地基承载力计算、冲切计算、底板配筋计算，完成基础设计。

【计算模式】是指如果生成独基的柱或者墙下已经布置了独基，程序会删除原有独基，重新生成新的独基，【验算模式】是程序会对自动新生成的独基与原来已经布置的独基进行比较，如果新生成的独基大于原有独基，则程序删除原有独基，保留新生成独基，否则，保留原有独基。

JCCAD 能根据【其他参数】设置进行基础碰撞检查，把重叠基础面积进行合并，并根据合并后的面积得到新的双柱或多柱联合基础。当合并的上柱承载力相差较大时，基础位置可能需要偏置，此时需要通过【双柱基础】和【多柱基础】菜单进行重新设计计算，程序能根据计算结果，对双柱或多柱基础进行重新布置。

2．独基归并

当设计的独立基础编号较多时，修改之前在【参数】菜单的【基础设计参数】输入相应的归并系数，再单击【独立基础】菜单，在弹出的右侧【独基】停靠菜单选择【独基归并】选项，对基础进行重新归并。

3．局部承压验算

《地基基础规范》第 8.2.7 条第 4 款规定：当基础的混凝土强度等级小于柱的混凝土强度等级时，尚应验算柱下基础顶面的局部受压承载力。单击【验算】菜单，可从弹出的右侧停靠面板，选择【局压柱】进行局部承压验算。

9.3.2　更新上部结构或进行基础重新设计

除了通过基础自动布置的【计算模式】重新生成新的独立基础外，当上部结构布置发生改变或需要重新进行基础设计时，还可通过单击【更新上部结构】按钮，打开图 9-9 所示屏幕右侧停靠菜单，视情况选择【更新上部】【保留基础数据】【保留部分基础数据】【不保留基础数据】等选项，对基础数据进行更新，或者重新进行基础设计。

图 9-9　更新上部结构

JCCAD 的【桩承台、独基计算】菜单，可以调整独立基础的选筋参数，生成基础计算书等，在此不再赘述。

9.4　地基沉降控制相关及柱下独立基础沉降控制

地基计算包括地基承载力计算、地基沉降变形计算和稳定性计算三个方面。地基沉降计算与控制是复杂地基与基础设计中必须认真对待的一个问题。

9.4.1　地基沉降的有关规范条文及基础沉降控制

在基础方案设计阶段,基础沉降计算及沉降控制往往需要与上部结构方案协调进行。

1.基础的设计等级

《地基基础规范》第3.0.1条对所设计的基础划分了不同等级,第3.0.2条对不同设计等级的基础沉降验算给出了具体的建议。

2.基础沉降控制

地基沉降的有关条文详见《地基基础规范》第5.3.1条、第5.3.2条、第5.3.4条,这些条文针对各种不同的建筑结构提出了相应的限制要求。《地基基础规范》第5.3.4条对多层或高层建筑结构的相邻柱下独立基础沉降差规定见表9-1。

表9-1　建筑物的地基变形允许值(沉降差)

变 形 结 构		地基土类别	
		中、低压缩性土	高压缩性土
工业与民用 建筑相邻柱 基的沉降差	(1)框架结构	$0.002L$	$0.003L$
	(2)砌体墙填充的边排架	$0.0007L$	$0.001L$
	(3)当基础不均匀沉降时不产生附加应力的结构	$0.006L$	$0.005L$

注:L—相邻柱基的中心距离,mm。

9.4.2　柱下独立基础沉降计算

与其他基础类型相比,柱下独立基础大多用于多层框架或单层厂房的排架结构,其基础沉降问题比较简单。

单击JCCAD主菜单的【沉降计算】菜单,进入沉降计算人机交互界面。

单击【计算参数】菜单,对参数做适当定义,即可进行基础沉降计算。JCCAD采用《地基基础规范》第5.3.5条推荐的公式及第5.3.6~第5.3.9条的其他规定,计算独立基础的永久沉降量。

【沉降参数】确定好之后,即可单击【沉降计算】菜单,进行基础沉降量计算,得到基础沉降分布图。对于框架结构柱下独立基础,选用SATWE计算结果进行沉降计算。

对于多层框架基础,如果在合理范围内加大基础平面尺寸,调整基础埋深后沉降仍不满足要求,则可考虑改用其他类型的基础。

9.5 基础施工图的绘制与修改

由于 JCCAD 是按照传统画法绘制基础施工图,如果要用平法表示,尚需在软件自动绘制图形基础上进行一定的编辑修改操作。

9.5.1 用 JCCAD 绘制基础施工图

在 JCCAD 绘制的传统表示的施工图基础上进行修改,即可绘制平法表示的施工图。

1. 绘制基础轮廓

单击 JCCAD 的【施工图】菜单,可以自动读入前面设计得到的基础数据,并绘制简要的基础轮廓图,在此基础上,通过其他标注操作继续绘制基础施工图。可单击【施工图】菜单的【参数设置】选项,设置绘图参数,若修改了绘图参数,可单击【绘新图】重新绘制基础轮廓图。"实例商业建筑"传统基础平面图绘制示例如图 9-11 所示。

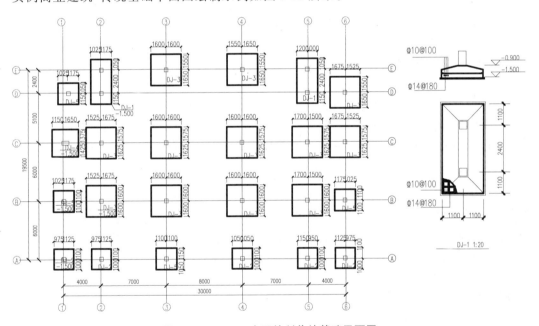

图 9-11 JCCAD 交互绘制传统基础平面图

在采用平法绘制基础施工图时,基础详图仅作为参考,按平法表达方式对传统的施工图进行修改之后,即可删除基础详图。

2. 对基础施工图进行标注

(1) 单击【标注轴线】|【自动标注】标注定位轴线,单击【写图名】注写图纸名称。

(2) 单击【字符标注】|【独基编号】及【拉梁编号】菜单,软件会在基础上按照传统表示方法标注独基编号、拉梁编号及独基基底标高。

（3）单击【标注尺寸】|【独基尺寸】后，在要标注尺寸一侧，单击独基轮廓，软件会在基础平面图上标注独基平面定位尺寸。

（4）绘制基础详图。

9.5.2　在传统基础施工图基础上绘制平法图纸

JCCAD 的基础施工图采用的是传统画法，如果需要用平法表示，则需要设计人员自行修改图纸。

1．独立基础平法命名规则

《16G101-3 图集》中，柱下独立基础平面表示法命名规则如表 9-2 所示。

表 9-2　平法独立基础编号

类　　型	基础底板截面形状	代　号	序　号
普通独立基础	阶形	DJ_J	××
	坡形	DJ_P	××

2．独立基础平面注写方式

独立基础的平面注写方式分为集中标注和原位标注两部分内容。集中标注是在基础平面图上集中引注基础编号、截面尺寸、配筋三项必注内容，以及与基础底面基准标高不同时基础底面标高和必要的文字注解两项选注内容。对相同编号的独立基础，只需选择一个基础进行集中标注。

在集中标注中，如 DJ_P-1 的竖向尺寸注写为 300/350，表示阶形基础由下向上各阶高度为 300mm、350mm，该独立坡形基础总高度为 650mm。独立基础的底部双向配筋注写规定为：以 B 代表各种独立基础底板的底部配筋，x 向筋以 X 打头，y 向配筋以 Y 打头注写。当两个方向相同时，则可以 X&Y 打头注写。如 B：X ϕ 16@150，Y ϕ 16@200。

3．独立基础原位标注

对相同编号的独立基础，可以选择其中的一个进行原位标注，其他编号相同者仅标注编号。另外，基础平面图上需在基础原位标注独立基础的平面定位尺寸。

4．修改 JCCAD 绘制的传统画法基础施工图

在 PKPM2010 主界面右上角选择【工具集】软件模块，通过该软件的【图形编辑及转换】|【工具】|【T 转 DWG】，进入 AutoCAD 把传统表示的基础施工图修改成平法表示的基础施工图，如图 9-12 所示。

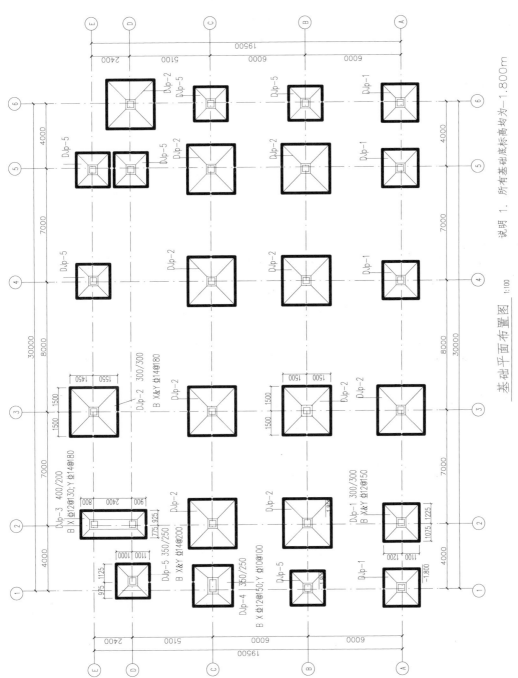

基础平面布置图 1:100

说明 1. 所有基础底标高均为-1.800m

图 9-12 平法表示的基础施工图

9.6 本章小结

在本章我们学习了柱下独立基础的地质模型输入、创建基础设计模型与基础自动布置、沉降控制、平法表示的基础施工图表示方法,以及施工图绘制基本操作。

思考与练习

思考题

1. 地质资料有何作用?用 JCCAD 进行基础设计时,什么时候需要输入地质资料?

2. 地基沉降控制指标有哪些?简述多层框架结构控制独立基础沉降的规定。

3. 基础拉梁的作用是什么?在 JCCAD 中,拉梁与地框梁是一种构件吗?

4. 如何导入上部结构荷载?JCCAD 导入的 SATWE 荷载是标准荷载还是设计荷载?

5. 如何在进行基础设计时考虑上部结构的活荷载折减?

6. 如何处理拉梁上填充墙荷载?JCCAD 是否对拉梁进行计算分析与设计?

7. 用 JCCAD 进行独立基础自动设计时,哪些内容的设计能自动进行?

8. JCCAD 自动布置时生成的双柱联合基础位置是根据什么原则确定的?其位置是否还需要进行交互处理?若需要,如何处理?

9. 在基础交互输入基本参数时,什么时候不能由软件自动计算基础覆土重?

10. 什么时候需要进行基础的局部承压计算?

11. 柱下独立基础平法图纸中如何标注基础?如何标注基础拉梁?

练习题

1. 请用前几章设计的工程进行柱下独立基础设计,并绘制基础施工图。

2. 请把 JCCAD 绘制的传统方法表示的基础施工图修改为平法表示的基础施工图纸。

参 考 文 献

[1] 王振东. 钢筋混凝土结构构件协调扭转的零刚度设计方法——《混凝土结构设计规范》(GB 50010—2010)受扭专题修订背景介绍(四)[J]. 建筑结构,2004(8):68-71.

[2] 王振东. 钢筋混凝土结构构件协调扭转的设计方法——《混凝土结构设计规范》(GB 50010—2010)受扭专题背景介绍(三)[J]. 建筑结构,2004(7):60-64.

[3] 赵玉星,张晓杰. 高层或多层建筑中错层的一种结构构造处理[J]. 工业建筑,2005(6):95-97.

[4] 代伟. 结构设计中开洞板的不同处理办法[J]. 四川建筑科学研究,2007(6):153-157.

[5] 金来建. 隔墙荷载在双向板上的等效荷载取值[J]. 工业建筑,2006(9):75-76.

[6] 沈汝伟. 现浇板上隔墙等效均布荷载的确定[J]. 山西建筑,2008(2):107-108.

[7] 杨星. PKPM 软件从入门到精通[M]. 北京:中国建筑工业出版社,2008.

[8] 汤德英. 屋面女儿墙对主体结构的作用[J]. 建筑结构,2001(7):36-37.

[9] 张鑫,徐向东. 汶川大地震钢筋混凝土框架结构震害调查[J]. 山东建筑大学学报,2008(6):547-550.

[10] 谢靖中,李国强,屠成松. 错层结构的几点分析[J]. 建筑科学,2001(2):35-37.

[11] 郭剑飞,杨育人,刘秀宏. 多高层错层结构设计中的若干技术措施分析[J]. 四川建筑科学研究,2011(1):55-57.

[12] 高向阳. 钢筋混凝土框架的屋面斜梁在结构分析中的合理实现[J]. 徐州工程学院学报,2006(6):5-9.

[13] 陈岱林. PKPM 结构 CAD 问题解惑及工程应用实例解析[M]. 北京:中国建筑工业出版社,2008.

[14] 黄小坤.《高层建筑混凝土结构技术规程》(JGJ 3—2002)若干问题解说[J]. 土木工程学报,2004(3):1-11.

[15] 房屋建筑工程抗震设防审查细则编写组. 房屋建筑工程抗震设防审查细则[M]. 北京:中国建筑工业出版社,2007.

[16] 徐培福. 复杂高层建筑结构设计[M]. 北京:中国建筑工业出版社,2005.

[17] 中国建筑标准设计研究院. 民用建筑工程设计常见问题分析及图示(混凝土结构):05SG109-3 [M]. 北京:中国建筑工业出版社,2005.

[18] 王亚勇,戴国莹. 建筑抗震设计规范疑问解答[M]. 北京:中国建筑工业出版社,2006.

[19] 李国胜. 多高层钢筋混凝土结构设计中疑难问题的处理及算例[M]. 2 版. 北京:中国建筑工业出版社,2011.

[20] 陈青来. 钢筋混凝土结构平法设计与施工规则[M]. 北京:中国建筑工业出版社,2007.

[21] 张晓杰. 实现工程结构构件模糊聚类归并的冗余聚类筛除法[J]. 计算机辅助设计与图形学学报,2006(2):302-306.

[22] 朱炳寅. 独基加防水板基础的设计[J]. 建筑结构,2007(7):4-7.

[23] 朱炳寅,娄宇,杨琦. 建筑地基基础设计方法及实例分析[M]. 北京:中国建筑工业出版社,2007.

[24] 杜永峰,邱志涛. 筏板基础中柱节点冲切有限元分析[J]. 甘肃科学学报,2007(19):125-128.

[25] 吴汉福. 上部结构嵌固部位的处理[J]. 建筑结构,2013(3):122-124.

[26] 朱炳寅. 建筑结构设计问答与分析[M]. 北京:中国建筑工业出版社,2009.

[27] 中国建筑科学研究院 PKPM 工程部. PKPM 结构系列软件用户手册及技术条件[M].2010.

[28] 中国建筑标准设计研究院. 建筑制图标准:GB/T 50104—2010[S]. 北京:中国计划出版社,2011.

[29] 中国建筑标准设计研究院. 建筑结构制图标准:GB/T 50105—2010[S]. 北京:中国建筑工业出版社,2010.

[30] 中国建筑科学研究院. 建筑结构可靠度设计统一标准:GB 50068—2001[S]. 北京:中国建筑工业出版社,2001.

［31］ 中国建筑科学研究院. 混凝土结构设计规范：GB 50010—2010［S］. 北京：中国建筑工业出版社，2010.

［32］ 中国建筑科学研究院. 建筑工程抗震设防分类标准：GB 50223—2008［S］. 北京：中国建筑工业出版社，2008.

［33］ 中国建筑科学研究院. 建筑抗震设计规范：GB 50011—2010［S］. 北京：中国建筑工业出版社，2010.

［34］ 中国建筑科学研究院. 建筑结构荷载规范：GB 50009—2012［S］. 北京：中国建筑工业出版社，2012.

［35］ 中国建筑科学研究院. 高层建筑混凝土结构技术规程：JGJ 3—2010［S］. 北京：中国建筑工业出版社，2011.

［36］ 中国建筑科学研究院. 建筑地基基础设计规范：GB 50007—2011［S］. 北京：中国建筑工业出版社，2011.

［37］ 中国建筑科学研究院. 建筑桩基技术规范：JGJ 94—2008［S］. 北京：中国建筑工业出版社，2008.

［38］ 中国建筑标准设计研究院. 全国民用建筑工程设计技术措施（2015）［M］. 北京：中国计划出版社，2015.

［39］ 中国建筑标准设计研究院. 民用建筑工程结构设计深度图样：G103-104［S］. 北京：中国计划出版社，2009.

［40］ 中国建筑标准设计研究院. 民用建筑工程设计互提资料深度及图样——结构专业：05SJ105［S］. 北京：中国计划出版社，2009.

［41］ 中国建筑标准设计研究院. 混凝土结构施工图平面整体表示方法制图规则和构造详图（现浇混凝土框架、剪力墙、梁、板）：16G101-1［S］. 北京：中国计划出版社，2016.

［42］ 中国建筑标准设计研究院. 混凝土结构施工图平面整体表示方法制图规则和构造详图（现浇混凝土板式楼梯）：16G101-2［S］. 北京：中国计划出版社，2016.

［42］ 中国建筑标准设计研究院. 混凝土结构施工图平面整体表示方法制图规则和构造详图（独立基础、条形基础、筏形基础及桩基承台）：16G101-3［S］. 北京：中国计划出版社，2016.